工业和信息化普通高等教育"十三五"规划教材立项项目

21 世纪高等学校计算机规划教材

21st Century University Planned Textbooks of Computer Science

大学信息技术教程

Information Technology Course of University

贝依林 王太雷 主编

冯玲 孙秀娟 赵拥华 魏念忠 张琴 副主编

高校系列

人 民 邮 电 出 版 社

北 京

图书在版编目（CIP）数据

大学信息技术教程 / 贝依林，王太雷主编. -- 北京：
人民邮电出版社，2017.8（2020.8重印）
21世纪高等学校计算机规划教材. 高校系列
ISBN 978-7-115-46607-5

Ⅰ．①大… Ⅱ．①贝… ②王… Ⅲ．①电子计算机－
高等学校－教材 Ⅳ．①TP3

中国版本图书馆CIP数据核字(2017)第214406号

内 容 提 要

本书是以教育部高等学校计算机基础课程教学指导委员会制定的"高等学校计算机基础教学发展战略研究报告暨计算机基础课程教学基本要求"为指导，结合近几年来一线教师的教学实践和教学改革成果，兼顾非计算机专业学习需求和当前大学生掌握信息技术技能的实际情况，并结合计算机等级考试对基础知识的要求编写而成。本书取材新颖实用，面向教学过程，突出建立计算思维和培养实际操作的能力。

本书内容主要包括：计算机与信息技术基础、多媒体技术基础、Windows 7 操作系统、字处理软件 Word 2010、电子表格系统 Excel 2010、演示文稿软件 PowerPoint 2010、数据库管理系统 Access 2010、计算机网络基础和网络信息安全。通过学习本书，读者可以掌握计算机和网络的基本概念，熟悉办公自动化的基本操作，为学习计算机的后续课程打好基础。

本书可作为各类普通高校非计算机专业计算机基础课程的教材，也可作为高等职业学校、成人高校计算机基础教学用书，以及广大计算机应用技术人员与计算机爱好者学习的参考用书。

◆ 主　　编　贝依林　王太雷
　　副主编　冯　玲　孙秀娟　赵拥华　魏念忠　张　琴
　　责任编辑　许金霞
　　责任印制　陈　犇
◆ 人民邮电出版社出版发行　　北京市丰台区成寿寺路 11 号
　　邮编　100164　　电子邮件　315@ptpress.com.cn
　　网址　http://www.ptpress.com.cn
　　固安县铭成印刷有限公司印刷
◆ 开本：787×1092　1/16
　　印张：20.75　　　　　　　　　2017 年 8 月第 1 版
　　字数：546 千字　　　　　　　2020 年 8 月河北第 7 次印刷

定价：56.00 元

读者服务热线：(010)81055256　印装质量热线：(010)81055316
反盗版热线：(010)81055315
广告经营许可证：京东市监广登字20170147号

前　言

随着信息技术的飞速发展和计算机应用的快速普及，计算机在社会经济发展中的作用日益突出，计算机已潜移默化地改变了人们的工作和生活。如今，各个行业都要求其专业技术人员掌握一定的计算机基础知识，并能够利用计算机解决工作中的实际问题。教育部根据非计算机专业的计算机培养目标，制定了高校非计算机专业计算机基础教育三个层次的教育课程体系，其中第一层次是"大学计算机"，其目的是使学生了解计算机的基础知识和工作原理，掌握使用计算机的基本操作技能。随着计算机的发展和普及，这一层次的内容被不断地更新。由于很多入学新生的计算机水平不再是零起点，作为大学生的第一门计算机课程内容需要不断调整和充实。为适应教学改革的需要，根据我们多年从事"大学计算机基础类课程"教学的经验，以及计算机学科发展的一些新内容，我们组织编写了《大学信息技术教程》。本书参考了最新《普通高等院校计算机基础教育大纲》和相关研究成果，注重了与中学信息技术教育大纲的接轨，更新了操作系统和 Office 应用软件等。

全书共 9 章，主要内容包括：计算机与信息技术基础，多媒体技术基础，Windows 7 操作系统，字处理软件 Word 2010，电子表格系统 Excel 2010，演示文稿软件 PowerPoint 2010，数据库管理系统 Access 2010，计算机网络基础，网络信息安全。本书由泰山学院和山东科技大学教师完成编写，其中第 1 章、第 2 章由王太雷编写，第 3 章由张琴编写，第 4 章由孙秀娟编写，第 5 章由冯玲编写，第 6 章由赵拥华编写，第 7 章由魏念忠编写，第 8 章、第 9 章由贝依林编写，另外参加教材编写的还有吴月英、胡勇、张岩、李芳、乔赛、郭小春、朱莉莉、郑爱云等。全书由贝依林、王太雷统稿。

本书在编写过程中力求简洁，既强调基础知识又注重实际应用；既体现系统性又突出重点。为配合本书学习，我们还建立了教学资源网站，将教材的电子文档、课件、操作演示视频和习题等放在网站上供学习者参考。由于作者水平有限，书中难免有错误和不当之处，恳请读者批评指正。

编者

2017 年 5 月

目　录

第1章
计算机与信息技术基础

随着科学技术的进步和人类社会的发展，计算机与信息技术（Information Technology，IT）已经广泛地应用于社会生活和经济的各个领域，电子计算机作为信息接收、存储、加工和处理的重要工具，正在影响和改变着人们的生产和生活方式。信息资源作为全球经济竞争中的关键资源和独特的生产要素，成为社会进步的强劲动力，以开发和利用信息资源为目的的信息产业已成为国民经济的重要组成部分。

计算思维被认为是除理论思维、实验思维之外，人类应具备的第三种思维方式。在信息社会，对社会/自然的实践与认识越发深入，而数据爆炸早已成为现实。面对海量数据，以计算机为载体采用计算手段进行创新，人们的思维也必须随之发生变化，计算与社会/自然问题的融合也越发深入。

1.1　计算机技术概述

计算机（Computer）俗称为电脑，是一种能够接收和存储信息，并按照存储在内部的程序对输入的信息进行加工、处理，得到人们所期望的结果，然后把处理结果输出的高度自动化的电子设备。

1.1.1　计算机的发展概况

人类在社会的发展过程中，通过劳动创造和发明了许多的计算工具和方法。人类最早用手指计数和运算。原始社会的人类用结绳、垒石、枝条和刻痕计数，我国春秋时代就使用"算筹"计算工具，唐末出现了"算盘"。1620 年，欧洲学者发明了对数计算尺；1642 年，布莱斯·帕斯卡（Blaise Pascal）发明了机械计算机；1854 年，英国数学家布尔（George Boole）提出了符号逻辑的思想。1832 年，英国数学家巴贝奇提出了通用数字计算机的基本设计思想并研制出了一台差分机，被称为计算机之父。1946 年 2 月在美国的宾夕法尼亚大学研制成功了世界上第一台电子计算机 ENIAC（Electronic Numerical Integrator And Calculato，电子数字和积分计算机），这台计算机共使用了 18000 个电子管，1500 个继电器，占地约 140m^2，功率 174kW，重达 30t，每秒可进行 5000 次加法运算。ENIAC 的诞生奠定了电子计算机发展的基础，开辟了信息时代，把人类社会推向了第三次产业革命的新纪元。

自从电子计算机问世以来，计算机科学与技术已成为二十世纪发展最快的一门学科，尤其是微型计算机的出现和计算机网络的发展，使计算机的应用渗透到人类社会的各个领域，有力地推动了信息社会的发展。计算机的发展按其主要物理器件作为标志划分为四代。

第一代（1946～1957 年）电子管计算机。主要逻辑元件是电子管，内存储器先采用汞延迟线，后期采用磁鼓，外存储器有纸带、磁带等。运算速度为每秒几千次到几万次，使用机器语言和汇编语言，主要用于科学计算。其代表机型有 EDVAC、UNIVAC 和 IBM701 等。

第二代（1958～1964 年）晶体管计算机。主要逻辑元件是晶体管，内存储器普遍采用磁芯，外存储器有磁带和磁盘等。运算速度提高到每秒几十万次。开始使用高级语言。这个时期的应用扩展到数据处理、自动控制等方面。其代表机型有 IBM7094、Honeywell800 等。

第三代（1965～1970 年）集成电路计算机。主要逻辑元件是中小规模的集成电路，内存储器开始使用半导体，外存储器有硬盘、磁盘等。运算速度也提高到每秒几百万次。出现了操作系统和会话式高级语言。计算机开始广泛应用于各个领域。其代表机型有 IBM360 系列、DEC 公司的 PDP 系列小型机等。

第四代（1971 年～现在）大规模或超大规模集成电路计算机。主要逻辑元件是大规模或超大规模的集成电路。内存储器广泛采用半导体，外存储器有硬盘、软盘和光盘等。运算速度可达到每秒上千万次到几十亿次。操作系统不断完善，应用软件成为现代化社会的一部分，计算机进入了网络时代。

上述四代计算机都是以冯·诺依曼原理的思想体系为基础的，即"以二进制编码，程序和数据统一存储"。未来的第五代计算机正处在设想和研制阶段，它采取全新的工作原理和体系结构，先后出现了神经网络计算机、生物计算机、量子计算机和光计算机等发展思路，总称为未来计算机或新一代计算机。它具有速度更快、存储量更大和智能化等特征。计算机的发展划分和特征如表 1-1 所示。

表 1-1　　　　　　　　　　　计算机的发展划分和特征表

年代	名称	元件	运算速度	语言	应用
第一代 1946～1957 年	电子管计算机	电子管	几千次/秒	机器语言 汇编语言	科学计算
第二代 1958～1964 年	晶体管计算机	晶体管	几十万次/秒	高级程序 设计语言	数据处理
第三代 1965～1970 年	集成电路计算机	中小规模 集成电路	几百万次/秒	高级程序 设计语言	广泛应用 各个领域
第四代 1970 年～现在	大规模或超大规模集成电路计算机	超大规模 集成电路	亿次/秒	面向对象 高级语言	网络时代
第五代	未来计算机	光量子 DNA	更高		

我国 1958 年研制出第一台电子管计算机，1964 年研制成功晶体管计算机，1971 年研制成功集成电路计算机，1983 年研制成大规模或超大规模集成电路计算机。2003 年 12 月我国自主研发成功了国内最快、世界第三的每秒 10 万亿次的曙光 4000A 高性能计算机。而在 2010 年 10 月，经升级后的天河一号二期系统（天河-1A）以峰值速度（Rpeak）每秒 4700 万亿次浮点运算、持续速度（Rmax）2566 万亿次，超越橡树岭国家实验室的美洲虎超级计算机（Rpeak：2331 万亿次；Rmax：1759 万亿次），成为当时世界上最快的超级计算机，这也标志着我国计算机发展水平抵达一个新的里程碑。后续研制的天河二号超级计算机系统，以峰值计算速度每秒 5.49 亿亿次、持续计算速度每秒 3.39 亿亿次双精度浮点运算的优异性能位居榜首，再次成为全球最快超级计算机。

中国科学院在 2017 年 5 月 3 日宣布中国建造了世界上第一台超越早期经典计算机的光量子计算机，自主研发 10 比特超导量子线路样品，通过发展全局纠缠操作，成功实现了目前世界上最大数目的超导量子比特的纠缠和完整的测量，在新一代计算机的研发竞赛中居于世界领先地位。

我国是少数能够自主开发超级计算机的国家之一，以"联想""清华同方""方正"和"浪潮"等企业为代表的我国计算机制造业非常发达，已成为世界计算机主要制造中心之一。我国也是重要的计算机软件生产国家，但必须指出的是，在民用计算机的软硬件生产领域，我国原创技术较少，一些计算机核心技术（如 CPU、操作系统等）仍掌握在发达国家手中，严重制约国家安全，这些问题亟待解决。

1.1.2　计算机的发展趋势

近年来，计算机领域一直向着巨型化、微型化、网络化和智能化等方向发展。

1. 巨型化

巨型化是指发展存储容量大、运算速度快、功能强的高性能计算机。主要应用于天文、气象、地质、航天和生物等尖端科技领域。研制巨型计算机的技术水平是衡量一个国家科学技术和工业发展水平的重要标志。

中国一直在巨型机的研制道路上走在世界前列，从天河系列到神威·太湖之光，都曾多次夺得世界超算大赛冠军，这也说明国家战略层面对巨型机研发的重视。

2. 微型化

由于大规模和超大规模集成电路技术的应用，使计算机的微型化发展十分迅速。计算机的微型化已成为计算机发展的重要方向，各种平板电脑和智能手机已经普及，而可穿戴设备的大量面世和使用，是计算机微型化的一个新标志。微型计算机以其低廉的价格、方便的使用、丰富的软件和外部设备，迅速得到普及，成为现代社会各层面应用的重要工具。

3. 网络化

计算机网络化是指计算机系统之间的互联互通以及基于计算系统互连互通的物体之间、人与组织之间、网络与网络之间、虚拟世界与物理世界之间的互连互通等。

计算机之间的互联是利用计算机技术和通信技术把分布在不同地点的计算机互联起来，以达到共享网络上的硬件、软件和数据等资源。计算机网络早已广泛应用于社会的各个领域，而当下以物联网技术为代表的物与物相连，也已经实现和逐渐普及。

4. 智能化

计算机智能化是指使计算机具有模拟人的感觉和思维过程的能力。智能化的研究包括模拟识别、物形分析、自然语言的生成和理解、博弈、定理自动证明、自动程序设计、专家系统、学习系统和智能机器人等。

基于深度学习的智能化浪潮现已到来，像著名的谷歌 AlphaGo 就是利用深度神经网络基于人类既有知识样本库（围棋棋谱）进行训练，而 2017 年 AlphaGo 2.0 已经发展到基于自我训练完善算法的阶段，在与人类顶级围棋高手的对战中所向披靡。这一事件标志着在这场智力的竞赛中，人工智能（AI）逐渐开始超越人类。

同样基于深度学习的 AI 产品如 IBM 的 Watson 与百度大脑，也已经进入了商业应用领域，比如医疗和无人驾驶。目前在工业领域已研制出多种具有人的部分智能的机器人，可以代替人在一些危险的工作岗位上工作，而家庭智能化的机器人将是继 PC 机之后下一个家庭普及的信息化产品。在未来，人工智能必将对人类的生活方式乃至进化方向产生重大影响。

1.1.3 计算机的特点

计算机作为一种通用的信息处理工具，有以下特点。

1. 运算速度快

运算速度快是计算机的一个突出特点。计算机的运算速度已由早期的每秒几千次发展到现在的每秒几千亿次乃至亿亿次。计算机高速运算的能力极大地提高了工作效率，把人们从浩繁的脑力劳动中解放出来。过去用人工旷日持久才能完成的计算，而计算机在"瞬间"即可完成。

2. 计算精确度高

一般来讲，只在那些人工介入的地方才有可能发生错误。科学技术的发展特别是尖端科学技术的发展，需要高度精确的计算。一般的计算工具只能达到几位有效数字（如常用的四位或八位数学用表等），而计算机数据处理结果，其精度可达到十几位、几十位有效数字。根据不同的需要，计算结果甚至可达到任意的精度，是任何传统计算工具所望尘莫及的。

3. 存储容量大

计算机的存储性是区别于其他计算工具的重要特征。计算机的存储器能将参加运算的数据、程序指令和运算结果保存起来，以备随时调用。计算机不仅能够存储大量的信息，而且能够快速正确地存入、取出这些信息。

4. 自动化程度高

计算机的内部操作是根据人们事先编好的程序自动控制进行的。用户根据需要，事先设计好运行步骤与程序，计算机按照程序规定的步骤进行操作，整个过程不需要人工的干预。

5. 通用性强

计算机的通用性表现在几乎能求解自然科学和社会科学中一切类型的问题，能广泛地应用于各个领域。

6. 逻辑判断能力

思维能力本质上是一种逻辑判断能力，也可以说是因果关系分析能力。借助于逻辑运算，可以让计算机做出逻辑判断，分析命题是否成立，并可根据命题成立与否采取相应的对策。

1.1.4 计算机的分类

计算机的分类方法较多，按照处理的对象、用途和规模有三种常用分类方法。

1. 按处理对象分类

（1）数字计算机（Digital Computer）：指用于处理数字信号的计算机。其特点是输入、输出和参与运算的数据都是离散的数字信号，具有逻辑判断功能。目前使用的计算机主要是电子数字计算机，简称为电子计算机。

（2）模拟计算机（Hybrid Computer）：指用于处理连续的电压、温度和速度等模拟数据的计算机。其特点是参与运算的数值是由不间断的连续量表示，其运算过程是连续的，由于受元器件质量影响，其计算精度较低，应用范围较窄。模拟计算机目前已很少使用。

2. 按用途分类

（1）通用计算机（General Purpose Computer）：用于解决一般问题，其用途广泛，功能齐全，可适用于各个领域。目前市面上出售的计算机一般都是通用计算机。

（2）专用计算机（Special Purpose Computer）：用于解决某一特定方面的问题，配有为解决某一特定问题而专门开发的软件和硬件。专用计算机针对特定问题能显示出其最有效、最快速和最经济的特性，但对其他问题的解决适用性较差。

3. 按规模分类

计算机的规模一般指计算机的一些技术指标：字长、运算速度、存储容量、外部设备、输入输出能力等。大体分为以下几种。

（1）巨型机：又称超级计算机，是计算机中功能最强、运算速度最快、存储容量最大和价格最贵的一类计算机。目前巨型机的运算速度已达每秒亿亿次，多用于国家高科技领域和国防尖端技术的研究。

（2）小巨型机：又称小超级计算机或桌上型超级计算机，产品主要有美国 Convex 公司 C-1、C-2、C-3 和 Alliant 公司的 FX 系列等。

（3）大型主机：包括大、中型计算机，这类计算机通用性能好、运算速度较高、存储容量较大。主要用于科学计算、数据处理和网络服务器，一般供大型跨国公司和企业使用。

（4）小型机：小型机结构简单、规模较小、成本较低。一般用于工业自动控制、医疗设备、测量仪器的数据采集、整理、分析和计算等方面。

（5）微机：又称个人计算机，其核心部件是微处理器芯片。具有体积小、价格低、功能齐全、可靠性高和操作方便等优点。微机现已进入社会的各个领域及家庭，极大地推动了计算机的应用与普及。

（6）工作站

工作站介于小型机和高档微机之间，主要是面向专业应用领域，具备强大的数据运算与图形、图像处理能力的高性能计算机。通常具有高分辨率显示器、多个中央处理器、大容量内存储器和高速外存储器等高档外部设备，交互式的用户界面和功能齐全的图形图像处理软件。多用于工程设计、动画制作、科学研究、软件开发、金融管理、模拟仿真、图形图像处理和影视创作等领域。

1.1.5　计算机的应用

计算机不仅具有高速、自动地处理数据的能力，而且具有存储大量数据的能力，其应用已渗透到社会的各个领域，正在改变着人们的工作、学习和生活方式，推动着社会的发展。计算机的应用可大体概括为以下几个方面。

1. 科学计算

科学计算又称数值计算，是指计算机用于完成科学研究和工程技术中所提出的数学问题的计算。这类计算往往公式复杂、难度很大，用一般计算工具难于完成。计算机的发展使越来越多的复杂计算成为可能，如军事、航天、气象和地震探测中复杂计算问题。

2. 数据处理

数据处理也称非数值计算，是指对大量的数据进行加工处理，形成有用的信息。与科学计算不同，数据处理涉及数据量大，但计算方法较简单。目前数据处理已广泛应用于办公自动化、企业管理、事务处理和情报检索等方面。

3. 过程控制

过程控制又称实时控制，是指用计算机及时采集检测数据，按最佳值迅速地对控制对象进行自动控制或自动调节。现代工业，由于生产规模不断扩大，技术、工艺日趋复杂，从而对实现生产过程自动化的控制系统要求也日益提高。利用计算机进行过程控制，不仅可以大大提高控制的自动化水平，而且可以提高控制的及时性和准确性，从而改善劳动条件、提高质量、节约能源、降低成本。计算机过程控制在机械制造、化工、冶金、水电、纺织、石油和航天等部门得到了广泛的应用。

4. 计算机辅助系统

计算机辅助系统是指通过人机对话，使计算机辅助人们进行设计、加工、计划和学习等工作。主要包括计算机辅助设计（CAD）、计算机辅助制造（CAM）和计算机辅助教育（CBE）等几个方面。

计算机辅助设计 CAD（Computer Aided Design），就是利用计算机帮助设计人员进行工程设计。CAD 已广泛应用于机械、土木工程、电路设计和服装等领域。

计算机辅助制造 CAM（Computer Aided Manufacturing），就是利用计算机进行生产设备的控制、操作和管理。CAM 已广泛应用于飞机、汽车和家电等制造业，成为计算机控制的无人生产线和无人工厂的基础。

CAD、CAM 大大缩短了产品的设计周期，提高了工作效率和产品质量。

计算机辅助教育 CBE（Computer Based Education），就是利用计算机帮助教学，即将教学内容、教学方法以及学习情况等信息存储在计算机中，借助多媒体和一些全新交互方式，使学生能够轻松自如地从中学到所需的知识。目前，利用计算机网络进行辅助教学已成为一种新的教育形式。它包括计算机辅助教学（Computer Aided Instruction，CAI）和计算机管理教学（Computer Managed Instruction，CMI）。

另外，还有计算机辅助测试（Computer Aided Test，CAT）和计算机集成制造系统（Computer Integrated Manufacturing System，CIMS）等。

5. 人工智能

人工智能 AI（Artificial Intelligence）是指用计算机模拟人类某些智力行为，如感知、推理、学习、理解等。其研究领域包括：模式识别、景物分析、自然语言理解、自然语言生成、博弈、自动定理证明、自动程序设计、专家系统和智能机器人等方面。

6. 计算机网络与通信

利用通信技术，将不同地理位置的计算机互联，可以实现世界范围内的信息资源共享，并能交互式地交流信息。

7. 多媒体技术

多媒体又称超媒体，是一种以交互方式将文本、图形、图像、音频和视频等多种媒体信息，经过设备的获取、操作、编辑和存储等综合处理后，将这些媒体信息以单独或合成的形态表现出来的技术和方法。多媒体技术在文体、教育、电子图书、动画设计、音乐合成以及商业、家庭等领域得到广泛应用。利用多媒体技术和通信技术，还可实现如可视电影、视频会议和远程教育等应用。

8. 电子商务

电子商务是指通过计算机和网络进行的商务活动。电子商务始于 1996 年，起步时间虽然不长，但其高效率、低支付、高收益和全球性的优点，很快受到各国政府和企业的广泛重视，也日益影响着人们的生活消费习惯，发展势头不可小觑。据统计，仅在中国，2016 年电子商务交易额就高达 22.97 万亿元人民币。

1.2 计算机中信息的编码

计算机最基本的功能就是对数据进行存储和处理。目前，计算机还不能直接识别和处理人类的语言、文字和图像等形式的信息。我们必须把原始的信息进行某种转换，然后计算机才能够识别和处理。计算机中的信息都是以数的形式表示和存储的。因此，在了解计算机是怎样对信息进行表示和存储之前，首先要了解数制。

1.2.1　数制及其转换

1. 数制

进位计数制是指用进位的方法进行计数的数制，简称进制。它有数码、基数和位权三个要素。数码是一组用来表示某种数制的符号；基数是数制所使用数码的个数，常用"R"表示，称 R 进制。特点是逢 R 进 1。位权是指数码在不同位置上的权值，如在 R 进制数的第 i 位的权值为 R^i。

例如，十进制（Decimal System）的数码为：0、1、2、3、4、5、6、7、8、9 共 10 个数字，基数是 10，特点是逢 10 进 1，位权是以 10 为底的幂；二进制（Binary System）的数码为：0、1 共 2 个数字，基数是 2，特点是逢 2 进 1，位权是以 2 为底的幂；八进制（Octal System）的数码为：0、1、2、3、4、5、6、7 共 8 个数字，基数是 8，特点是逢 8 进 1，位权是以 8 为底的幂；十六进制（Hexadecimal System）的数码为：0、1、2、3、4、5、6、7、8、9、A、B、C、D、E、F 共 16 个数字，基数是 16，特点是逢 16 进 1，位权是以 16 为底的幂。表 1-2 为十进制、二进制、八进制和十六进制之间的对应关系。

表 1-2　　十进制、二进制、八进制和十六进制之间的对应关系

十进制	二进制	八进制	十六进制	十进制	二进制	八进制	十六进制
0	0	0	0	9	1001	11	9
1	1	1	1	10	1010	12	A
2	10	2	2	11	1011	13	B
3	11	3	3	12	1100	14	C
4	100	4	4	13	1101	15	D
5	101	5	5	14	1110	16	E
6	110	6	6	15	1111	17	F
7	111	7	7	16	10000	20	10
8	1000	10	8	17	10001	21	11

2. 数制的表示方法

数制有两种表示方法。

（1）把数字用括号括起来，右下标加上数制的基数，如$(1001001)_2$、$(127)_8$ 和$(1C3)_{16}$。

（2）在数字后加上进位制的字母符号。B（二进制）、O（八进制）、D（十进制）、H（十六进制），如 1001001B、127O 和 1C3H。

3. 数制的转换

（1）二进制、八进制、十六进制数转化为十进制数

对于任何一个二进制数、八进制数、十六进制数可以写出它的按权展开式，再进行求和计算，得到的数即是对应的十进制数。

如：$(1111.11)2 = 1×2^3+1×2^2+1×2^1+1×2^0+1×2^{-1}+1×2^{-2}=15.75$

$(A10B.8)16=10×16^3+1×16^2+0×16^1+11×16^0+8×16^{-1}=41227.5$

（2）十进制数转化为二进制、八进制、十六进制数

以二进制为例，十进制数转化为二进制数分成整数和小数两部分分别转换。

整数部分采用除 2 取余法。即将十进制整数逐次除以 2，直至商为 0，得出的余数倒排，即为二进制各位的数码。

例如，将十进制整数$(215)_{10}$转换成二进制整数的方法如下。

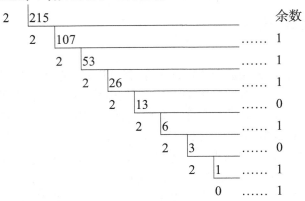

余数

于是，$(215)_{10}=(11010111)_2$。

小数部分采用乘 2 取整法。即将十进制小数逐次乘以 2，从每次乘积的整数部分正排，即为二进制数各位的数码。

例如，将十进制小数$(0.6875)_{10}$转换成二进制小数的方法如下。

整数部分

$0.6875×2=1.3750…………1$

$0.3750×2=0.7500…………0$

$0.7500×2=1.5000…………1$

$0.5000×2=1.0000…………1$

于是，$(0.6875)_{10}=(0.1011)_2$。

（3）二进制数与八进制数之间的转换

二进制数转换成八进制数的方法是：将二进制数从小数点开始，整数部分向左每 3 位分成一组，小数部分向右每 3 位分成一组，不足 3 位的分别向高位或低位补 0 凑成 3 位。每一组有 3 位二进制数，分别转换成八进制数码中的 1 个数字，全部连接起来即可，即三位二进制合成一位八进制。

例如，将$(10110101110.11011)_2$化为八进制的方法如下。

010	110	101	110	.	110	110
↓	↓	↓	↓	↓	↓	↓
2	6	5	6	.	6	6

于是，$(10110101110.11011)_2=(2656.66)_8$。

反之，八进制数转换成二进制数的方法是：一位八进制拆成三位二进制。

例如，将$(6237.431)_8$化为二进制的方法如下。

6	2	3	7	.	4	3	1
↓	↓	↓	↓		↓	↓	↓
110	010	011	111	.	100	011	001

于是，$(6237.431)_8=(110010011111.100011001)_2$。

（4）二进制数与十六进制数之间的转换

二进制数转换成十六进制数的方法与转换成八进制数的方法类似，只是四位二进制合成一位十六进制。反之，十六进制数转换成二进制数的方法是：一位十六进制拆成四位二进制。

4. 二进制的运算规则

在计算机中，采用二进制可以非常方便地实现各种算数运算和逻辑运算。

（1）算术运算规则

加法规则：0+0=0；0+1=1+0=1；1+1=10（进位为 1）。

减法规则：0-0=0；1-1=0；1-0=1；10-1=1（借位为 1）。

乘法规则：0×0=0；0×1=1×0=0；1×1=1。

除法规则：0/1=0；1/1=1。

（2）逻辑运算规则

逻辑与运算（AND）：$0 \wedge 0=0$；$0 \wedge 1=0$；$1 \wedge 0=0$；$1 \wedge 1=1$。

逻辑或运算（OR）：$0 \vee 0=0$；$0 \vee 1=1$；$1 \vee 0=1$；$1 \vee 1=1$。

逻辑非运算（NOT）：$\overline{1}=0$；$\overline{0}=1$。

逻辑异或运算（XOR）：$0 \oplus 0=0$；$0 \oplus 1=1$；$1 \oplus 0=1$；$1 \oplus 1=0$。

逻辑异或运算即实现按位加的功能，只有当两个逻辑值不相同，结果才为 1。

1.2.2　计算机中数的表示

1. 符号位的表示

计算机中的数据都是以二进制的形式表示的，数的正负号也是用"0"和"1"表示。通常规定一个数的最高位为符号位，用"0"表示正数，"1"表示负数。把在机器内存放的正负号数码化后的数称为机器数；把在机器外存放的由正负号表示的数称为真值。例如，二进制数-1101000（真值）在机器内的表示为 11101000。

2. 二进制的原码、反码和补码表示

（1）数的原码

数的原码表示指最高位为符号位，"0"表示正，"1"表示负，数值部分是原数的绝对值。例如：37 的原码为 00100101，-37 的原码为 10100101。

> 0 的原码有 00000000 和 10000000，都可当作 0 处理。

（2）数的反码

数的反码表示是指正数的反码和原码相同，负数的反码是对其原码除符号位外各位求反，即 0 变 1，1 变 0。例如：-11010 的反码为 100101。

（3）数的补码

数的补码表示是指正数的补码和原码相同，负数的补码是在其反码的最后一位上加 1。例如：-11010 的补码为 100110。

3. 定点数与浮点数

定点数：是指小数点的位置固定不变的数。

浮点数：是指小数点的位置是浮动的数。

这两种表示法不仅关系到小数点的位置，而且关系到数的表示范围。与定点数比较，浮点数的表示范围要大得多。

1.2.3 计算机中数据的单位

1. 位（bit）

位，简记为 b，也称为比特，是计算机存储数据的最小单位。一个二进制位只能表示两种状态，即"0"或"1"。

2. 字节（Byte）

字节，简记为 B。规定 1B=8bit。字节是计算机存储信息的基本单位，也是计算机存储容量的度量单位。另外还有千字节（KB）、兆字节（MB）、吉字节（GB）和太字节（TB）等单位。并且：

$1KB=1024B=2^{10}B$；

$1MB=1024KB=2^{10}KB=2^{20}B$；

$1GB=1024MB=2^{10}MB=2^{20}KB=2^{30}B$；

$1TB=1024GB=2^{10}GB=2^{20}MB=2^{30}KB=24^{40}B$。

3. 字（Word）

计算机处理数据时，CPU 通过数据总线一次存取、加工和传送的数据称为字，计算机的运算部件能同时处理的二进制数据的位数称为字长。如今的计算机多数为 64 位，即字长是 8 个字节。字长是衡量计算机性能的重要指标。

1.2.4 计算机中信息的编码

计算机中的数据都是用二进制表示的。不论是基本的数字、英文字母、运算符号，还是汉字、指令，都要转换成二进制表示，计算机才能执行。

1. 数字的编码

BCD（Binary Code Decimal）码是用 4 位二进制数中的 10 个数代表十进制数中 0～9 的编码方式，如数$(239)_{10}$对应 8421 BCD 编码为$(001000111001)_2$。

2. 字符编码

字符编码（Character Code）是用二进制编码来表示字母、数字以及专门符号。计算机中使用最广泛的字符编码——美国信息交换标准码(American Standard Code for Information Interchange)，简称 ASCII 码，已被国际标准化组织（ISO）采纳，作为国际通用的信息交换标准代码。ASCII 码是一种西文机内码。ASCII 码是用 7 位二进制编码，可以表示 128（2^7）个不同字符，如表 1-3 所示。

表 1-3 标准 ASCII 码表

低四位	高三位							
	000	001	010	011	100	101	110	111
0000	NUL	DLE	SP	0	@	P	`	p
0001	SOH	DC1	!	1	A	Q	a	q
0010	STX	DC2	"	2	B	R	b	r
0011	ETX	DC3	#	3	C	S	c	s
0100	EOT	DC4	$	4	D	T	d	t
0101	ENQ	NAK	%	5	E	U	e	u
0110	ACK	SYN	&	6	F	V	f	v

低四位	高三位							
	000	001	010	011	100	101	110	111
0111	BEL	ETB	´	7	G	W	g	w
1000	BS	CAN	(	8	H	X	h	x
1001	HT	EM	)	9	I	Y	I	y
1010	LT	SUB	*	:	J	Z	j	z
1011	VT	ESC	+	;	K	[	k	{
1100	FF	FS	,	<	L	\	l	|
1101	CR	GS	-	=	M	]	m	}
1110	SQ	RS	.	>	N	^	n	~
1111	SI	US	/	?	O	_	o	DEL

　　ASCII 码有两种，除 7 位二进制编码的标准 ASCII 码，还有用 8 位二进制编码的扩展的 ASCII 码，可以表示 256（2^8）个不同字符。

3. 汉字编码

　　汉字也是字符，与西文字符比较，汉字数量大，字形复杂，同音字多，这就给汉字在计算机内部的存储、交换、输入和输出等带来了一系列的问题。为了能直接使用西文标准键盘输入汉字，必须为汉字设计相应的编码。汉字有多种编码，主要有四类：汉字交换码、汉字内部码、汉字字形码和汉字输入码。

　　（1）汉字交换码

　　汉字交换码是用于不同汉字信息处理系统之间或与通信系统之间进行信息交换的汉字码。1980 年我国颁布了第一个汉字编码字符集标准，即 GB2312-80《信息交换用汉字编码字符基本集》，该标准编码简称为国标码，是我国通用的汉字交换码。GB2312-80 收录了 7445 个汉字和符号。其中，汉字 6763 个，分为：一级汉字 3755 个，二级汉字 3008 个。1995 年 12 月，我国又颁布了汉字扩展内码规范——GBK1.0 编码方案，共收录了 21003 个汉字和 883 个符号。2000 年，GBK18030 取代 GBK1.0 成为正式的国家标准。GBK18030 编码完全兼容 GB2312-80 标准，共收录了 27484 个汉字，同时收录了藏文、蒙文和维吾尔文等主要的少数民族文字，现在的 Windows 平台必须支持 GBK18030 编码。

　　（2）汉字机内码（内码）

　　汉字内部码是计算机处理汉字信息时使用的汉字代码。国标码 GB2312 不能直接在计算机中使用，它与基本的信息交换代码 ASCII 码冲突。为了能区分汉字与 ASCII 码，在计算机内部表示汉字时把交换码（国标码）两个字节最高位改为 1，称为"机内码"。两个字节合起来，代表一个汉字。机内码是计算机内处理汉字信息时所用的汉字代码。在汉字信息系统内部，对汉字信息的采集、传输、存储和加工运算的各个过程都要用到机内码。机内码是真正的计算机内部用来存储和处理汉字信息的代码。

　　（3）汉字字形码

　　汉字字形码（也叫字模或汉字输出码）记录汉字的外形，是汉字的输出形式。记录汉字字形通常有点阵法和矢量法两种方法，分别对应两种字形编码：点阵码和矢量码。汉字字型点阵信息的数字代码，存放在汉字库中。字库中存储了每个汉字的字形点阵代码，不同的字体（如宋体、仿宋、楷体、黑体等）对应着不同的字库。在输出汉字时，计算机要先到字库中去找到它的字形描述信息，然后再把字形送去输出。

点阵码是一种用点阵表示汉字字形的编码，它把汉字按字形排成点阵，常用的点阵有 16×16、24×24、32×32 或更高。汉字字形点阵构成和输出简单，但是信息量很大，占用的存储空间也非常大，一个 16×16 点阵的汉字要占用 32 个字节，一个 32×32 点阵的汉字要占用 128 个字节，而且点阵码缩放困难且容易失真。

矢量码使用一组数学矢量来记录汉字的外形轮廓，矢量码记录的字体称为矢量字体或轮廓字体。这种字体很容易放大缩小且不会出现锯齿状边缘，可以任意地放大缩小甚至变形，屏幕上看到的字形和打印输出的效果完全一致，且节省存储空间。如 PostScript 字库、TrueType 就是这种字形码。

（4）汉字输入码（外码）

将汉字通过键盘输入到计算机所采用的代码，也称为汉字外部码（外码）。目前我国的汉字输入码的编码方案已有上千种，但在计算机上根据编码规则是按照读音还是字形，汉字输入码可分为以下四种。

- 流水码：将汉字和符号按一定规则排序成的编码，如区位码、电报码和国标码等。
- 音码：根据汉字的读音确定汉字的编码，如微软拼音、智能 ABC 和搜狗拼音等。
- 形码：根据汉字的字形、结构特征确定汉字的编码，如五笔字型码、大众码等。
- 音形码：结合汉字的读音和字形确定汉字的编码，如自然码、首尾码等。

1.3 计算机系统

计算机系统由硬件系统和软件系统两部分组成。现代计算机的系统构造都遵循存储程序工作原理，是美籍匈牙利数学家冯·诺依曼（John Von Neumann，1903～1957）在总结前人经验，不断实践的基础上提出来的。它是当代计算机结构设计的基础，它使计算机的自动运算成为可能，它是计算机与其他一切工具的根本区别。存储程序工作原理被誉为计算机史上的一个里程碑。

存储程序工作原理就是在计算机中设置存储器，将二进制编码表示的计算步骤和数据一起存放在存储器中，机器一经启动，就能按照程序指定的逻辑顺序依次取出存储内容进行处理，自动完成程序所描述的处理工作。

1.3.1 计算机硬件系统的组成

计算机硬件（Hard ware）系统是指计算机系统中由各种电子、机械、光电、磁性装置和设备的总称。没有软件系统的计算机称为"裸机"。

计算机硬件系统主要由运算器、控制器、存储器、输入设备和输出设备五部分组成，如图 1-1 所示。图中实线表示数据流，虚线表示控制流。

1. 控制器和运算器

控制器主要由指令寄存器、译码器、程序计数器和操作控制器等组成，控制器是用来控制计算机各部件协调工作，并使整个处理过程有条不紊地进行。它的基本功能就是从内存中取指令和执行指令，即控制器按程序计数器指出的指令地址从内存中取出该指令进行译码，然后根据该指令功能向有关部件发出控制命令，执行该指令。另外，控制器在工作过程中，还要接受各部件反馈回来的信息。

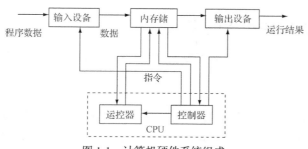

图 1-1　计算机硬件系统组成

运算器又称算术逻辑单元（Arithmetic Logic Unit，ALU），是计算机对数据进行加工处理的部件，它的速度决定了计算机的运行速度。运算器在控制器的控制下实现其功能。控制器控制从存储器取出数据，在运算器中进行算术运算和逻辑运算，把运算结果送回存储器中。

控制器和运算器组成了计算机的中央处理器（Central Process Unit，CPU）。CPU 是计算机的心脏，计算机的性能主要取决于 CPU。

2. 存储器

存储器是计算机用于存放程序和数据的部件。存储器分为两种：主存储器与辅助存储器。

（1）主存储器

主存储器又称为内存储器，简称内存。它可被 CPU 直接访问，存储容量较小，但速度快，用来存放当前运行程序的指令和数据及处理后的结果。在计算机内部，内部存储器包括随机存储器（Random Access Memory，RAM）、只读存储器（Read Only Memory，ROM）和高速缓冲存储器（Cache）三类。

ROM 主要用来存储固定不变的数据，如计算机的输入输出系统（BIOS）等。ROM 容量较小，其内的信息是事先存入的，运行时只能读取信息，不能再写入信息，断电后信息不会丢失。Cache 是介于 CPU 与 RAM 之间的一种高速信息存储芯片，主要用于缓解它们之间数据传输的速度差。我们通常所说的内存就是指随机存储器（RAM），其容量大，运行时可随时读取或写入信息，断电后信息就会丢失。

（2）辅助存储器

辅助存储器又称外存储器，简称外存。外存存储容量大，价格低，存储信息不易丢失（即使断电信息也不会丢失），但存储速度较慢，一般用来存放大量暂时不用的程序、数据和中间结果，需要时，可成批地和内存储器进行信息交换。外存只能与内存交换信息，不能被计算机系统的其他部件直接访问。

常用的外存有磁介质和光介质两种。磁介质又分为硬盘和软盘。硬盘存储量大（一般500GB-2TB），存取速度快，价格高；软盘存储量小（3.5 寸软盘为 1.44MB），存取速度慢，价格便宜，已经退出市场。光存储设备则使用光（激光）技术来存储和读取数据。使用这种技术的设备有只读光盘（CD-ROM）、可刻录光盘（CD-R）、可重写光盘（CD-RW）和数字多功能盘（DVD）。

3. 输入设备

输入设备是向计算机输入信息的设备，通过外设接口与计算机相连，常见的输入设备有键盘、鼠标、扫描仪、数字化仪、数码摄像机、条形码阅读器、数码相机和 A/D 转换器等。

4. 输出设备

输出设备是显示计算机内部信息和信息处理结果的设备，常见的输出设备有：显示器、打印机、投影仪、音箱、绘图仪和数模转换器（D/A）等。

1.3.2 计算机软件系统的组成

输入计算机的信息一般有两类，一类称为数据，另一类称为程序。计算机是通过执行程序的各条指令来处理信息的。

1. 指令和程序

指令是计算机执行某种操作的命令，它由一串二进制编码组成，包括操作码和地址码两部分。操作码规定了进行怎样的操作；地址码规定了要操作的数据以及操作结果存放的地址。

程序是由指令组成的，它是按要求事先设计有序的指令的集合。程序送入计算机，存放在存储器中，计算机按照程序所设计的指令序列依次进行工作。

2. 程序和指令工作过程

一台计算机的处理器只能完成有限的工作，例如，加法、减法、计数和比较。这些预先编制好的活动集合叫作指令集。指令集不是用来执行特定任务（如文字处理或音乐播放）的，它是通用的，因此，程序员可以创造性地使用指令集，从而编制被计算机使用能完成多种任务的程序。其工作过程如下：

（1）控制器控制输入设备或外存储器将数据和程序输入到内存储器；

（2）在控制器指挥下，从内存储器取出指令送入控制器；

（3）控制器分析指令，指挥运算器、存储器和输入输出设备等执行指令规定的操作；

（4）运算结果由控制器控制送存储器保存或送输出设备输出；

（5）返回到第二步，继续取下一条指令，如此反复，直到程序结束。

3. 软件系统

软件是指使计算机运行所需的程序、数据和有关文档。程序是计算机解决问题的指令序列，数据是程序处理的对象，文档是与程序的研制、维护和使用有关的图文资料。

软件的作用在于对计算机硬件资源的控制和管理，提高对资源的使用效率，协调计算机各部件的工作，扩大计算机的功能，提高计算机实现和运行各类应用任务的能力。计算机软件系统分为系统软件和应用软件两类。

（1）系统软件

系统软件是围绕计算机系统本身开发的软件，是管理、监控和维护计算机软硬件资源、开发应用软件的软件。它处于最靠近硬件的部分，主要包括操作系统、程序设计语言、语言处理程序、数据库管理系统、系统支撑和服务程序等。

① 操作系统

操作系统是对计算机的全部软硬件资源进行控制和管理的软件系统，是直接运行在裸机上的最基本的系统软件，其他软件必须在操作系统的支持下才能运行，它是软件系统的核心。它负责管理计算机系统的全部软件资源和硬件资源，合理地组织计算机各部分协调工作，为用户提供操作和编程界面。

② 程序设计语言

程序是对解决某个计算问题的方法步骤（算法）的一种描述，而从计算机来说，计算机程序是用某种计算机能理解并执行的计算机语言作为描述语言，对解决问题的方法步骤的描述。一个计算机程序主要描述两部分的内容：描述问题的每个对象和对象之间的关系以及描述对这些对象的处理规则。其中，对象及对象之间的关系是数据结构的内容，而处理规则是求解的算法。数据结构和算法是程序最主要的两个方面，通常可以认为"程序=数据结构+算法"。

算法可以看作是由有限个步骤组成的用来解决问题的具体过程。实质上反映的是解决问题的思路。

一个算法应该具有以下 5 个重要的特征。

- 有穷性：一个算法必须保证执行有限步之后结束。在执行有限步之后，计算必须终止，并得到解答。也就是说一个算法的实现应该在有限的时间内完成。
- 确切性：算法的每一步骤必须有确切的定义。算法中对每个步骤的解释是唯一的。
- 零个或多个输入：输入指在执行算法时需要从外界取得的必要的信息。一个算法有零个或多个输入，以刻画运算对象的初始情况。一个算法可以没有输入。
- 一个或多个输出：输出是算法的执行结果。一个算法有一个或多个输出，以反映对输入数据加工后的结果。没有输出的算法是毫无意义的。
- 有效性：又称可行性。算法中的每一个步骤能够精确地运行，并得到确定的结果。

数据结构是从问题抽象出来的数据之间的关系，它代表信息的一种组织方式，用来反映一个数据的内部结构。数据结构包括数据的逻辑结构和数据的物理结构。数据的逻辑结构反映的是各数据项之间的逻辑关系，是适合算法的数据操纵机制，数据的物理结构反映的是数据在计算机内部的存储安排。典型的数据结构包括线性表、堆栈和队列等，如图 1-2 所示。

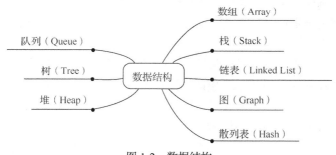

图 1-2　数据结构

程序设计语言是用户编写应用程序使用的语言，是人与计算机之间交换信息的工具。随着计算机的发展，计算机程序设计语言也由低级到高级逐渐发展起来。一般分为机器语言、汇编语言和高级语言三类。机器语言和汇编语言是低级语言。

- 机器语言（Machine Language）是只用二进制代码"0"和"1"表示的，能被计算机直接识别和执行的语言。用机器语言编写的程序占用内存少，执行速度快，但通用性差，不便于记忆、阅读和书写，且编程工作量大，难以维护。通常不用机器语言直接编写程序。
- 汇编语言（Assemble Language）是一种用助记符表示的语言，是"符号化"的机器语言。汇编语言的每条指令对应一条机器语言代码，不同类型的计算机系统一般有不同的汇编语言。用汇编语言编制的程序，机器不能直接识别和执行，必须由"汇编程序"翻译成机器语言程序才能运行。汇编语言适用于编写直接控制机器操作的低层程序。虽然汇编语言比机器语言有了很大的改进，但是仍属于面向机器的语言，它依赖于具体的机器，很难在系统间移植，所以汇编语言程序的编写仍然比较困难，程序的可读性也比较差。
- 高级语言（High Level Language）是一种接近人类自然语言的程序设计语言，是独立于具体的机器系统的语言，如 Basic、Pascal 和 C 语言等。它摆脱了低级语言无法克服的缺点，增加了程序的可读性和通用性，便于维护。用高级语言编写的程序称为"源程序"，计算机不能识别和执行，要把用高级语言编写的源程序翻译成机器指令。通常有编译和解释两种方式。编译方式是将源程序整个编译成目标程序，然后执行程序。解释方式是将源程序逐句解释，解释一句执行一句，边解释边执行，不产生目标程序。

③ 语言处理程序

语言处理程序是将计算机不能直接识别和执行的用汇编语言、高级语言编写的程序（源程序），处理成机器可以直接执行的机器语言程序的程序。它包括汇编程序、解释程序和编译程序。汇编程序把汇编语言编写的源程序翻译成机器语言程序（目标程序）的过程称为汇编；编译程序将高级语言编写的源程序翻译成机器语言程序的过程称为编译，其特点是复杂、开发和维护难、速度快；解释程序对高级语言编写的源程序边翻译边执行，而不产生目标程序，特点是简单、可移植性好、速度慢。

④ 数据库管理系统

数据库管理系统（Database Management System，DBMS）是用来建立、存储各种数据资料的数据库，并有效地进行数据存储、共享和处理的工具。它主要用于档案管理和财务管理、图书资料管理、仓库管理和人事管理等数据的处理。目前，常用数据库管理系统有：Access、FoxPro、DB2、SQL Server 和 Oracle 等。

⑤ 系统支撑和服务程序

系统支撑和服务程序又称工具软件，如系统诊断程序、调试程序、排错程序、编辑程序、查杀病毒程序等，都是为维护计算机系统的正常运行或支持系统开发所配置的软件系统。

（2）应用软件

应用软件是为用户解决各类应用问题开发的程序。常见应用软件有办公自动化软件、管理信息系统和大型科学计算软件包等，它分为用户程序和应用软件包，如 Microsoft Office、WPS Office、Photoshop、CorelDraw 等。

总之，计算机系统的组成如图 1-3 所示。

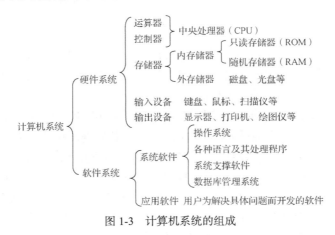

图 1-3　计算机系统的组成

1.4　微机硬件的主要配置

微型计算机简称微机，是目前最普遍，使用最广的计算机，它由主机、键盘、显示器、鼠标和其他外设组成。具体形式如图 1-4 所示。

1.4.1 微机的主机

主机箱是微型计算机的主体，它里面含有微处理器、主板、系统总线和扩展槽、内存、适配器、显卡、硬盘、软驱、光驱、电源等；外部设备一般有显示器、鼠标、键盘、打印机和音响等。

1. 微处理器

微机的中央处理器（CPU）称为微处理器（Micro Processor），是将运算器、控制器和高速内部缓存集成在一起的超大规模集成电路芯片，是计算机中最重要的核心部件，如图 1-5 所示。

图 1-4　微型计算机

图 1-5　微处理器

目前微处理器的生产厂家有 Intel 公司的 Pentium 系列、AMD 公司的 Athlon 系列、IBM 公司的 Power PC 等。我国成功研制了龙芯 3，主频达到了 1GHz，具有低能耗，多核心的特点，2017年 4 月发布的龙芯 3A3000/3B 3000 采用自主微结构设计，实测主频达到 1.5GHz，支持向量运算加速，峰值计算能力达到 128GFLOPS，具有很高的性能功耗比。

2015 年 3 月 31 日中国发射首枚使用"龙芯"北斗卫星。

龙芯的研制对中国的 CPU 核心技术、国家安全和经济发展都有举足轻重的作用，但必须看到，除仍与世界一流技术有一定差距外，国产微处理器生产能力受限也是其发展桎梏，而搭建国产CPU 软硬件生态环境更是当务之急。

2. 主板

主板是一块带有各种插口的大型印刷电路板（PCB）。集成有电源接口、控制传输线路和数据传输线路以及相关控制芯片等，它将主机的 CPU 芯片、存储器芯片、控制芯片和 ROM BIOS 芯片等结合在一起，如图 1-6 所示。主板中最重要的部件是芯片组，芯片组是主板的灵魂，它决定了主板所能支持的功能。目前常见的芯片组有 Intel、VIA、SiS、Ali 和 AMD等公司的产品。

图 1-6　主板

3. 系统总线和扩展槽

总线（BUS）是计算机各功能部件之间传送信息的公共通信干线。微机内部信息的传送是通过总线进行的，各功能部件通过总线连在一起。它分为数据总线、地址总线和控制总线，分别用来传输数据、数据地址及控制信号。

主板上有一系列扩展槽，它是用来插各种可选的接口板，显示适配器（显卡）、网络适配器（网卡）和声卡都插在扩展槽中。

4. 内存

微机中的内存一般指随机存储器（RAM）。常用的内存有同步动态随机存储器 SDRAM（Synchronous DRAM）和双倍数据传输速率同步动态随机存储器 DDR SDRAM（Dual Date Rate SDRAM）两种。实际的内存是由多个存储器芯片组成的插件板（俗称内存条）如图 1-7 所示，将其插入主板的插槽中，就与 CPU 一起构成了计算机的主机。

DDR4 内存是目前主流的内存规格。DDR4 相比 DDR3 最大的区别有三点：16bit 预取机制（DDR3 为 8bit），同样内核频率下理论速度是 DDR3 的两倍；更可靠的传输规范，数据可靠性进一步提升；工作电压降为 1.2V，更节能。

目前微机常用的内存容量为 2GB，4GB，8GB，12GB 等。

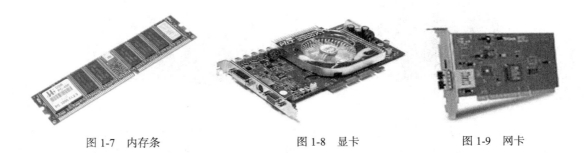

图 1-7 内存条　　　　　　　　图 1-8 显卡　　　　　　　　图 1-9 网卡

5. 适配器

适配器（Adapter）是外部设备与总线和微处理器连接的接口电路，由一块小电路板组成。根据连接的设备和功能不同，也常称为"某某卡"，如显示卡（如图 1-8 所示）、网卡（如图 1-9 所示）、声卡等。外部设备适配器插在主板的 I/O 扩展槽上并与总线相连。

显示卡的主要指标包括显示芯片的类型、显示内存的大小、支持的分辨率、产生的色彩多少、刷新速率以及图形加速性能等。目前主流显卡则采用全数字传输的 DVI 接口，以及高带宽传输的 HDMI 接口，可以提供更高的分辨率，满足高清晰度多媒体应用的需求。

声卡是将微机使用的数字信号转换成音频的模拟信号的部件。目前主板大多集成声卡芯片，如 AC'97、CT5880 等，也有对声音要求较高的计算机使用者，会安装各种品牌的独立声卡，可以提供更好的音质效果。

1.4.2 微机的输入设备

1. 键盘

键盘（Keyboard）是微机的标准输入设备，是用户输入程序、文字信息等的重要手段。键盘根据按键的数量分为 101 键和 104 键等。目前，广泛应用的是 104 键键盘，如图 1-10 所示。键盘的接口有 PS/2 和 USB 两种方式。

2. 鼠标

鼠标（Mouse）是一种"指点"式设备，它是利用光标在显示器上的位置和单击信息来确定用户的输入指令。随着操作系统图形用户界面的广泛应用，鼠标已经成为重要的信息输入设备，它的出现极大地简化了用户的操作。鼠标种类很多，按鼠标与主机相连接的接口分有 PS/2 鼠标和USB 接口的鼠标；按键的数目分为两键鼠标、三键鼠标和滚动鼠标；按工作原理分为机械式鼠标、光电式鼠标和无线遥控式鼠标等，如图 1-11 所示。

图 1-10　键盘

图 1-11　鼠标

3. 扫描仪

扫描仪（Scanner）是将各种图像信息输入计算机的重要设备，是一种光电一体化的高科技产品，如图 1-12 所示。扫描仪按照其处理的颜色可以分为黑白扫描仪和彩色扫描仪，衡量扫描仪性能的指标有：分辨率、扫描速度、扫描区域和灰度级等。

4. 数码相机

数码相机（Digital Canner）是一种采用光电子技术摄取静止图像的照相机，如图 1-13 所示。数码相机摄取的光信号由电耦合器件成像后变换成电信号，保存在 CF（Compact Flash）卡或 SM（Smart Media）卡上，可与计算机的 USB 通信端口连接，将拍摄的照片转出到计算机内进行编辑。

图 1-12　扫描仪

图 1-13　数码相机

分辨率是数码相机最重要的性能指标。数码相机的分辨率用图像的绝对像素数来衡量。数码相机拍摄图像的绝对像素数取决于相机内 CCD 芯片上光敏元件的数量，数量越多则分辨率越高，所拍图像的质量也就越高。

1.4.3　微机的输出设备

1. 显示器

显示系统包括显示器和显示适配器。显示器又称监视器（Monitor），是微机的最基本的、必备的输出设备。它有很多种类，按照显示原理可以分为阴极射线管显示器（CRT）、液晶显示器（LCD）和等离子显示器（PD）等。按显示器屏幕的对角线尺寸分为 15 英寸、17 英寸和 21 英寸等。与传统的 CRT 显示器相比，液晶显示器具有无辐射、体积小，耗电量低，美观等优点，已经成为目前显示器的主流配置，如图 1-14 所示。

图 1-14　液晶显示器与 CRT 显示器

像素、点距和分辨率是衡量 CRT 显示器的重要指标。

（1）像素：是指可显示的最小单位，例如：若显示器的分辨率是 1024×768，则共有 1024×768=786432 个像素点。

（2）点距：是指显示器屏幕上相邻两个相同颜色像素点之间的距离。点距越小，图像越清晰。目前常用的显示器点距有 0.26mm、0.25mm、0.24mm 等。

（3）分辨率：是指显示器的水平方向和垂直方向上所能显示的像素的个数，例如：若显示器分辨率是 1024 像素×768 像素，则其在水平方向上可以显示 1024 个像素，在垂直方向上可以显示 768 个像素。显然，显示器分辨率越高，像素就越多，所显示的图像就越清晰。

2. 打印机

打印机（Printer）是微机常用的可选输出设备，为用户提供计算机处理的结果。利用打印机可以打印出各种资料。分辨率、打印速度和纸张大小是衡量打印机性能的重要指标。目前常用的打印机可分为点阵式（针式）打印机、喷墨打印机和激光打印机。

（1）点阵式打印机

点阵式打印机是通过"打印针"打击色带产生打印效果，因此也被称为针式打印机。常见的打印机有 9 针单排排列的（称为 9 针打印机）和 24 针双排排列的（24 针打印机）两种。针式打印机的特点是价格便宜，使用方便，但打印速度较慢，噪声大，如图 1-15 所示。

（2）喷墨打印机

喷墨打印机是墨水在压力、热力或者静电方式的驱动下通过喷头喷到纸面上产生文字和图像。喷墨打印机的特点是价格低廉、打印效果好，噪声小，但对纸张要求较高，墨盒消耗较快，如图 1-16 所示。

（3）激光打印机

激光打印机是非打印式打印机，它是激光扫描技术和电子照相技术结合的产物。它用接收到的信号控制激光束，使其照射到一个具有正电位的硒鼓上，被激光照射的部位转变为负电位能吸附墨粉，在硒鼓吸附到墨粉后，再通过压力和加热把影像转移到一页打印纸上形成输出。激光打印机不仅质量高而且速度快，但是耗电量大，墨粉比较昂贵，如图 1-17 所示。

图 1-15　针式打印机

图 1-16　喷墨打印机

图 1-17　激光打印机

1.4.4　微机的外存储设备

1. 软盘存储器

软盘存储器由软盘和软盘驱动器两部分组成。软盘（Floppy Disk）驱动器，简称软驱，是对软盘信息进行读写的专用设备。软盘是信息存储的介质。软盘和软驱是分开的，使用时把软盘放进软驱，使用结束可以把软盘取出带走。软盘是一种涂有磁性物质的聚脂塑料薄膜圆盘。在磁盘上信息是按磁道和扇区来存放的，软盘的每一面都包含许多看不见的同心圆，盘上一组同心圆环形的信息区域称为磁道，它由外向内编号。每道被划分成相等的区域，称为扇区。每个扇区的容量为 512B，如图 1-18 所示。

图 1-18　软盘的外观与结构

软盘存储容量的计算公式：

软盘容量=面数×每面磁道数×每磁道扇区数×每扇区记录的字节数

3.5 英寸软盘是 2 面的，每面有 80 个磁道，每个磁道有 18 个扇区，每个扇区 512B，则 3.5 英寸软盘容量=2×80×18×512B=1.44MB。

软盘上有写保护口，当写保护（写保护口打开）时，只能读取盘中信息，不能写入。

作为一种非常重要的存储设备，不论是更早的 5.25 寸盘，还是后来的 3.5 寸盘，软盘都曾经发挥过重要的作用，但随着新技术的革新与发展，它已经退出历史舞台。

2. 硬盘存储器

硬盘存储器，即硬盘（Hard Disk），是常用的主要外部存储器。硬盘由盘片、控制器、驱动器以及连接电缆组成。盘片与软盘盘片相似，是由涂有磁性材料的合金圆盘组成，所不同的是它由固定在一个轴上的一组盘片组成，每个盘片的面有一个读写头，如图 1-19 所示。

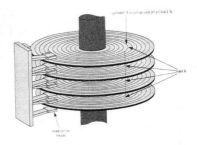

图 1-19　硬盘的外观与结构

硬盘的盘片和读写装置是封装在一起的。硬盘的存取速度比软盘要快很多，转速在 7200 转/分以上，但是比内存的存取速度还是差很远。它的优点是具有很大的存储容量，常见硬盘的存储容量为 500GB～2TB。

3. 光盘存储器

光盘存储器，简称光盘（Optical Disk），是利用激光原理存储和读取信息的媒介。光盘存储器由光盘和光盘驱动器两部分组成，如图 1-20 所示。目前，常用的光盘存储器有以下三种。

（1）只读光盘 CD-ROM（Compact Disk-Read Only Memory）

只读光盘是把信息事先制作到光盘上，用户只能读取，不能写入、修改或删除。目前在微机上广泛使用的 CD-ROM、DVD-ROM 就是此类。一张 CD-ROM 光盘，其容量为 650MB 左右，一张 DVD-ROM 光盘，其容量为 4.7GB 左右，而现如今已经逐渐普及的蓝光 DVD 单层单面的容量，更是达到了惊人的 27G。衡量光盘驱动器传输数据速率的指标称为"倍速"，CD-ROM 一倍速为 150Kbit/s，DVD-ROM 一倍速为 1.3Mbit/s，而蓝光 DVD 的一倍速可达到 36Mbit/s。不过，由于蓝光电影需要至少 54Mbit/s 的数据传输率，所以目前使用最广泛的是 2 倍速（72Mb/s），而蓝光光盘协会未来有计划将速度提高到 8 倍速甚至更高。

图 1-20　光盘存储器

（2）追记型光盘

追记型光盘是只写一次式，用户可将有用信息写入光盘，但写过后不能再擦除和修改，只能读取。常用的有 CD-R（CD-Recordable）和 WORM（Write Once Read Memory）。

（3）可改写型光盘 CD-RW（CD-Read Write）

用户可随时写入信息，也可改写盘中的信息，操作完全与软盘、硬盘相同，但必须配备光盘刻录机。可改写型光盘具有可换性、高容量和随机存取等优点，但速度较慢，价格较高。

与其他存储介质相比，光盘存储容量大，而且存取速度快，没有磨损，信息不会丢失，可以用来存储永久保留的信息。目前，光盘作为一种稳定信息存储介质得到了广泛的应用。

4. 可移动存储器

目前较常用的移动存储设备有闪存存储器和移动硬盘两种，如图 1-21 所示。

图 1-21　可移动存储设备

闪存存储器是由半导体集成电路制成的电子盘，又称为"优盘"。"优盘"没有驱动设备，可直接插入计算机的 USB 插口使用。在 USB2.0 标准下，"优盘"理论传输速度为 480Mbit/s，即 60 MB/s，在共享 USB 通道情况下，实际传输速度约 30 MB/s。而更先进的 USB3.0 标准下，理论最高传输速率是 5.0GB/s（即 625MB/S），而实际传输速率大约是 3.2GB/s（即 400MB/S）。目前，随着存储技术的不断革新，"优盘"容量也在不断扩大，从 1GB 到 128GB 不等，是一类体积小、存储容量大的新型移动存储设备。

移动硬盘（盒）的尺寸分为 1.8 寸、2.5 寸和 3.5 寸三种。2.5 寸移动硬盘盒可以使用笔记本计算机硬盘，3.5 寸则使用台式机硬盘，需要额外供电，1.8 寸硬盘属于微型硬盘，便于携带，但容量略小，价格更高。市场中的移动硬盘能提供 320GB、500GB、600G、640GB、900GB、1000GB（1TB）、1.5TB、2TB、2.5TB、3TB、3.5TB 和 4TB 等，最高可达 12TB 的容量，可以说是一众闪存产品的升级版，被大众广泛接受。

移动存储器在工作过程中无需安装特殊的驱动器和配备额外的工作电源，通常它通过 USB 接口与计算机相连，而且普遍采用了热插拔技术，实现了即插即用。目前，对于主流的移动存储设备，在 Windows 2000/XP/7/10 环境下不需要安装驱动程序。当移动存储器与计算机连通后，就可以像使用本地硬盘一样使用它们了。

1.4.5　微机的主要性能指标

微机的性能指标是对微机的性能的评价，下面介绍几个最常用的性能指标。

1. 主频

主频即时钟频率，是计算机 CPU 在单位时间发出的脉冲数，它的单位是兆赫兹（MHz）或千兆赫兹（GHz）。如早期 486DX/66 的主频为 66 MHz，Pentium 的主频为 66～133 MHz，PII 的主频为 133～450 MHz，PIII 的主频为 450 MHz～1 GHz，当前如 Intel 酷睿 i7 系列 CPU 的主频都在 2.8 GHz 以上。

2. 字长

字长是指计算机的运算部件同时处理的二进制数据的位数。字长决定了微机的计算精度和处理信息的效率。常用的 386 机、486 机及 Pentium 系列微机都是 32 位机，安腾和 Athlon 64 是 64 位机。

3. 运算速度

运算速度是一项综合性的性能指标，单位有 MIPS（Million Instructions Per Second）即每秒 10^6 条指令和 BIPS（Billion Instructions Per Second）即每秒 10^9 条指令两种。影响运算速度的因素很多，一般主频越高，字长越长，内存容量越大，存储周期越小，则运算速度越快。

4. 存储容量

容量是衡量存储器能容纳信息量多少的指标，度量单位是 Byte，简记为 B（字节）、KB、MB 或 GB、TB。在大数据时代，度量单位进一步扩展至 PB、EB、ZB 和 YB 等。

寻址能力是衡量微处理器允许最大容量的指标。内存容量的大小决定了可运行的程序大小和程序运行效率。外存容量的大小决定了整个微机系统存取数据、文件和记录的能力。存储容量越大，所能运行的软件功能越丰富，信息处理能力也就越强。

5. 存取周期

存储器完成一次读（取）或写（存）信息所需要的时间称为存储器的存取（访问）时间。连续两次读（或写）所需的最短时间，称为存储器的存取周期。存取周期越短，则存取速度越快。

存取周期是反映内存储器性能的一项重要技术指标，直接影响微机的运算速度。

6. 多核技术

多内核是指在一枚处理器中集成两个或多个完整的计算引擎（内核）。在计算机 CPU 技术的发展过程中，工程师意识到，若想提高单核芯片的运算速度，就只能提高主频，而过高的主频又会导致过高的温度且无法带来相应的性能改善，价格也会成倍增长。

多核处理器是单枚芯片（也称为"硅核"），能够直接插入单一的处理器插槽中，但操作系统会利用所有相关的资源，将其中集成的每个执行内核作为分立的逻辑处理器。通过在两个或多个执行内核之间划分任务，多核处理器可在特定的时钟周期内执行更多任务，从而成倍地提高 CPU 的计算效能。

衡量一台计算机系统的性能指标很多，除了上面列举的六项主要指标外，还应考虑机器的兼容性（包括数据和文件的兼容、程序兼容、系统兼容和设备兼容），系统的可靠性（平均无故障工作时间）和系统的可维护性（平均修复时间）等。

另外，性能价格比也是一项综合性的评价计算机性能的指标。

1.5 信息技术概述

随着计算机科学技术的飞速发展，计算机已经成为当前使用最为广泛的现代化工具，计算机的广泛应用也促进了信息技术革命的到来，现代社会已经进入了信息时代。作为 21 世纪的大学生在信息社会里学习、工作和生活，就必须了解和掌握获取信息、加工信息和再生信息的方法和能力。信息资源成为全球经济竞争中的关键资源和独特的生产要素，成为社会进步的强劲动力，以开发和利用信息资源为目的的信息产业已成为国民经济的重要组成部分，信息技术也已成为一个国家科技水平的重要标志。

信息作为一种与物质和能源一样重要的资源，一直在自然界中存在着。人类通过感觉器官接受自然界的信息，通过语言、文字和电磁波来保存和交换信息。长期以来人类都是靠大脑和手工方式来加工处理信息。计算机的出现使得信息的加工和处理大大加速，从而也促使各种科学技术突飞猛进地发展。学习和掌握信息技术知识及应用，已经成为现代人才知识结构的重要组成部分。

1.5.1 信息的基本概念

1. 数据

数据（Data）是指存储在某种媒体上可以加以鉴别的符号资料。数据的概念包括两个方面：一方面数据内容是反映或描述事物特性的；另一方面数据是存储在某一媒体上的。它是描述、记录现实世界客体的本质、特征以及运动规律的基本量化单元。描述事物特性必须借助一定的符号，这些符号就是数据形式，因此，数据形式是多种多样的。

从计算机角度看，数据就是用于描述客观事物的数值、字符等一切可以输入到计算机中，并可由计算机加工处理的符号集合。可见，在数据处理领域中的数据概念与在科学计算领域相比已大大拓宽。所谓"符号"不仅仅指数字、文字、字母和其他特殊字符，而且还包括图形、图像、动画、影像及声音等多媒体数据。

2. 信息

"信息"一词来源于拉丁文"Information"，意思是一种陈述或一种解释、理解等。作为一个科学概念，它较早出现于通信领域。长期以来，人们从不同的角度和不同的层次出发，对信息概念有着很多不同的理解。

信息论的创始人美国数学家香农（Shannon）在 1948 年给信息的定义是：信息是能够用来消除不确定性的东西。他认为信息具有使不确定性减少的能力，信息量就是不确定性减少的程度。这里所谓的"不确定性"是指如果人们对客观事物缺乏全面的认识，就会表现出对这种事物的情况是不清楚的、不确定的，这就是不确定性。当人们对它们的认识清楚以后，不确定性就减少或消除了，于是就获得了有关这些事物的信息。

控制论的创始人美国数学家维纳（Weiner）认为：信息是我们适应外部世界、感知外部世界的过程中与外部世界进行交换的内容，即信息就是控制系统相互交换、相互作用的内容。

系统科学认为，客观世界由物质、能量和信息三大要素组成，信息是物质系统中事物的存在方式或运动状态，以及对这种方式或状态的直接或间接表述。

一般认为：信息是在自然界、人类社会和人类思维活动中普遍存在的一切物质和事物的属性。

可以看出，信息的概念非常宽泛。随着时间的推移，时代将赋予信息新的含义，因此，信息是一个动态的概念。现代"信息"的概念，已经与微电子技术、计算机技术、通信技术、网络技术、多媒体技术、信息服务业、信息产业、信息经济、信息化社会、信息管理及信息论等含义紧密地联系在一起了。

总之，信息是一个复杂的综合体，其基本含义是：信息是客观存在的事实，是物质运动轨迹的真实反映。信息一般泛指包含于消息、情报、指令、数据、图像和信号等形式之中的知识和内容。在现实生活中，人们总是在自觉或不自觉地接受、传递、存储和利用着信息。

3. 数据和信息的关系

数据与信息是信息技术中两个常用的术语，很多人常常将它们混淆。实际上，它们之间是有差别的。信息的符号化就是数据，数据是信息的具体表示形式。数据本身没有意义，而信息是有价值的。数据是信息的载体和表现形式，信息是经过加工的数据，是有用的，它代表数据的含义，是数据的内容或诠释。信息是从数据中加工、提炼出来的，用于帮助人们正确决策的有用数据，是数据经过加工以后的能为某个目的使用的数据。

根据不同的目的，我们可以从原始数据中加工得到不同的信息。虽然信息都是从数据中提取出来的，但并非一切数据都能产生信息。可以认为，数据是处理过程的输入，而信息是输出。例如，38℃就是一个数据，如果是人的体温，则表示发烧；如果是水的温度，则表示是人适宜的温度。这些就是信息。

4. 信息的特征

信息广泛存在于现实中，人们时时处处在接触、传播、加工和利用着信息。信息具有以下特征。

（1）信息的普遍性和无限性

世界是物质的，物质是运动的，事物运动的状态与方式就是信息，即运动的物质既产生也携带信息，因而信息是普遍存在的，信息无处不在、无时不在；由于宇宙空间的事物是无限丰富的，所以它们所产生的信息也必然是无限的。例如现实世界里天天发生着的各种各样的事，不管你在意不在意，它总是普遍存在和延续着。

（2）信息的客观性和相对性

信息是客观事物的属性，必须如实地反映客观实际，它不是虚无缥缈的东西，可以被人感知、存储、处理、传递和利用；同时，由于人们认知能力等各个方面的不同，从一个事物获取到的信息也会有所不同，因此信息又是相对的。

（3）信息的时效性和异步性

信息总是反映特定时刻事物运动的状态和方式，脱离源事物的信息会逐渐失去效用，一条信息在某一时刻价值非常高，但过了这一时刻，可能一点价值也没有。因此，信息只有及时、新颖才有价值；异步性是时效的延伸，包括滞后性和超前性两个方面，信息会因为某些原因滞后于事物的变化，也会超前于现实。例如天气预报的信息就具有典型的时效性，过时就失去了价值，但是它超前就具有重要意义。再如，一张老的列车时刻表不仅没有用途，可能还会误事。

（4）信息的共享性和传递性

共享性是指信息可以被共同分享和占有。信息作为一种资源，不同的个体或群体在同一时间或不同时间可以共同享用，这是信息与物质的显著区别。信息的分享不仅不会失去原有信息，而且还可以广泛地传播与扩散，供全体接收者所共享；信息本身只是一些抽象的符号，必须借助媒介载体进行传递，人们要获取信息也必须依赖于信息的传输。信息的可传递性表现在空间和时间两个方面。把信息从时间或空间上的某一点向其他点移动的过程称为信息传输。信息借助媒介的传递是不受时间和空间限制的。信息在空间中传递被称为通信。信息在时间上的传递被称为存储。例如，广播信息可以为广大听众共享，还可以录音或者转播（传播）出去。再如"苹果理论"。萧伯纳说过："你有一个苹果，我有一个苹果，我们彼此交换，每人还是一个苹果；你有一种思想，我有一种思想，我们彼此交换，每人可拥有两种思想。"这就是信息的可传递和共享。

（5）信息的变换性和转化性

信息可能依附于一切可能的物质载体，因此它的存在形式是可变换的。同样的信息，可以用语言文字表达，也可以用声波来载荷，还可以用电磁波和光波来表示；信息在变换载体时的不变性，使得信息可以方便地从一种形态转换为另一种形态。信息对于载体的可选择性使得如今的信息传递不仅可以在传播方式上加以选择，而且在传递时间和空间上提供了极大的方便，并使得人类开发和利用信息资源的各项技术的实现成为可能。信息的可变换性还体现在对信息可进行压缩，可以用不同的信息量来描述同一事物，用尽可能少的信息量描述一件事物的主要特征就是实现了压缩；信息也是可以转化的，也就是可以处理的，即利用各种技术，把信息从一种形态转变为另一种形态。例如看天气预报，人们会将代表各种天气的符号转化为具体信息。信息在一定条件下可以转化为时间、金钱和效益等物质财富。

（6）信息的依附性和抽象性

信息不能独立存在，必须借助某种载体才可能表现出来，才能为人们交流和认识，才会使信息成为资源和财富；人们能够看得见摸得着的只是信息载体而非信息内容，即信息具有抽象性。信息的抽象性增加了信息认识和利用的难度，从而对人类提出了更高的要求。对于认识主体而言获取信息和利用信息都需要具备抽象能力，正是这种能力决定着人的智力和创造力。例如书就是信息的依附载体，但是内容就是抽象的，所以有的人读懂了，而有的人读不懂。

5. 信息的处理

在电话、电报时代就已经有了信息的概念，但当时更关心的是信息的有效传输。随着社会的进步和发展，人们对信息的开发利用不断深入，信息量骤增，信息间的关联也日益复杂，因此对信息的处理就显得越来越重要，早期的信息处理都是由人工或者借助其他工具完成的，而计算机的出现，使得对大容量信息进行高速、有效的处理成为可能。信息处理就是指信息的采集、存储、输入、传输、加工和输出等操作。当然，被处理的信息是以某种形式的数据表示出来的，所以信息处理有时也称数据处理。

计算机是一种最强大的信息处理工具，现在说信息处理实质上就是由计算机进行数据处理的过程，即通过数据的采集和输入、有效地把数据组织到计算机中，由计算机系统对数据进行一系列存储、加工和输出等操作。在信息处理过程中，信息处理的工具不同，信息处理的各个操作的实现方式也就不同。例如，如果处理工具是人，则输入是通过眼睛、耳朵和鼻子等来完成，加工由人脑来完成；如果处理工具是计算机，则输入是通过键盘、鼠标等来完成，加工则由中央处理器来完成。

1.5.2　信息技术

1. 信息技术的概念

所谓信息技术，就是利用科学的原理、方法及先进的工具和手段，有效地开发和利用信息资源的技术体系。人类在认识环境、适应环境与改造环境的过程中，为了应付日趋复杂的环境变化，需要不断地增强自己的信息能力，即扩展信息器官的功能，主要包括感觉器官、神经系统、思维器官和效应器官的功能。由于人类的信息活动愈来愈走向更高级、更广泛、更复杂，人类信息器官的天然功能已愈来愈难以适应需要。信息技术就是人类创立和发展起来的，用于不断扩展人类信息器官功能的一类技术的总称。确切地说，信息技术是指对信息的获取、传递、存储、处理和应用的技术。人们对信息技术的认识是逐步深入的。最初，人们认为信息技术就是计算机的硬件设备。后来，人们认为信息技术是计算机硬件加软件技术。再后来，人们认为计算机技术（包括硬件和软件技术）和通信技术的结合就是全部的信息技术。现在人们普遍认为信息技术是以现代计算机技术为核心的，融合智能技术、通信技术、感测技术和控制技术在一起的综合技术。

2．信息技术的发展历程

人类的进步和科学的发展离不开信息技术的革命。第一次是人类使用语言，使人类有了交流和传播信息的工具；第二次是文字的使用，使人类有了记录和存储信息的载体；第三次是造纸和印刷术的使用，使人类有了生产、存储、复制和传输信息的媒介；第四次是电报、电话、广播和电视的使用，使人类有了广泛迅速地传播文字、声音、图像信息的多种媒体；第五次是计算机、通信和网络等现代信息技术的综合运用，使人类有了大量存储、高速传输、精确处理、广泛交流和普遍共享信息的手段。尤其是第五次以计算机技术、微电子技术和现代通信技术为代表的信息革命使人类的脑力劳动得到极大程度的解放，人类社会由传统的工业化社会步入现代信息化社会，信息技术、信息产业飞速发展，人们的生产、生活方式正在悄然改变。

从应用的角度来看，信息技术经历了数值处理、数据处理、知识处理、智能处理、网络处理以及网格处理六个阶段。

（1）数值处理

数值处理是利用计算机对物理或数字信号进行运算和处理，早期的计算机应用只限于科学计算、工程计算等领域。

（2）数据处理

20 世纪 50 年代末，计算机应用有了从数值处理向非数值处理的突破，其应用领域由科学计算转向以事务管理为主的数据处理。

（3）知识处理

20 世纪 70 年代中期，计算机应用从处理定量化问题向处理定性化问题发展，信息系统的概念、结构、方法和技术产生质的飞跃。其应用领域向以知识的表达、知识库和知识处理等方面发展。

（4）智能处理

20 世纪 80 年代，知识处理信息的定性化问题研究和应用为信息系统的分析、推理和判断等奠定了基础，使得信息系统具备了向智能处理迈进的可能性。

（5）网络处理

20 世纪 90 年代 Internet 的兴起使得信息技术进入网络处理时代。信息系统的主要特征表现为网络互连、资源高度共享、时空观念的转变以及物理距离的消失等，给企业经营管理信息系统和商务活动产生极大影响。

（6）网格处理

网格（Grid）是新一代信息处理技术，它把整个因特网整合成一台巨大的超级计算机，实现计算资源、存储资源、数据资源、信息资源、知识资源和专家资源的全面共享。其目的是将计算能力、信息资源像电力网格输送电力一样输送到每一用户，供用户方便使用。它是继传统因特网、Web之后的第三个浪潮（或称第三代因特网）。

3. 信息技术的新发展

随着计算机应用技术的发展，云计算、物联网乃至大数据等信息技术领域的概念也进一步冲击着人们的观念和知识结构，影响着普通人的生活。

（1）云计算

云计算是网格计算、分布式计算、并行计算、效用计算、网络存储、虚拟化和负载均衡等传统计算机技术与网络技术发展融合的产物，或者说是这些计算机科学概念的商业实现。它旨在通过网络把多个成本较低的计算实体整合成一个具有强大计算能力的完美系统，并借助先进的商业模式把这种强大的计算能力分布到普通终端用户手中。云计算的核心理念就是通过不断提高"云"的处理能力，进而减少用户终端的计算负担，最终使用户终端简化成一个单纯的输入输出设备，并能按需享受"云"的强大计算处理能力。

随着云计算概念的衍生而出的"云存储""云渲染"等各种概念层出不穷，也宣告了一个全新的时代到来，它意味着计算和存储能力也可以作为一种商品进行流通，就像煤气、水电一样，取用方便，通过租用，还大大降低了中小企业和个人用户的硬件购买和维护成本，从而也就降低了发展的门槛，释放出更大的潜力直接参与更高层面的竞争。

（2）物联网

物联网是新一代信息技术的重要组成部分，也是"信息化"时代的重要发展阶段。其英文名称是："Internet of Things（IoT）"。顾名思义，物联网就是物物相连的互联网。这有两层意思：其一，物联网的核心和基础仍然是互联网，是在互联网基础上的延伸和扩展的网络；其二，其用户端延伸和扩展到了任何物品与物品之间，进行信息交换和通信，也就是物物相息。物联网到现在为止还没有约定俗成的公认的概念，但目前用的最广的一个定义是：通过射频识别（RFID）、红外感应器、全球定位系统和激光扫描器等信息传感设备，按约定的协议，把任何物品与互联网相连接，进行信息交换和通信，以实现智能化识别、定位、跟踪、监控和管理的一种网络系统。

物联网的发展也是一日千里。

- 早期的物联网=射频识别（RFID）+ Internet
- 目前的物联网=传感网+通信网+应用系统
- 未来（理想）的物联网=带IP的任何物+Internet

而从技术架构上来分析，物联网可分为以下三层。

- 感知层：获取状态信号（模拟信号或数字信号），涉及传感器芯片及技术、射频识别技术、二维码、条形码和微机电系统（Micro-Electro-Mechanical Systems，MEMS）等。
- 网络层：连接感知信号与应用系统桥梁，涉及通信技术（有线通信和无线通信）、互联网技术等。
- 应用层：普遍与感知终端密切联系，主导应用层的解决方案，往往是由感应终端厂商提供的，涉及中间件系统、人工智能、数据处理与分析和智能算法等。

物联网被称为继计算机、互联网之后，世界信息产业的第三次浪潮。物联网用途广泛，遍及工业监控、城市管理、智能家居、智能交通和医疗卫生等多个领域。根据有关研究机构预测，物联网所带来的产业价值将比互联网大30倍，物联网将成为下一个万亿元级别的信息产业业务。

（3）大数据

大数据是指无法在一定时间内用常规软件工具对其内容进行提取、管理和计算的数据集合，它具有 4 个基本特征：一是数据体量巨大，从 TB 跃升至 PB（1PB=1024TB）、EB（1EB=1024PB）甚至 ZB（1ZB=1024EB）的级别；二是数据类型多样，包括文本、图片、视频、音频和地理位置信息等复杂类型；三是处理速度快，数据处理遵循"1 秒定律"，可从各种类型数据中获取有用数据，并强调分析能力；四是价值密度低，商业价值高。以视频为例，在长达几十个小时的监控录像中，有用数据可能仅有一两秒。业界将这四个特征归纳为 4 个"V"——Volume（大量）、Variety（多样）、Velocity（高速）和 Value（价值）。

而大数据技术，正式指从大数据中，快速获得有价值信息的能力，所以其技术意义不止于掌握和管理，更在乎对这些数据的专业化处理，进行挖掘分析从而实现数据的增值。

1.5.3　信息化与计算机文化

1. 信息化

信息化就是指在国家宏观信息政策指导下，通过信息技术开发、信息产业的发展、信息人才的配置，最大限度地利用信息资源以满足全社会的信息需求，从而加速社会各个领域的共同发展以推进到信息社会的过程。它以信息产业在国民经济中的比重，信息技术在传统产业中的应用程度和国家信息基础设施建设水平为主要标志。

信息化生产力是指与计算机等智能化工具相适应的生产力。信息化生产力是迄今人类最先进的生产力，它要有先进的生产关系和上层建筑与之相适应，一切不适应该生产力的生产关系和上层建筑将随之改变。

信息化是工业社会向信息社会的动态发展过程。在这一过程中，信息产业在国民经济中所占比重上升，工业化与信息化的结合日益密切，信息资源成为重要的生产要素。总之，信息经济作为信息社会的主导经济形势，信息技术作为物质和精神产品的技术基础，信息文化导致了人类教育理念和方式的改变，导致了生活、工作和思维模式的改变，也导致了道德和价值观念的改变。

2. 信息高速公路

1993 年 9 月美国政府正式提出计划用 20 年时间，耗资 2000 亿～4000 亿美元，实施美国"国家信息基础设施"(National Information Infrastructure，NII)计划，作为美国发展政策的重点和产业发展的基础，人们将其通俗地称为"信息高速公路"（ISHW）计划。

"信息高速公路"是一个交互式的多媒体通信网络，它以光纤为"路"，以计算机、电话、电视和传真等多媒体终端为"车"，既能传输语言和文字，又能传输数据和图像，使信息的高速传递、共享和增值成为可能，并且提供教育、卫生、商务、金融、文化和娱乐等广泛的信息服务。信息高速公路是构建信息化社会的基础。

我国为加快国民经济信息化建设步伐，以"三金"（金桥、金关、金卡）工程起步建设信息高速公路。"金桥"工程，即国家公用经济信息网工程，是我国国民经济信息化建设的基础设施；"金卡"工程是通过计算机网络实现货币流通的电子货币工程；"金关"工程是国家对外经济贸易信息网工程。"三金"工程为我国经济建设和社会进步起到了巨大的推动作用。

目前，我国在信息化建设方面取得了很大成就，已经建成四大互联网络：中国互联网（Chinanet）、中国教育科研网（CERnet）、中国科技网（CSTnet）和中国金桥网（ChinaGBN）。

截至 2016 年 6 月，我国网民规模达 7.10 亿，互联网普及率为 51.7%。另外移动互联网络发展势头强劲，数据显示，截至 2016 年 6 月，我国手机网民规模达 6.56 亿，而 2016 全年中国电子商务市场交易规模突破 20 万亿元人民币。随着"互联网+"等国家战略思维的提出，计算机及其相关高新技术行业已经成为我国影响最广、增长最快、市场潜力最大的产业之一。

3. 计算机文化

（1）文化

文化是人类社会特有的现象。文化的产生和发展与人类的形成和发展是同时进行的，有一个由低级向高级发展的进化过程。人类社会的进步、文化层次的高低在物质上是以工具的使用和革新为标志的，正像旧石器、新石器、青铜器、铁器、蒸汽机、电动机和原子能代表着历史上不同的文化时代一样，计算机文化正是人类文化发展到今天以电子计算机这种最新工具为核心而产生的一种新时代的文化，它预示着信息时代的来临，人类文明又向前迈进了一步。

文化是人类在物质和精神两个方面创造力的一种表现，是人类对客观世界把握的一种能力，也是人类进步的一种标志。因此，文化具有信息传递和知识传授的能力，对人类社会从生产方式、工作方式、学习方式和生活方式都会产生广泛而深刻的影响。

（2）文化的属性

文化具有广泛性、传递性、教育性及深刻性四个方面的基本属性。

每个民族，每个人都有不同的文化属性，这些属性是千百年来文化沉淀的结果，是根深蒂固和难以改变的，我们自身也自觉或不自觉地受到所处文化环境的熏陶。

文化有着一系列共有的概念、价值观和行为准则，它是使个人行为能力为集体所能接受的共同标准。文化和社会是密切相关的，没有社会就不会有文化，在同一社会内部，文化也具有不一致性。

（3）计算机文化

"计算机文化"（Computer Literacy）的提法最早出现在 20 世纪 80 年代初，在瑞士洛桑召开的第三次世界计算机教育大会上，科学家提出了计算机教育是文化教育的观念，呼吁人们重视计算机文化教育，此后，"计算机文化"的说法被各国计算机教育界所接受。

所谓计算机文化是以计算机为核心，集网络文化、信息文化、多媒体文化为一体，对社会生活和人类行为产生广泛、深远影响的新型文化。计算机文化是人类文化发展的四个里程碑（前三个分别为语言的产生、文字的使用与印刷术的发明）之一，且内容更深刻，影响更广泛。

目前，最能体现当代人知识结构和能力素质的，应当是"信息获取、信息分析与信息加工"的能力。信息获取包括信息发现、信息采集与信息优选；信息分析包括信息分类、信息综合和信息查错与评价；信息加工包括信息排序与检索、信息组织与表达、信息存储与变换以及信息的控制与传输等。这些知识和能力既是"计算机文化"水平高低和素质优劣的体现，又是信息社会对新型人才培养的要求。达不到这方面的要求，将无法适应信息社会的学习、工作及竞争的需要，将被信息社会所淘汰。

当代大学生是未来信息社会的参与者和建设者，必须顺应"计算机文化"的浩荡大潮，牢固掌握利用计算机解决问题的能力，如办公自动化、数据处理和分析能力、各类软件的使用能力、资料数据查询和获取能力、信息的归类和筛选能力等，树立"计算思维"，才能在"数字地球，智慧地球"的信息化时代中挺立潮头。

第 2 章
多媒体技术基础

人的大脑信息百分之八十来源于视觉，另外还有听觉、触觉和、嗅觉和味觉等信息获取方式。在曾经很长一段时间里，人与计算机进行信息交流仅限于文字和静态图片，和人与人之间的自然交流相距甚远。多媒体技术的出现，使计算机获取和交流信息的渠道豁然开朗，既能听其声，又能见其人，千里之外，近在咫尺，不断发展的多媒体技术极大地改变了人们的交流方式、生活方式和工作方式。

2.1　多媒体技术概述

"媒体"有多重含义，在计算机领域，媒体有两种含义：一是指存储信息的实体，如磁盘、磁带、光盘和半导体存储器等；二是指传播信息的载体，如声音、图像、图形和文字等。多媒体技术中的"媒体"是指后者，是一种能够表达信息的形式。

2.1.1　多媒体简介

国际电信联盟将媒体分作五类，即感觉媒体、表示媒体、显示媒体、存储媒体和传输媒体。

1．感觉媒体

感觉媒体是指直接作用于人的感官而产生感觉的一类媒体。如视觉媒体，表现为文字、符号、图形、图像、动画和视频等形式；听觉媒体，表现为语音、声响和音乐；触觉媒体，表现为湿度、温度、压力和运动等；还有嗅觉媒体、味觉媒体。由视觉、听觉获取的信息，占据了人类信息来源的90%。目前对视觉、听觉媒体的研究与实现，技术相对完整和成熟，而对触觉等其他感觉媒体的研究与应用仍在不断探索中。

2．表示媒体

表示媒体是为了加工、处理和传输感觉媒体而人为地研究、构造出来的一种媒体，表现为各种编码方式，如文本编码、语音编码、视频编码、条形码和图像编码等。

3．显示媒体

显示媒体是用于输入和输出的媒体，它实现感觉媒体和用于通信的电信号之间的转换。如键盘、话筒、扫描仪、摄像机、数码照相机等输入设备和显示器、音箱、打印机等输出设备都属于显示媒体。

4．存储媒体

存储媒体用于存放信息，以便计算机随时调用和处理信息。硬盘、软盘、光盘、ROM 和 RAM

是最典型的存储媒体。

5. 传输媒体

传输媒体用来将信息从一个地方传送到另一个地方，主要指通信设施，如双绞线、同轴电缆和光缆等。

多媒体（Multimedia）就是指多种媒体的综合。在计算机系统中，是指组合两种或两种以上媒体的一种人机交互式信息交流和传播的媒体。使用的媒体包括文字、图片、照片、声音（包含音乐、语音旁白、特殊音效）、动画和影片，以及程序所提供的互动功能。

2.1.2 多媒体技术概念

多媒体技术是指利用计算机技术把文本、声音、图形和视频等多媒体信息综合一体化，使它们建立起逻辑联系，并能进行加工处理的技术。这里所说的"加工处理"主要是指对这些媒体的信息采集、压缩和解压缩、存储、显示和传输等。多媒体技术是多种学科交融的产物，是基于计算机技术的多种技术的融合，其中关系最密切的是电子技术、计算机技术、通信技术和大众传播技术。

多媒体技术中的媒体主要是指传播信息的载体，就是利用计算机把文字、图形、影像、动画、声音及视频等媒体信息都数字化，并将其整合在一定的交互式界面上，使计算机具有交互展示不同媒体形态的能力。它极大地改变了人们获取信息的传统方法，符合人们在信息时代的阅读方式。

多媒体技术的发展改变了计算机的使用领域，使计算机由办公室、实验室中的专用品变成了信息社会的普通工具，广泛应用于工业生产管理、学校教育、公共信息咨询、商业广告、军事指挥与训练，甚至家庭生活与娱乐等领域。

2.1.3 多媒体技术的特点

多媒体技术的出现，使人们摆脱了以前枯燥的信息传递方式，使信息的表现形式多样化，更加符合人类的表达方式。多媒体技术区别于以文本、图像为主的静态信息表达技术，有自身的特点。

1. 多样性

多样性指信息的多样化。多媒体技术使计算机具备了在多维化信息空间下实现人机交互的能力。计算机中信息的表达方式不再局限于文字和数字，而是广泛采用图像、图形、视频和音频等多种信息形式。通过多媒体信息的捕获、处理与展现，使人机交互过程更加直观自然，充分满足了人类感官空间全方位的多媒体信息需求，也使计算机变得更加人性化。

2. 交互性

和传统视听媒体相比，数字多媒体技术实现了人和媒体之间的双向智能交互，没有交互性的系统不算是多媒体系统。它集成了计算机技术、多媒体技术和网络通信技术，可向用户提供交互使用、加工和控制信息的手段，用户不再只是被动地接受，而是可以主动地进行控制和管理，这增加了对信息的注意力，为应用开辟了更加广阔的领域。

3. 集成性

集成性包括信息的集成（声、图、文、像等多媒体信息按照一定的数据模型和结构集成为一个有机整体，便于资源共享）和操作/开发环境的集成（多媒体各种相关软/硬件技术的集成，为多媒体系统的创作建立了理想的开发平台）两个方面。

4. 实时性

多媒体系统，不仅能够处理离散媒体，如文本、图像等，更重要的是能够综合处理带有时间关系的媒体，如音频、活动视频和动画，甚至是实况信息媒体。所以多媒体系统在处理信息时有着严格的时序要求和很高的速度要求，有时是强实时的。

5. 数字化

数字化是指多媒体中的各个单媒体都以数字形式存放在计算机中。信息不会随时间的推移而减弱，并可以无限复制传播。

多媒体技术是基于计算机技术的综合技术，它是正处于发展过程中的一门跨学科的综合性高新技术。多媒体技术涉及多个技术领域，包括数字信号处理技术、音频和视频技术、计算机硬件和软件技术、人工智能和模式识别技术、通信和图像技术等。多媒体技术具有信息直观、信息量大、易于接受等显著特点，因此已经在电子出版物、影视娱乐、商业广告、过程模拟和通信等多个领域得到了广泛应用。目前，在多媒体技术发展和应用中仍有许多难点需要解决，如多媒体信息丰富但数据量大就不利于其在网络上传播等。多媒体技术的关键技术是计算机技术、网络技术、信息存储技术和压缩技术等。

综上所述，多媒体具有信息直观、信息量大、便于传播，易于接受等显著特点，因此已经在电子出版物、影视娱乐、商业广告、过程模拟和通信等多个领域得到了广泛应用。

2.1.4　多媒体技术中的媒体元素

利用多媒体技术可以对声、文、图、像等进行处理，并将这些多媒体处理对象称为媒体元素。媒体元素是指多媒体应用中可显示给用户的媒体组成部分。目前，多媒体技术处理的媒体元素主要包括文本、图像、动画、声音和视频影像五种信息。

1. 文本

文本是以文字和各种专用符号表达的信息形式，它是现实生活中使用得最多的一种信息存储和传递方式。用文本表达信息给人充分的想象空间，它主要用于对知识的描述性表示，如阐述概念、定义、原理和问题以及显示标题、菜单等内容。

2. 图像

人类视觉系统作为人类获取和处理信息的第一途径，直接影响到我们与外界交换的信息量。而图像是多媒体软件中最重要的信息表现形式之一，它是决定一个多媒体软件视觉效果的关键因素。图像数字化是将模拟图像转换为数字图像，这是计算机处理和多媒体应用的前提，是进行数字图像处理的前提。图像数字化必须以图像的电子化作为基础，把模拟图像转变成电子信号，随后才将其转换成数字图像信号。

采样是把空域上或时域上连续的图像（模拟图像）转换成离散采样点（像素）集合（数字图像）的操作。采样越细，像素越小，越能精细地表现图像。

量化是把像素的灰度（浓淡）变换成离散的整数值的操作。最简单的量化是用黑（0）、白（255）两个数值（即 2 级）来表示，成为二值图像。量化越细致，灰度级数（浓淡层次）表现越丰富。计算机中一般用 8bit（256 级）来量化，这意味着像素的灰度（浓淡）是 0~255 的数值。

而将 RGB 三原色组成的三个通道叠加，便形成了彩色图像，所以，一个彩色图像像素用 24bit 来量化，称之为真彩色，如果再加 8bit 保存 Alpha 通道（透明度）信息，则称为 32bit 最高色。

3. 动画

动画是利用人的视觉暂留特性，快速播放一系列连续运动变化的图形图像，也包括画面的缩放、旋转、变换、淡入淡出等特殊效果。在多媒体教学中，通过动画可以把抽象的内容形象化，使许多难以理解的教学内容变得生动有趣。合理使用动画可以达到事半功倍的效果。

4. 声音

声音是人们用来传递信息、交流感情最方便、最熟悉的方式之一。如同图像、动画一样，都是重要的信息表达方式，由于数字化音频在加工、存储、传递方面的方便性，它正成为信息化社会人们进行信息交流的重要手段。

音频信息数字化，用二进制数字序列表示声音信息，是利用现代信息技术处理和传递声音信号的前提。最基本的声音信号数字化方法是采样—量化法。

5. 视频影像

视频影像具有时序性与丰富的信息内涵，常用于交待事物的发展过程。视频是一种活动影像，利用了人眼的视觉暂留现象，20 f/s 以上的影像，人的眼睛就无法察觉出画面之间的不连续。每一帧实际上就是一副静态图像，存储量极大，需要在空间和时间方向上进行压缩。近年来，为了追求视频播放的高清和流畅性，有些电影如《霍比特人》在制作时帧率达到每秒 48f/s，而在 2016 年，著名华人导演李安推出的作品《比利林恩的中场战事》，其帧率则高达 120 f/s，彻底改变了人们的观影体验。

2.2　多媒体计算机系统的组成

多媒体计算机系统是指能把视、听和计算机交互式控制结合起来，对音频信号、视频信号的获取、生成、存储、处理、回收和传输综合数字化所组成的一个完整的计算机系统。多媒体计算机系统有多种多样，最为普通的是多媒体个人计算机（Multimedia Personal Computer，MPC）系统。

2.2.1　多媒体计算机硬件系统

多媒体计算机除了基本的计算机配置之外，需要扩充有关声音、图像和视频等获取和转换的设备。最主要的有声音输入输出设备、图形图像输入输出设备、视频输入输出设备、人机交互设备、通信及存储设备。图 2-1 示意了常见的多媒体设备。

1. 数字音频接口

音频卡也称为声卡，用于处理音频信息。它可以把家电产品中的非数字音响设备，如录音机、CD 唱机、功放和话筒等连接到计算机系统中，实现语音和音乐的输入输出；通过声卡上的 MIDI 接口，还可以将 MIDI 键盘、电钢琴和电吉他等电子乐器连接到计算机中，组成个人音乐创作系统。MP3 等数字设备通过 USB 接口可以直接连接到计算机中。

（1）声卡的功能

声卡将输入的模拟声音信号进行模数转换（A/D）、压缩编码，变成二进制的数字声音信号；也可以把经过计算机处理的数字化的声音信号通过解压缩、数模转换（D/A）后用音箱播放出来，或者用录音设备记录下来。声卡是计算机实现音频信号输入输出及其处理的硬件设备，也是与音箱、话筒等外设连接的接口。其主要功能有录制和回放声音文件；音频数据编码压缩与解码；混音处理；MIDI 接口和声音合成功能，实现电子乐器与计算机之间的 MIDI 信息传送和控制；语音合成功能，在相应软件的支持下实现文语转换。

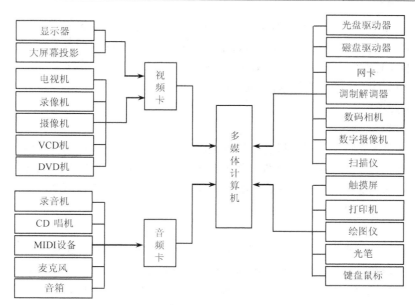

图 2-1　常见多媒体设备

（2）乐器数字接口

乐器数字接口（Musical Instrument Digital Interface，MIDI）泛指数字音乐的国际标准，用于处理电子乐器之间数据的发送和接收。从 20 世纪 80 年代初期开始，MIDI 已经逐步被音乐家和作曲家广泛接受和使用。MIDI 是乐器和计算机使用的标准规范，它规定了各相连硬件接口规范和通信协议，告知 MIDI 设备要做什么和怎么做，如演奏音符、加大音量、生成音响效果等。

任何电子乐器，只要有处理 MIDI 消息的处理器和适当的硬件接口，都能成为 MIDI 装置。MIDI 装置之间通过接口传递消息，使彼此之间进行通信连接，这些消息就是乐谱的数字描述。乐谱由音符序列、定时和合成音色的乐器定义等组成，当一组 MIDI 消息通过乐器合成芯片演奏时，合成器解释这些符号，并产生音乐。

MIDI 标准具有以下优点：生成的文件短小，MIDI 文件存储的是乐谱而不是声音波形；容易编辑，编辑乐谱比编辑声音波形要容易得多；用作背景音乐。MIDI 音乐可以和其他的媒体，如数字电视、图形、动画和话音等一起播放，这样可以加强演示效果。但 MIDI 播放的音质不如波形声音的音质好。

（3）合成器

声卡中一般采用两种不同的方法还原 MIDI 声音，频率调制（Frequency Modulation，FM）合成和波表（Wave Table）合成。FM 合成利用调频技术产生多种正弦波叠加波形来模拟实际乐器的声音。由于乐器的音色可以分解出无穷多种正弦波，而一般声卡上集成的 FM 合成器仅由几种波形叠加来模拟声音，不足以还原逼真的音色，所以一般的声卡播放的 MIDI 音乐都不够逼真。

波表合成又有"硬波表"与"软波表"两种不同的方法，硬波表将各种真实乐器的数字化声音信息存储在声卡的专用存储器中，使用时再用合成器调用并处理。软波表则将乐器的数字化声音信息存储在系统的硬盘上，待使用时再调入内存由 CPU 进行处理。软波表合成器显然比硬波表合成器便宜，但却增加了 CPU 的负担，对计算机系统的硬件尤其是 CPU 的处理速度要求也高得多。波表合成器播放的是自然音的重现，产生的音响效果比 FM 合成器合成的 MIDI 音乐质量高音色好。

历史上，随着 PCI 总线的流行而推出的 PCI 声卡把硬波表和软波表的优点结合起来，提出了一种新的 MIDI 合成方案。具体做法是：波表存储在硬盘上，使用时再调入内存；但并非交给 CPU 处理，而是经 PCI 总线传回声卡，由声卡上的专用合成芯片处理。这一被称为"可下载样本"（Down Loadable Sample，DLS）的合成技术，早已成为声卡的成熟标准。

2. 数字视频接口

（1）图形加速卡

即个人计算机中常说的显卡，目前已具备快速生成图形的功能，可以很好地满足游戏动画和图像处理的要求。显卡的主要组成部件是图形处理器芯片、显存、BIOS、RAMDAC、接口电路及其他芯片。图形加速卡本身自带图形函数加速器和显存，专门用来执行生成图形的相关运算，大大减少了 CPU 处理图形函数的负担。

（2）视频卡

现有的家电及其视频设备大多使用模拟信号，要将它们连接到计算机系统中必须有相应的接口进行模拟信号与数字信号的转换，视频卡就是二者之间连接的桥梁。由于视频设备种类繁多，视频信号存在差异，功能要求也不尽相同，因此视频卡种类繁多，主要包括：视频压缩解压卡、视频转换卡、视频采集卡、视频叠加卡和 TV 卡等，目前的视频卡正朝着专业视频卡和多功能集成卡方向发展。

① 视频压缩解压卡。视频压缩卡就是把模拟信号或是数字信号通过解码/编码按一定算法把信号采集到硬盘里或是直接刻录成光盘，因它经过压缩，所以它的容量较小，格式灵活。常见的压缩卡有硬件压缩卡和软件压缩卡。视频解压卡是专用于相应视频数据的解压和回放的硬件设备，解压卡的核心是一块解压芯片。采用硬件解压的优点是其解压和回放的速率不受计算机主机速率的影响，达到全屏实时回放，播放相对应的视频时其稳定性和色彩效果也较好。但其缺点是需额外的硬件设备，并且其安装调试也较麻烦。因此，硬件解压卡一般用于处理速度不够高的计算机中。

② 视频转换卡。视频转换卡分为 VGA-TV 卡和 TV-VGA 卡两类。VGA-TV 卡的功能是将计算机显示器的 VGA 信号转换为标准视频信号传送到电视机、大屏幕投影机上，或通过录像机录制在磁带上。将视频转换功能集成在显卡上就可在电视机上显示计算机的内容。TV-VGA 卡的核心部件是一个与电视机或录像机功能类似的高频头，用来选择电视频道。该卡的视频输入端连接到有线电视线上，通过软件操作就可控制电视频道的选择，将接收到的电视信号转换成 VGA 格式的数字信号传送到显示器上。此时，计算机具有电视机的所有功能，可以选台收看所有电视节目。

有的厂商将 TV-VGA 卡、VGA-TV 卡以及视频叠加卡功能集成在一块卡上，实现电视节目收看、计算机信息（字幕）叠加、视频转播等应用要求。由于视频卡的应用领域十分广阔，厂家很难满足方方面面的要求，所以视频卡除了含有为一般用户所配的软件外，还有专为进行二次开发所配套的软件开发工具。

③ 视频采集卡。视频采集卡又叫视频捕捉卡，用于图像捕捉，它将电视信号转换成计算机的数字信号，便于对转换后的数字信号进行剪辑、加工和色彩控制，还可将处理后的数字信号输出到录像带中。通常在采集过程，对数字视频信息还进行一定形式的实时压缩处理。

④ 视频叠加卡。视频叠加卡的作用是将计算机的 VGA 信号与视频信号叠加，然后把叠加后的信号在显示器上显示。视频信号与 VGA 信号叠加的方式有窗口和色键两种。窗口方式是用软件命令在显示屏幕的任意位置上开设一个大小可指定的窗口，图像在该窗口内播放；色键方式是

用户可利用软件命令自定义一种颜色为色键（透明色），同时定义该颜色是对 VGA 信号透明还是对视频信号透明。视频叠加卡用于对连续图像进行处理，产生特技效果。

⑤ MPEG 卡。MPEG 卡又称视频播放卡或电影卡，是多媒体视频卡中应用最多的一种。MPEG 卡的作用是将压缩存储在 VCD 影碟中的电影解压缩后回放，使用户可利用 CD-ROM 及显示器观看电影。MPEG 卡的功能包括 MPEG 音频解压、MPEG 视频解压、音频和视频同步解压。目前有两类 MPEG 卡，一类不带荧幕缩放功能，只能全屏幕播放 MPEG 电影；另一类带有屏幕缩放功能，不仅可以全屏幕播放，而且可以缩小电影播放的窗口，便于交互式方式进行操作控制，播放的质量也可以满足一般用户的要求。

⑥ TV 卡。TV 卡由 TV 调节卡和视频叠加卡合并构成，前者能通过高频头选择接受电视台的信号，把它们转换为视频信号；后者可将电视的视频信号与显示器的 VGA 信号叠加在一起，在计算机显示器上显示。有些 TV 卡上还设有视频输入口，可直接接受来自录像机或摄像机的视频信号。因此，利用 TV 卡除观看电视外，还可观看录像带或摄像机的画面。

3. 外部存储设备接口

（1）USB 接口

USB 的中文含义是"通用串行总线"。它使用 4 针插头（2 根电源线和 2 根信号线）作为标准插头，采用菊花链形式把所有的外部设备连接起来，能将各种不同的外设接口统一起来。USB 接口具有自动配置能力，外设连接到 USB 接口后，计算机就能自动识别和配置 USB 设备，实现"即插即用"和热插拔。

（2）IEEE1394 接口

IEEE1394 接口俗称"火线"，是一种数据传输的开放式技术标准。该接口可以同时传送数字视频以及音频信号，并且在视频采集和回录过程中没有任何信号的损失。IEEE1394 接口提供 6 针槽口和 4 针槽口，4 针槽口专门用来直接连到 DV 或 D8 摄像机。

4. 视频输入输出设备

（1）图像扫描仪

图像扫描仪是一种将静态图像输入到计算机里的图像采集设备。扫描仪内主要由光源、光学透镜、光电耦合器（CCD）和模数转换器等组成。扫描仪有手持式、滚筒式、平板式等多种方式，接口类型有 SCSI（需要配一块 SCSI 卡，数据传输速率能达到 20Mbit/s）、EPP（数据传输率只有 0.5～2Mbit/s）和 USB（数据传输率可达到 12Mbit/s）。

（2）数码照相机

数码照相机将拍摄的图像直接以数字图像文件保存在存储器中，将数码照相机与计算机连接，就可将图像文件从照相机里下载下来。

数码相机也是通过光电耦合器 CCD 进行图像传感的。它将 CCD 做成阵列，每一个 CCD 识别一个像素的色彩，将光信号转换成电信号记录下来，然后借助计算机对图像资料进行修改、筛选等处理。除了 CCD 图像传感器外，还有一种 CMOS 图像传感器，它消耗的电能比 CCD 传感器少得多，但抗噪声能力差，信号传向传感器时会产生歧变，影响图像质量。由于 CMOS 传感器集成度高、价格低，常用于低端的数码相机。

数码相机拍摄图像的清晰度和色彩饱和度都取决于 CCD 上所采集的像素数，像素数越多图像越清晰。CCD 的面积太小就意味着需要性能更高的镜头才能在狭小的面积上构成色彩鲜明清晰的图像。

数码相机中的图像文件一般都采用 JPEG 格式，压缩比为 1:4～1:20，并有多种级别可选。

采用 24 位像素深度，例如，根据分辨率不同图像可以分成超优质模式（1280 像素×1024 像素）、优质模式（1280 像素×960 像素）、标准模式（640 像素×480 像素）和全景模式（1280 像素×480 像素）。数码相机用闪存记忆体来存储图像，主要有 Secure Digital Memory Card（SD 卡）、Compact Flash Card（CF 卡），另外还可使用外插的存储卡保存更多的图片。图像可以通过串口、USB 口或 IEEE1394 接口传送到计算机中，也可使用视频线传送到电视机、录像机等设备上。

数码相机的性能指标可分为两部分，一部分是传统相机使用的指标，如镜头形式、快门速度和光圈大小等涉及光学系统的指标；另一部分是数码相机数字化特有的指标，如分辨率（像素数量）、颜色深度、存储介质、数据输出接口和连续拍摄的时间间隔等。数码相机在拍完一张照片后需要将数据保存好后才能拍摄下一张照片，两张照片之间的间隔时间是衡量相机质量的一个重要指标，间隔时间越短，相机质量越高。

（3）数码摄像机

数码摄像机（Digital Video，DV），译成中文就是数字视频的意思，它是多家著名家电巨擘联合制定的一种数码视频格式。然而，在绝大多数场合 DV 则是代表数码摄像机。

数码摄像机进行工作的基本原理简单地说就是光-电-数字信号的转变与传输，即通过感光元件将光信号转变成电流，再将模拟电信号转变成数字信号，由专门的芯片进行处理和过滤后得到的信息还原出来就是我们看到的动态画面了。数码摄像机的感光元件能把光线转变成电荷，通过模数转换器芯片转换成数字信号，主要有两种：一种是广泛使用的 CCD（电荷耦合）元件；另一种是 CMOS（互补金属氧化物导体）器件。

（4）触摸屏

触摸屏已广泛应用于工业控制、通信、交通以及服务行业等众多领域，尤其是在这些领域的信息查询系统中应用更为普及。触摸屏系统由三个主要部分组成，即传感器、控制器和驱动程序。目前广泛使用的触摸屏类型有：红外式触摸屏、电阻式触摸屏、电容式触摸屏和表面声波触摸屏等。

5. 存储设备

（1）CD-ROM

CD-ROM 又称为致密盘只读存储器，是一种只读的光存储介质。CD-ROM 是 MPC 的常用外存之一。CD-ROM 包括光盘和光盘驱动器两部分。

① CD-ROM 光盘，简称光盘。所有的 CD-ROM 盘都是用一张母盘压制而成，然后封装到聚碳酸酯的保护外壳里。记录在母盘上的数据呈螺旋状，由中心向外散发，磁盘表面有许许多多微小的坑，那就是记录的数字信息。利用激光束扫描光盘读 CD-ROM 上的数据时，根据激光在小坑上的反射变化得到数字信息。光盘上用"平地"和"凹坑"来表示二进制信息，通过激光的反射来读出其中存储的信息。光盘上无论是"平地"上还是"凹坑"内都表示数字"0"，而在凹凸变化之处才表示数字"1"。从光盘上读出的数字还要通过处理才能变换成为实际输入的信息。光盘上的信息沿光道存放。而光道是一条螺旋线，从内到外存放信息。光盘的光道上分为三个区：导入区、信息区和导出区。CD-ROM 驱动器的速率以"X 倍速"表示，其速率的标准有 2 倍速、4 倍速和 8 倍速等，目前可达到 50 倍速。

光盘上存储信息必须标准化，目前国际上已经有 4 种光盘存储信息标准，主要有用于存储音频信息的 CD-DA（CD-Digital Audio）标准，按照该标准每张光盘可以存储 60 分钟的音乐信息；用于存储计算机文件信息的 ISO9660 标准，按照该标准每张光盘的容量为 650MB。

目前常用的光盘都是单面只读光盘。光盘的优点是存储量大，制作成本低，不怕磁和热，寿命长。

② CD-ROM 驱动器。与磁盘一样，要读出光盘上的信息也需要驱动器，对于 CD-ROM 来说，该驱动器称为 CD-ROM，简称光驱。光驱是对光盘上存储的信息进行读写操作的设备。光驱由光盘驱动部件和光盘转速控制电路、读写光头和读写电路、聚焦控制、寻道控制、接口电路等部分组成。光驱有内置式和外置式两种，内置式装入机箱时，新式机箱则会预留光驱的位置。

（2）DVD 光盘及其驱动器

① DVD 光盘。最早出现的 DVD 是 Digital Video Disk（数字视频光盘），它是一种只读型 DVD 光盘，必须由专用的影碟机播放。随着技术的不断发展及革新，IBM、HP（惠普）和 Apple（苹果）等五家公司召集了 SONY（索尼）、PHILIPS（飞利浦）、HITACH（日立）和 PIONEER（先锋）等众多厂商于 1995 年 12 月共同制定统一的 DVD 规格，并且将原先的 Digital Video Disk 改成现在的 Digital Versatile Disk（数字通用光盘）。DVD 是以 MPEG-2 为标准，每张光盘可储存的容量可以达到 4.7GB 以上（大约是 133 分钟高压缩比的节目，内含 AC-3 5.1 声道输出译码），而目前新一代采用波长 405nm 的蓝色激光光束来进行读写操作的蓝光 DVD，单层单碟容量可达 25GB 或 27GB，可以烧录长达 4 小时的高解析影片。

② DVD 驱动器。DVD 驱动器是对 DVD 光盘进行读/写操作的设备，根据不同的读/写操作性质可分为 DVD-R 驱动器、DVD-ROM 驱动器、DVD-RW 驱动器和 DVD-RAM 驱动器。

- DVD-ROM 驱动器。只读型的 DVD 产品，与现在常用的 CD-ROM 驱动器作用类似。
- DVD-R 驱动器。一次写入型 DVD 驱动器，也称为 DVD 刻录机，在原理上和 CD-R 有些类似，只能一次写入数据，但可以重复读出。
- DVD-RW 驱动器。可擦写数千次的 DVD 驱动器，采用了类似 CD-RW 的相变技术。
- DVD-RAM 驱动器。可擦写式数字多功能 DVD 驱动器，也采用相变技术来擦写信息，可重复擦写十万次以上。

6. 其他输入输出设备

（1）IC 卡

由于磁卡有存储量小、功能弱和安全性差等缺点，从 20 世纪 80 年代开始，IC 卡的应用得到了飞速发展，正逐步取代磁卡。IC 卡的主要技术包括三个部分：硬件技术、软件技术和业务知识。按功能可分为存储卡、智能卡和超智能卡。存储卡由一个或多个集成电路组成，具有记忆功能；智能卡由一个或多个集成电路芯片组成，具有微计算机和存储器，并封装成便于人们携带的卡片。智能卡芯片具有暂时或永久的数据存储能力，其内容可供外部读取、内部处理和判断，并具有逻辑处理能力。超级智能卡除具有智能卡的功能之外，还具有自己的键盘、液晶显示器和电源，实际上就是一台卡式微机。

（2）条形码设备

条形码识别技术是集光电技术、通信技术、计算机技术和印刷技术为一体的自动识别技术。条形码识别设备广泛应用于金融、商业、外贸、海关和医院等领域。

条形码由一组宽度不同、平行相邻的黑条和白条并按规定的编码规则组合起来，用来表示某种数据的符号，这些数据可以是数字、字母或某些符号。条形码是人们为了自动识别和采集数据人为制造的中间符号，通过机器可自动识别条形码从而提高数据采集的速度和准确度。

条形码中的黑条代表 1，白条代表 0，它们可以通过光来识别。当一束光扫过条形码时，只有白光会将光反射回来，反射的光用光探测器来接收，当探测器探测到反射光时就产生电脉冲，这样就把黑白条形码转换成为以二进制表示的电脉冲，再通过译码器将电信号转换成计算机可读的数据。

除了以上介绍的常用辅助设备外，多媒体计算机中还用到如光笔、写字板、游戏杆、绘图仪、数据手套和数字头盔等设备。

2.2.2 多媒体计算机软件系统

多媒体计算机的应用除了需要具备一定的硬件设备以外，还需要相应的软件系统的开发和应用。多媒体计算机的软件系统由多媒体系统软件、多媒体制作软件和多媒体应用软件组成。

1. 多媒体系统软件

多媒体系统软件是多媒体系统的核心，除了需要具备一般系统软件的特点外，还要反映多媒体技术的特点，像多媒体数据压缩、媒体硬件接口的驱动和新型交互方式等。多媒体计算机系统的主要系统软件包括多媒体驱动软件、驱动器接口程序和多媒体操作系统。

（1）多媒体驱动软件

多媒体驱动软件是最底层硬件的软件支撑环境，直接与计算机硬件相关的，完成设备初始化、各种设备操作、设备的打开和关闭、基于硬件的压缩/解压缩、图像快速变换及功能调用等。通常驱动软件有视频子系统、音频子系统及视频/音频信号获取子系统。

（2）驱动器接口程序

驱动器接口程序是高层软件与驱动程序之间的接口软件。为高层软件建立虚拟设备。

（3）多媒体操作系统

实现多媒体环境下多任务调度，保证音频视频同步控制及信息处理的实时性，提供多媒体信息的各种基本操作和管理，具有对设备的相对独立性和可操作性。操作系统独立于硬件设备且具有较强的可扩展性。

2. 多媒体制作软件

多媒体制作软件包括多媒体素材制作软件和多媒体创作软件两大类。

（1）多媒体素材制作软件

多媒体素材制作软件及多媒体库函数是为多媒体应用程序进行数据准备的软件，主要是多媒体数据采集软件，作为开发环境的工具库，供开发者调用。多媒体素材制作软件按功能可分为以下 4 种。

① 音频编辑软件：录制、编辑、播放声音的工具软件，常见的软件包括 Wave Studio、Sound Edit 和超级解霸等。

② 图形与图像编辑软件：通过扫描仪或者视频卡获得的图像信息一般都需要处理，有时还要制作一些特殊的效果，需要专门的图形编辑软件。常见的软件包括 Photoshop、CorelDraw 等。

③ 动画制作软件：动画通常分为二维和三维动画。二维实现平面上的一些简单动画，常见软件包括 Animator Studio、Flash 等。三维动画可以实现三维造型、各种具有真实感的物体的模拟等，常见的软件为 3D Studio MAX、MAYA 等。

④ 视频剪辑软件：视频信息通常经过视频采集卡从录像机或电视等模拟视频源上捕捉视频信号，在视频编辑软件中，与其他素材一起进行编辑和处理，最后生成高质量的视频剪辑。常见的软件包括 Premiere、After Effect、Avid 和 Nuke 等。

（2）多媒体创作软件

多媒体创作软件介于多媒体操作系统与应用软件之间，是支持应用开发人员进行多媒体应用软件创作的工具，故又称为多媒体创作工具。它能够用来集成各种媒体，并可设计阅读信息内容的方式。借助这种工具应用人员可以不用编程也能做出很优秀的多媒体软件产品，极大地方便了用户。与之对应，多媒体创作工具必须担当起可视化编程的责任，它必须具有概念清晰、界面简洁、操作简单和功能伸缩性强等特点。

3．多媒体应用软件制作工具

多媒体应用软件制作工具是指利用程序设计语言调用多媒体硬件开发工具或函数库来实现的，并能被用户方便地编制程序来组合各种媒体，最终生成多媒体应用系统的工具软件。多媒体应用软件制作工具分为以下几类。

（1）以图标为基础的多媒体应用软件制作工具，数据以对象或事件的顺序来组织的，并以流程图为主干，将各种图标、声音、视频和按钮等连接在流程图中，形成完整的系统，如 Powerpoint、Authorware 等。

（2）以时间轴为基础的多媒体应用软件制作工具，数据或事件以时间顺序来组织，以帧为单位，如 Flash、Director。

（3）以页面为基础的多媒体应用软件制作工具，文件与数据是用页来组织的，如 Tool book 等。

（4）以传统的编程语言为基础的多媒体创作工具，如 Visual C++、Visual Basic 等。

4．多媒体演示软件

多媒体演示软件是由各种应用领域的专家或开发人员利用计算机语言或多媒体创作工具制作的最终多媒体产品。它实现某个特定的应用目标，是直接面向用户的软件。多媒体演示软件种类繁多，如 Powerpoint、WPS、Authorware，或者一些影音播放软件，乃至虚拟现实演示平台等。

2.3　多媒体关键技术

多媒体技术是处理文字、声音、图形和图像等媒体的综合技术，它是正处于发展过程中的一门跨学科的综合性高新技术。多媒体技术涉及多个技术领域，包括数字信号处理技术、音频和视频技术、计算机硬件和软件技术、人工智能和模式识别技术、通信和图像技术等等。多媒体技术具有信息直观、信息量大和易于接受等显著特点，因此已经在电子出版物、影视娱乐、商业广告、过程模拟和通信等多个领域得到了广泛应用。目前，在多媒体技术发展和应用中仍有许多难点需要解决，如多媒体信息丰富但数据量大就不利于其在网络上传播等。在多媒体技术领域内主要涉及以下几种关键技术：数据压缩与编码技术、数据压缩传输技术以及以它们为基础的数字图像技术、数字音频技术、数字视频技术、多媒体网络技术和超媒体技术等。

2.3.1　数据压缩

在多媒体计算机系统中，信息从单一媒体转到多种媒体，若要表示、传输和处理大量数字化了的声音、图片、影像视频信息等，数据量是非常大的。例如，一幅具有中等分辨率（640 像素×480 像素）真彩色图像（24 位/像素），它的数据量约为 7.37Mbit/s。若要达到每秒 25 帧的全动态显示要求，每秒所需的数据量为 184Mb，而且要求系统的数据传输速率必须达到 184Mb/s，这在目前是无法达到的。对于声音也是如此。若用 16 位/样值的 PCM 编码，采样速率选为 44.1kHz，则双声道立体声声音每秒将有 176KB 的数据量。由此可见音频、视频的数据量之大。如果不进行处理，计算机系统几乎无法对它进行存取和交换。因此，在多媒体计算机系统中，为了达到令人满意的图像、视频画面质量和听觉效果，必须解决视频、图像和音频信号数据的大容量存储和实时传输问题。解决的方法，除了提高计算机本身的性能及通信信道的带宽外，更重要的是对多媒体进行有效的压缩。

多媒体数据之所以能够压缩，是因为视频、图像和声音这些媒体具有很大的压缩空间。以目前常用的位图格式的图像存储方式为例，在这种形式的图像数据中，像素与像素之间无论在行方向还是在列方向都具有很大的相关性，因而整体上数据的冗余度很大；在允许一定限度失真的前提下，能对图像数据进行很大程度的压缩。

除此之外，人类视觉和听觉特征也为多媒体数据压缩提供了机会。比如，人类观看多媒体数据多为屏幕观看，人眼对光线敏感的特性就不需要考虑。再如人眼视觉暂留特征——人脑会利用附近最接近颜色填补丢失像素。而人眼视觉掩蔽效应就更重要了，一方面人眼对色度（色调和饱和度）信号的敏感程度低；另一方面人眼对图像细节（纹理）的分辨能力差。从听觉来看，同样存在听觉冗余信息和掩蔽效应，这些都可以作为多媒体数据压缩的理论依据和技术指标。

数据压缩技术大体分为两类。

- 无损压缩。是一种可逆压缩，即经过压缩后可将原文件包含的信息完全保留的压缩方式，利用原始信息中的相关性进行的数据压缩不损失原信息的内容，可实现无损压缩。

- 有损压缩。不可逆，信息有少量丢失，不影响使用效果，多与人类视觉和听觉掩蔽效应相结合，在尽量不影响数据质量和可用性的基础上压缩数据。

经过 40 多年的数据压缩研究，从 PCM 编码理论开始，到现今成为多媒体数据压缩标准的 JPEG、JPEG2000 和 MPEG-1、MPEG-2、MPEG-4 等，已经产生了各种各样针对不同用途的压缩算法、压缩手段和实现这些算法的大规模集成电路或计算机软件，并逐渐趋于成熟。

2.3.2　多媒体数据的组织与管理

数据的组织和管理是任何信息系统要解决的核心问题。随着计算机网络、社交媒体、数字电视和多媒体获取设备的快速发展，多媒体数据的生成、处理和获取变得越来越方便，多媒体应用日益广泛，数据量呈现出爆炸性的增长，已经成为大数据时代的主要数据对象。然而由于多媒体数据本身的非结构化特性，使得多媒体数据的处理和检索相对困难。如何有效地存储、组织和管理这些数据，如何有效地按照多媒体的内容和特性去存取和检索这些数据，已经成为一种迫切的需求。

数据量大、种类繁多、关系复杂是多媒体数据的基本特征。以什么样的数据模型表达和模拟这些多媒体信息空间？如何组织存储这些数据？如何管理这些数据？如何操纵和查询这些数据？这是传统数据库系统的能力和方法难以胜任的。目前，人们利用面向对象（Object Oriented, OO）方法和机制开发了新一代面向对象数据库（Object Oriented Data Base，OODB），结合超媒体（Hypermedia）技术的应用，为多媒体信息的建模、组织和管理提供了有效的方法。与此同时，市场上也出现了多媒体数据库管理系统。但是 OODB 和多媒体数据库的研究还很不成熟，与实际复杂数据的管理和应用要求仍有较大的差距。

对媒体信息的索引和检索的终极目标是实现类似文本搜索的搜索引擎，通过文本可以找到任何想要的多媒体内容。在视频智能管理和智能视觉监控需求的推动下，事件识别与标注分析技术蓬勃发展，虽然有很多的系统实现了对简单事件的分析与理解，但是视频中复杂场景中复杂事件分析一直没有得到很好的解决。随着数据量的增加，现有的高维索引结构仍然无法彻底克服"维度灾难"，无法达到文本倒排索引的效果，更无法满足搜索引擎的实际需求。跨媒体搜索为跨越

"语义鸿沟"提供了很好的解决思路并已经取得很好的效果，但远远无法满足基于内容搜索的需要。随着大数据时代的到来，多媒体信息的索引与检索的需求将日益迫切，面对众多挑战的同时，该研究领域将迎来前所未有的重大机遇，将会有越来越多的研究者关注该领域，也必将产生越来越多可以实用的研究成果。

2.3.3　多媒体通信与分布处理

多媒体通信对多媒体产业的发展、普及和应用有着举足轻重的作用，构成了整个产业发展的关键和瓶颈。在现行使用的通信网络中，如电话网、广播电视网和计算机网络，其传输性能都不能很好地满足多媒体数据数字化通信的需求。从某些意义上讲，现行的数据通信设施和能力严重地制约着多媒体信息产业的发展，因而，多媒体通信一直作为整个产业的基础技术来对待。当然，真正解决多媒体通信问题的根本方法还有待于"信息高速公路"的最终实现。宽带综合业务数字网（B-ISDN）是目前解决这个问题的一个比较完整的方法，其中 ATM（异步传输模式）是近年来在研究和开发上的一个重要成果。

多媒体的分布处理是一个十分重要的研究课题。因为要想广泛地实现信息共享，计算机网络及其在网络上的分布式与协作操作就不可避免。多媒体空间的合理分布和有效的协作操作将缩小个体与群体、局部与全球的工作差距。超越时空限制，充分利用信息，协同合作，相互交流，节约时间和经费等是多媒体信息分布的基本目标。

2.3.4　音频信息处理

1. 声音的基本概念

声音是因物体的振动而产生的一种物理现象。振动使物体周围的空气绕动而形成声波，声波以空气为媒介传入人们的耳朵，于是人们就听到了声音。因此，从物理上讲，声音是一种波。声音的强弱体现在声波的振幅上，音调的高低体现在声波的周期或频率上。

声波是随时间连续变化的模拟量，它有以下三个重要指标。

（1）振幅

通常所说的音量就是对声波振幅的描述，它是声波波形的高低幅度，表示声音信号的强弱程度。

（2）周期

以规则的时间间隔重复出现相同的波形，这个时间间隔称之为周期。它以秒为单位。

（3）频率

频率是指波在单位时间（1 秒）内重复出现的次数，其单位为 Hz（赫兹）。

因为频率和周期互为倒数，因此，一般只用振幅和频率两个参数来描述声音。需要指出的是，现实世界的声音不是由某个频率或某几个频率组成，而是由许多不同频率不同振幅的正弦波叠加而成。

2. 声音的数字化

声音是具有一定振幅和频率且随时间变化的声波，通过话筒等转化装置可将其变成相应的电信号，但这种电信号是模拟信号，不能由计算机直接处理，必须先对其进行数字化，即将模拟的声音信号经过模数转换器 ADC 变换成计算机所能处理的数字声音信号，然后利用计算机进行储存、编辑或处理。在数字声音回放时，由数模转换器 DAC 将数字声音信号转换为实际的声波信号，经放大由扬声器播出。

把模拟声音信号转变为数字声音信号的过程称为声音的数字化。声音的模拟信号通过采样、量化和编码后就得到了声音的数字信号。

（1）采样

把模拟声音变成数字声音时，需要每隔一个时间间隔就在模拟声波上取一个幅度值，这一过程称为采样。采样就是在时间上将连续信号离散化，采样频率越高，得到的幅度值越多，越容易恢复模拟信号的本来面目。每隔相等的时间间隔采样一次称为均匀采样，否则为非均匀采样，其时间间隔称为采样周期，倒数称为采样频率。常用的采样频率有：8kHz、11.025kHz、22.05kHz、16kHz、37.8kHz、44.1kHz 和 48kHz。对于不同的声音质量可采用不同的采样频率。

采样定理是选择采样频率的理论依据，为了不产生失真，采样频率不应低于声音信号最高频率的两倍，采样定理又称奈奎斯特定理，由美国电信工程师奈奎斯特（Harry Nyquist）在 1928 年提出。因此，语音信号的采样频率一般为 8kHz，音乐信号的采样则应在 40kHz 以上。采样频率越高，可恢复的声音信号越丰富，其声音的保真度越好。

（2）量化

把幅度上连续取值（模拟量）的每一个样本转换为离散值（数字值）表示，因此量化过程也称为 A/D 转换（模数转换）。量化后的样本是用若干位二进制数来表示的，位数的多少反映了度量声音波形幅度的精度，称为量化精度，也称为量化分辨率。比如，每个声音样本若用 16 位表示，则声音样本的取值范围是 0～65536，精度是 1/65536；若只用 8 位表示，则样本的取值范围是 0～255，精度是 1/256。

常见的量化位有 8 位、16 位和 24 位。

量化精度越高，声音的质量越好，需要的存储空间也就越多；量化精度越低，声音质量越差，而需要的存储空间也越少。对比不同的采样和量化精度，如图 2-2 所示。

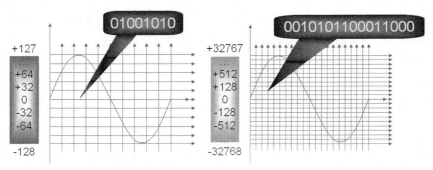

图 2-2 不同采样和量化精度对比

（3）编码

编码就是把数字化声音信息按一定数据格式表示的方法。

3. 音频文件格式

在因特网上以及各种机器上运行的声音文件格式很多，但目前比较流行的有以下几类：波形文件如 wav、voc、au、aiff 等，压缩音频文件如 mp2、mp3 等，流式音频文件如 rm、ra 等，midi 文件如 mid、cmf、mct、wrk 等。

（1）波形文件（.wav、.voc）

WAV 是微软公司的音频文件格式，是 Windows 所用的标准数字音频波形文件。WAV 记录了对实际音频采样量化后的数据（PCM 编码数据）。通过声卡及其他硬件设备，可以使波形文件重现各种声音，包括 CD 音质的音乐和系统噪声。由于波形文件记录的是数字化音频信号，可由计算机对其进行分析和处理，如将声音重新组合或抽取出一些片段单独处理、调整播放速度等等。WAV 数据未经过压缩处理，音质相对最好，但产生的文件太大，不适合记录长时间的音频。

VOC 文件与 WAV 文件相似，都是创新公司定义的波形文件，主要用于 DOS 程序，特别是游戏中，它可以与文件相互转换，从网站上可以下载有关的转换程序。

（2）MIDI 文件（．mid、．cmf）

MIDI 文件记录的不是声音信号而是乐谱，是音符与演奏命令的数字形式。MIDI 标准规定了各种乐器、音调的混合和发音规则，通过声卡可以将这些演奏命令重新合成音乐。与波形文件相比 MIDI 文件要小得多。

由于 MIDI 是通过电子合成器产生音乐的，其缺点在于缺乏重现真实自然声音的能力，不能用在需要语音的场合。MIDI 只记录标准所规定的有限种乐器的组合，且回放质量受声卡上合成芯片的限制，难以产生真实的音乐演奏效果。MID 是 Windows 的 MIDI 文件格式，CMF 是创新科技公司的声霸（SB）卡带的 MIDI 文件存储格式。

（3）MP3 文件（．mp3）

MP3 是基于 MPEG 压缩标准的一种音频文件格式。MP3 压缩比根据采样频率、压缩位率和声音模式等参数的不同而有所不同。在通常的参数配置下（采样 44.1kHz、压缩位率 192kb/s、立体声模式），压缩比在 10∶1～12∶1，10MB 的 WAV 转换成 MP3 后约占 1MB 空间，由此一张光盘上可存约 600 分钟以上的音乐。

MP3 文件虽然是经过压缩得到的，但音质并未受到太大的影响，可以用来保存高品质的数字音频，被广泛应用于音乐的网上发布和传输以及随身听中。MP3 已成为事实上的音频压缩标准，有众多可供下载 MP3 音乐文件的站点，大量的音乐人以 MP3 文件格式发布作品。

（4）流式波形文件（．ra、.wma）

为适应网络音频播放的需要，流媒体技术应运而生。流媒体技术能让连续的视频和音频信息经过压缩处理后放到网络服务器上，让浏览者一边下载一边收听观看，而不用等到整个媒体文件下载完成才可以观看、收听节目。RA 文件是 Real Networks 的音频文件格式，是经过压缩和特殊编码的音频文件，在编码中还加入了一些诸如计时、版权等信息，以适应边下载边收听的需要。

WMA 是微软公司的流式音频文件，可方便地在因特网上传输和在线播放，属于 Windows Media Player 支持的一种压缩比高、音质好的音频文件格式。

2.3.5　图像信息处理

在图、文、声三种形式媒体中图像所含的信息量是最大的。人的知识绝大部分是通过视觉获得的；而图像的特点是只能通过人的视觉感受，并且非常依赖于人的视觉器官。

1. 图形与图像

在计算机科学中，图形和图像这两个概念是有区别的：图形一般指用计算机绘制的画面，如直线、圆、圆弧、任意曲线和图表等；图像则是指由输入设备捕捉的实际场景画面或以数字化形式存储的任意画面。

图像是由一些排列的像素组成的，一般数据量比较大。它除了可以表达真实的照片外，也可以表现复杂绘画的某些细节并具有灵活和富有创造力等特点。

与图像不同，在图形文件中只记录生成图的算法和图上的某些特点，也称矢量图。在计算机还原时相邻的特点之间用特定的很多段小直线连接就形成曲线，若曲线是一条封闭的图形也可靠着色算法来填充颜色。它最大的优点就是容易进行移动、压缩、旋转和扭曲等变换，主要用于表示线框型的图画、工程制图和美术字等。图形只保存算法和特征点，所以相对于位图（图像）的大量数据来说它占用的存储空间也较小，但由于每次屏幕显示时都需要重新计算，故显示速度没有图像快。另外，在打印输出和放大时图形的质量较高而点阵图（图像）常会发生失真。

2. 图像的数字化

与声音的数字化十分相似，对所要处理的一幅平面图像，由于在画面和色彩上都是连续的，必须对其画面离散化成足够小的点阵，形成一个像素阵列，然后再对每一个像素的颜色分量（R、G、B 分量）或亮度值（黑白图像，又称灰度图）进行量化。图像离散化的阶距越小，单位距离内的像素点越多，图像越精细，用图像分辨率来描述像素点的大小；颜色量化的位数越多，颜色的色阶就越多，颜色就越逼真，用像素深度（也称为颜色深度）来描述量化值。图像数字化后成了像素点的颜色量化数字阵列，这些数据的前后顺序构成了图像的位置关系和颜色成分，称为数字图像。将这些数据以一定的格式存储在文件中就形成了图像文件。

影响图像数字化质量的主要参数有：分辨率、像素深度等，在采集和处理图像时，必须正确理解和运用这些参数。

（1）分辨率

图像分辨率是指组成一幅图像的像素密度。对同样大小（相同的长度和宽度尺寸）的一幅图，如果组成该图的像素数目越多，则说明图像的分辨率越高，看起来就越精细逼真。显示分辨率是指显示屏上能够显示出的像素数目。例如，显示分辨率为 600 像素×800 像素表示显示屏分成 600 行，每行显示 800 个像素。屏幕能够显示的像素越多，说明显示设备的分辨率越高，显示的图像质量也就越高。显示设备的分辨率可用每英寸的像素点数来度量，称为 ppi。一般屏幕显示分辨率为 72ppi 或 96ppi。当图像在打印机或绘图仪上输出时，与输出设备有关的是打印分辨率，它描述输出设备成像的精细程度，用每英寸点数（dpi）来度量。一般激光或喷墨打印机输出分辨率若在 150dpi 以下，图像质量是非常糟糕的，达到 300dpi 以上，图像质量较为精细。如此，在进行图像设计时，图像分辨率、显示分辨率、打印分辨率之间的变化，会引起图像显示的尺寸与打印出来的尺寸有较大的差距。

比如，一张 3 英寸×4 英寸的彩照，若用 200dpi 的分辨率扫描，每个像素采用 24 位真彩色，则图像的数据量为：$3×200×4×200×24÷8≈1.37$（MB）。

此图像的分辨率为 200dpi（实际为 600 像素×800 像素），若在 72ppi 的显示器上显示，则图像大小约为 8.3 英寸×11.1 英寸（$600÷72≈8.3$）；若以 400dpi 的分辨率打印该图，则图像大小为 1.5 英寸×2 英寸（$600÷400=1.5$）。

（2）像素深度（颜色深度）

像素深度是指存储每个像素的颜色所用的二进制位数。像素深度决定彩色图像可以使用的最多颜色数目，或者确定灰度图像可以使用的亮度级别数目。例如，一幅彩色图像的每个像素用 R、G、B 三个分量表示，若每个分量用 8 位量化，那么一个像素共用 24 位表示，即像素的深度为 24，每个像素可以是 $2^{24}=16777216$ 种颜色中的一种。像素深度越深，所占用的存储空间越大；像素深度太浅，影响图像的质量。由于设备和人眼分辨率的限制，一般用于显示的图像使用 8 位或 16 位的像素深度即可，用于打印照片需要达到 24 位的颜色深度。

图像文件的大小是指在磁盘上存储整幅图像所需的字节数，它的计算公式是：

$$图像文件的字节数=图像分辨率×颜色深度/8$$

显然，图像文件需要较大的存储空间。在制作多媒体应用软件时，一定要考虑图像的大小。

因此，对图像文件进行压缩，从而减少图像文件所占用的存储空间是非常必要的。

3．图像压缩标准

（1）静态图像压缩标准

① JPEG。JPEG 是国际标准化组织（ISO）和国际电报电话咨询委员会（CCITT）关于静态图像编码的联合专家组（Joint Photographie Group）名称的缩写。该专家组的任务是开发一种用于连续色调的（黑白的或真彩色的）静态图像压缩编码的通用算法的国际标准。JPEG 是第一个国际图像压缩标准，用于连续色调静态图像（即包括灰度图像和彩色图像）。JPEG 标准采用混合编码方法，可以支持很高的图像分辨率和量化精度。JPEG 算法的平均压缩比为 15∶1，当压缩比大于 50 时将可能出现方块效应。这一标准可用于黑白及彩色照片、传真和印刷图片，但不适用于二值图像。

② JPEG2000。为了解决 JPEG 无法只下载图片的一部分、JPEG 格式的图像文件体积仍然嫌大、JPEG 是有损压缩且不能满足高质量图像的要求等问题，2000 年 3 月推出了彩色静态图像的新一代编码方式"JPEG2000"的编码算法的最终协议草案。JPEG2000 采用了离散小波变换算法为主的多解析编码方式。统一了面向静态图像和二值图像的编码方式，既支持低比率压缩又支持高比率压缩的通用编码方式。与 JPEG 相比具有高压缩率、无损压缩、渐进传输和感兴趣区域压缩几方面的优势，必将在数码相机、扫描仪、网络传输、无线通信和医疗影像等领域得到广泛应用。

（2）动态图像压缩标准

① 动态图像压缩标准 MPEG-1。动态图片专家组（Moving Picture Expert Group，MPEG）于 1992 年提出的"用于数字存储媒体运动图像及其伴音率为 1.5Mb/s 的压缩编码"，简称 MPEG-1，它包括 MPEG 视频、MPEG 音频和 MPEG 系统三部分，平均压缩比为 50∶1，其处理能力可达到 360 像素×240 像素。

② 动态图像压缩标准 MPEG-2。MPEG-2 标准引用了 MPEG-1 的基本结构并做了扩展。它可以直接对隔行扫描视频信号进行处理；空间分辨率、时间分辨率和信噪比可分级，以适应不同用途的解码要求；输出码流速率可以是恒定的，也可以是变化的，以适应同步和异步传输。MPEG-2 标准的处理能力达到广播级水平，即 720 像素×480 像素。MPEG-2 标准也是高清晰度电视（HDTV）全数字方案和 DVD 方案所采用的数据压缩标准。

③ 动态图像压缩标准 MPEG-4。MPEG-4 是 ISO 为传输码率低于 64KB/s 的实时图像设计的。该标准采用基于模型的编码、分形编码等方法，以获得低码率的压缩效果。它在信息描述中首次采用了"对象"（Object）概念，是以内容为中心的描述方法，对信息的描述更符合人的心理，不仅获得了比原有的标准更优越的压缩性能，也提供了各种新功能的应用。

④ 动态图像压缩标准 MPEG-7。继 MPEG-4 之后，要解决的矛盾就是对日渐庞大的图像、声音信息的管理和迅速搜索。针对这个矛盾，MPEG 提出了解决方案 MPEG-7。MPEG-7 力求能够快速且有效地搜索出用户所需的不同类型的多媒体资料。MPEG-7 将对各种不同类型的多媒体信息进行标准化的描述，并将该描述与所描述的内容相联系，以实现快速有效的搜索。该标准不包括对描述特征的自动提取，它也没有规定利用描述进行搜索的工具或任何程序。

4．图像的文件格式

常用的图像文件格式有 BMP、GIF、JPEG 和 PNG 等，大多数图像文件都可以支持多种格式的图像文件以适应不同的应用环境。

（1）BMP 文件（.bmp）

位图文件（Bitmap-File，BMP）格式是 Windows 采用的图像文件存储格式，在 Windows 环境下运行的所有图像处理软件都支持这种格式。位图文件图像色彩逼真，但数据量大。

（2）GIF 文件（.gif）

GIF 是 CompuServe 公司开发的图像文件存储格式，称为图形交换格式。它主要用来交换图片的，为网络传输和 BBS 用户使用图像文件提供方便。大多数图像软件都支持 GIF 文件格式，它特别适合于动画制作、网页制作及演示文稿制作等领域。GIF 文件格式采用了 LZW（Lempel-Ziv Walch）压缩算法来存储图像数据，定义了允许用户为图像设置背景的透明属性。

（3）JPEG 文件（.jpg）

JPEG 文件使用真彩色保存照片效果图像。由于采用高效的压缩算法，图像数据量被大大压缩，但图像质量仍然很好。可以调整参数得到不同的压缩比，是最为流行的图像文件格式，特别适用于互联网上的图像传输，常在广告设计中作为图像教材，在存储容量有限的条件下进行携带和传输。

（4）PNG 格式（.png）

PNG（Portable Network Graphic Format，便携式网络图像格式）是 20 世纪 90 年代中期开始开发的图像文件存储格式，其目的是替代 GIF 和 TIFF 文件格式，同时增加一些 GIF 文件格式所不具备的特性。PNG 用来存储灰度图像时，灰度图像的深度可多到 16 位，存储彩色图像时，彩色图像的深度可多到 48 位，并且还可存储多到 16 位的 α 通道数据，PNG 使用从 LZ77 派生的无损数据压缩算法。与 GIF 不同的是，PNG 图像格式不支持动画。

2.3.6　视频处理

视频信息是连续变化的影像，通常是指实际场景的动态演示，如电影、电视和摄像资料等。视频信息带有同期音频，画面信息量大，表现的场景复杂，常采用专门的软件对其进行加工、修改。

1．视频的基本概念

连续的图像变化每秒超过 24 帧（Frame）画面时，根据视觉暂留原理，人眼无法辨别每幅单独的静态画面，看上去是平滑连续的视觉效果，这样连续画面叫作视频。当连续图像变化每秒低于 24 帧时，人眼有不连续的感觉叫作动画（Cartoon）。

2．视频的数字化

借用图像数字化的原理来描述视频数字化的过程，只需要将每帧画面进行数字化，再将分离的同步音频数字化就可以得到数字视频。但视频多半有实时性和声音同步等要求，其数字化过程远比图像数字化复杂。

3．视频压缩标准

视频数据的编码和压缩是以声音与图像编码和压缩为基础的，主要采用的是 MPEG 系列标准。

4．视频文件的格式

视频文件可以分为动画文件和影像文件两大类。动画文件是由动画制作软件，如 Flash、3D MAX 和 Director 等设计生成的文件；影像文件主要指包含了实时音频、图像序列的多媒体文件，通常由视频设备输入。常见的影像文件有 AVI 文件、QuickTime 文件、MPEG 文件和 Real Video 文件等。

（1）AVI 文件（.avi）

AVI 是 Microsoft 公司开发的数字音频与视频文件格式，它允许视频和音频交错在一起同步播放，支持 256 色彩色，数据量巨大。AVI 文件主要用在多媒体光盘上保存电影、影视等各种影像信息。它提供无硬件视频回放功能，开放的 AVI 数字视频结构实现同步控制和实时播放，可方便地对文件进行再编辑处理。

（2）MPEG 文件（. dat、. mpg）

MPEG 是运动图像压缩算法的国际标准，采用有损压缩方法减少运动图像中的冗余信息。MPEG 标准包括 MPEG 视频、MPEG 音频和 MPEG 系统 3 个部分，MP3 文件就是 MPEG 音频的一个典型应用，而 VCD、DVD 和 SVCD 则全面采用 MPEG 标准所产生。VCD 采用 MPEG-1 标准，DVD 采用 MPEG-2 标准。

（3）QuickTime 文件（. mov）

QuickTime 是苹果公司开发的音频视频文件格式，具有先进的视频和音频功能，支持多种主流的计算机平台，使用 25 位彩色，提供 150 多种视频效果，并提供 200 多种 MIDI 兼容音响和设备的声音装置。该文件还包含了基于因特网应用的关键特性，能通过因特网提供实时的数字化信息流、工作流与文件回放功能。QuickTime 还采用了一种称为 QuickTime VR 的虚拟现实技术，用户可通过键盘和鼠标交互式控制景物。

（4）Real Video 文件（. rm、. rf）

Real Video 文件是 Real Networks 公司开发的流式视频文件格式。主要用于低速的广域网上实时传输视频影像，可根据网络传输速率的不同而采用不同的压缩比，实现影像数据的实时传送播放。该文件不仅可以以普通的视频文件形式播放，还可以与 Real Server 服务器相配合，在数据传输中一边下载一边播放。

（5）ASF 文件（.asf）

ASF 文件是微软公司开发的流媒体文件格式，用来在因特网上实时播放音频和视频。它使用 MPEG-4 压缩标准，具有很高的压缩比。

（6）WMV 文件（.wmv）

WMV 文件是微软公司开发的与 MP3 齐名的视频格式文件，比 MPEG-2 有更高的压缩比。

（7）DV 格式

DV 格式是一种国际通用的数字视频标准，是数码摄像机在它的 MiniDV 磁带傻瓜记录影像的文件结构。

2.3.7　虚拟现实

1．虚拟现实的概念

虚拟现实技术也称虚拟灵境或人工环境，是一种可以创建和体验虚拟世界的计算机系统。它充分利用计算机硬件与软件资源的集成技术，提供了一个逼真的具有视、听、触等多种感知的、实时的和三维的虚拟环境（Virtual Environment），使用者完全可以进入虚拟环境中，观看计算机产生的虚拟世界，听到逼真的声音，在虚拟环境中交互操作，有真实感，可以讲话，并且能够嗅到气味。它是一种先进的数字化人机接口技术。

2．虚拟现实技术的主要特征

虚拟现实技术与传统的模拟技术相比，其主要特征如下。

（1）多感知性（Multi-Sensory）

多感知是指除了一般计算机技术所具有的视觉感知和听觉感知外，还有力觉感知、触觉感知和运动感知，其至包括味觉感知、嗅觉感知等。理想的虚拟现实技术应该具有一切人所具有的感知功能。由于相关技术，特别是传感技术的限制，目前虚拟现实技术所具有的感知功能仅限于视觉、听觉、力觉、触觉和运动等几种。

（2）浸没感（Immersion）

浸没感又称临场感，指用户感到作为主角存在于模拟环境中的真实程度。理想的模拟环境应该使用户难以分辨真假，使用户全身心地投入到计算机创建的三维虚拟环境中，该环境中的一切看上去是真的，听上去是真的，动起来是真的，甚至闻起来、尝起来等一切感觉都是真的，如同在现实世界中的感觉一样。

（3）交互性（Interactivity）

交互性指用户对模拟环境内物体的可操作程度和从环境得到反馈的自然程度（包括实时性）。例如，用户可以用手去直接抓取模拟环境中虚拟的物体，这时手有握着东西的感觉，并可以感觉物体的重量，视野中被抓的物体也能立刻随着手的移动而移动。

（4）构想性（Imagination）

强调虚拟现实技术应具有广阔的可想象空间，可拓宽人类认知范围，不仅可再现真实存在的环境，也可以随意构想客观不存在的甚至是不可能发生的环境。

自从虚拟现实技术诞生以来，它已经在军事模拟、先进制造、城市规划/地理信息系统和医学生物等领域显示出巨大的经济、军事和社会效益，与人工智能、大数据并称为未来二十年最具应用前景的三大技术。

3．虚拟现实系统的分类

虚拟现实系统就是要利用各种先进的硬件技术与软件工具，设计出合理的硬件、软件及交互手段，使参与者能交互式地观察与操纵系统生成的虚拟世界。

根据用户参与虚拟现实的不同形式，可把虚拟现实系统划分成四类。

（1）桌面式虚拟现实系统

桌面式虚拟现实系统也称为简易型虚拟现实系统，它是利用个人计算机和低级工作站进行仿真，计算机的屏幕用来作为用户观察虚拟境界的一个窗口，各种外部设备一般用来驾驭虚拟境界，并且有助于操纵在虚拟情景中的各种物体。这些外部设备包括鼠标、追踪球和力矩球等。它要求参与者使用位置跟踪器和另一个手控输入设备，如鼠标、追踪球等，坐在监视器前，通过计算机屏幕观察 360° 范围内的虚拟境界，并操纵其中的物体，但这时参与者并没有完全投入，因为它仍然会受到周围现实环境的干扰。桌面式虚拟现实系统的最大特点是缺乏完全投入的功能，但是成本也相对低一些，因而应用面比较广。

（2）沉浸式虚拟现实系统

沉浸式虚拟现实系统是一种高级的虚拟现实系统，它提供一个完全投入的功能，使用户有一种置身于虚拟境界之中的感觉。它利用头盔式显示器或其他设备，把参与者的视觉、听觉和其他感觉封闭起来，并提供一个新的、虚拟的感觉空间，并利用位置跟踪器、数据手套、其他手控输入设备和声音等使得参与者产生一种身在虚拟环境中，并能全心投入和沉浸其中的感觉。沉浸式虚拟现实系统是一种比较复杂的系统，它的优点是用户全身心地沉浸到虚拟世界中去，缺点是系统设备价格高昂，难以普及推广。

（3）增强式虚拟现实系统

增强式虚拟现实系统是把真实环境和虚拟环境组合在一起的一种系统，它仅是利用虚拟现实技术来模拟现实世界、仿真现实世界，而且要利用它来增强参与者对真实环境的感受，也就是增强现实中无法感知或不方便感知的感受。这种系统既可减少对构成复杂真实环境的计算，又可对实际物体进行操作，真正达到亦真亦幻的境界。

（4）分布式虚拟现实系统

分布式虚拟现实系统是利用远程网络，将异地的不同用户联结起来，多个用户通过网络同时参加一个虚拟空间，共同体验虚拟经历，对同一虚拟世界进行观察和操作，达到协同工作的目的，从而将虚拟现实的应用提升到了一个更高的境界。

4. 虚拟现实系统的组成

虚拟现实系统由输入部分、输出部分、虚拟环境库和虚拟现实软件组成。

（1）输入部分

虚拟现实系统通过输入部分接收来自用户的信息。用户基本输入信号包括用户的头、手位置及方向、声音等。其输入设备主要有以下几种。

① 数据手套：用来监测手的姿态，将人手的自然动作数字化。用户手的位置与方向用来与虚拟环境进行交互。如在使用交互手套时，手势可用来启动或终止系统。类似地，手套可用来拾起虚拟物体，并将物体移到别的位置。

② 三维球：用于物体操作和飞行控制。

③ 自由度鼠标：用于导航、选择及与物体交互。

④ 生物传感器：用来跟踪眼球运动。

⑤ 头部跟踪器：通常装在 HMD 头盔上跟踪头部位置，以便使 HMD 显示的图像随头部运动而变化。用户头的位置及方向是系统重要的输入信号，因为它决定了从哪个视角对虚拟世界进行渲染。

⑥ 语音输入设备：通过话筒等声音输入设备将语音信息输入，并利用语音识别系统将语音信号变成数字化信号。

（2）输出系统

虚拟现实系统根据人的感觉器官的工作原理，通过虚拟现实系统的输出设备，使人在虚拟环境中得到虽假犹真、身临其境的感觉，其主要是由沉浸式视觉效果、三维声音效果和触觉、力觉甚至嗅觉反馈效果来实现的。

① 三维图像生成与显示：利用图形处理器、立体图像显示设备和高性能计算机系统将计算机数字信号变成三维图像。最简单的一种是计算机监视器加上一副眼镜，另一种就是 VR 头盔显示器，如 HTC Vive 与 Oculus Rift 以及侧重于混合现实的微软 HoloLens。

② 三维声音处理：虚拟现实系统声音效果包括音响和语音效果。通过有关的声音设备使电子信号变成立体声，并提供识别立体声声源和判定其空间方位的功能。

③ 触觉、力觉反馈：触觉提供手握物体时获得的丰富感觉信息，包括分辨表面材质及温度、湿度、厚度、张力等。用户的手是与虚拟环境进行自然交互时的重要途径。当手与虚拟物体发生碰撞时，我们自然希望有接触感和压力感。

（3）虚拟环境数据库

虚拟环境数据库的作用是存放整个虚拟环境中所有物体的各方面信息（包括物体及其属性，如约束、物理性质、行为、几何、材质等）。

虚拟环境数据库由实时系统软件管理。虚拟环境数据库中的数据只加载用户可见部分，其余留在磁盘上，需要时导入内存。

（4）虚拟现实软件

虚拟现实软件的任务是设计用户在虚拟环境中遇到的景和物。构建虚拟环境的过程及典型软件包括如下两个方面。

① 三维物体的建模。典型的建模软件包括 AutoCAD、3ds Max、Multigen 和 VRML 等。

② 虚拟物体和场景的建立、集成以及脚本编写、输出。典型的虚拟现实软件包括 Vega、OpenGVS、VRT、Vtree 和 Unity 3D 等。

5．分布式虚拟现实系统的应用

分布式虚拟现实系统在远程教育、工程技术、建筑、电子商务、交互式娱乐、远程医疗和大规模军事训练等领域都有着极其广泛的应用前景。

（1）教育应用

把分布式虚拟现实系统用于建造人体模型、计算机太空旅游、化合物分子结构显示等领域，由于数据更加逼真，大大提高了人们的想象力、激发了受教育者的学习兴趣，学习效果十分显著。同时，随着计算机技术、心理学和教育学等多种学科的相互结合、促进和发展，系统因此能够提供更加协调的人机对话方式。

（2）工程应用

当前的工程很大程度上要依赖于图形工具，以便直观地显示各种产品，目前，CAD/CAM 已经成为机械、建筑等领域必不可少的软件工具。分布式虚拟现实系统的应用将使工程人员能通过全球网或局域网按协作方式进行三维模型的设计、交流和发布，从而进一步提高生产效率并削减成本。

（3）商业应用

对于那些期望与顾客建立直接联系的公司，尤其是那些在他们的主页上向客户发送电子广告的公司，Internet 具有特别的吸引力。分布式虚拟系统的应用有可能大幅度改善顾客购买商品的经历。例如，顾客可以访问虚拟世界中的商店，在那里挑选商品，然后通过 Internet 办理付款手续，商店则及时把商品送到顾客手中。

（4）娱乐应用

娱乐领域是分布式虚拟现实系统的一个重要应用领域。它能够提供更为逼真的虚拟环境，从而使人们能够享受其中的乐趣，带来更好的娱乐感觉。

2.3.8　流媒体技术

流媒体在网站中几乎无处不在，如网上的电台广播、电影播放、远程教学、网上音乐商店，以及在线新闻网站都是流媒体技术的应用成果。

1．流媒体技术的概念

流媒体（Streaming Media）技术就是把连续的影像和声音信息经过压缩编码处理后放到网络服务器上，让浏览者一边下载一边播放，而不需要等到整个多媒体文件下载完成就可以即时观看的技术。该技术先在使用者的计算机中创建一个数据缓冲区，在播放前先下载一段数据作为缓冲，当网络实际连线速度小于播放耗用数据的速度时，播放器会取用缓冲区中的数据，避免播放的中断。流媒体技术是网络音频、视频技术发展到一定阶段后的产物，是一种解决多媒体播放时网络带宽问题的"软技术"。

流媒体技术涉及流媒体数据的采集、压缩、存储、传输以及网络通信等多项技术，需要完成流媒体的制作、发布、传输和播放四个环节。

数据缓冲的目的是在某一段时间内存储需要使用的数据，数据缓冲中的时间是暂时的，播放完的数据即刻被清除，新的数据又可存入缓存中。在播放流媒体文件时不需要太大的磁盘空间，也不会保留文件的备份，有利于保护著作版权。

2. 流媒体数据流的特点

流媒体数据流具有三个特点：连续性、实时性和时序性。

3. 流媒体的传输技术

流媒体的传输技术分为两种，一种是顺序流式传输，另一种是实时流式传输。

（1）顺序流式传输

顺序流式传输是顺序下载，在下载文件的同时用户可以观看，但是，用户的观看与服务器上的传输并不是同步进行的，用户是在一段延时后才能看到服务器上传出来的信息，或者说用户看到的总是服务器在若干时间以前传出来的信息。在这过程中，用户只能观看已下载的那部分，而不能要求跳到还未下载的部分。顺序流式传输比较适合高质量的短片段，因为它可以较好地保证节目播放的最终质量。它适合于在网站上发布的供用户点播的音视频节目。

（2）实时流式传输

在实时流式传输中，音视频信息可被实时观看到。在观看过程中用户可快进或后退以观看前面或后面的内容，但是在这种传输方式中，如果网络传输状况不理想，则收到的信号效果比较差。

4. 流媒体技术的应用领域

目前基于流媒体技术的应用非常多、发展非常快。其主要应用领域有：视频点播、视频广播、视频监视、视频会议、远程教育和交互式游戏等。

2.4 多媒体技术的应用领域

多媒体技术与计算机技术相结合开拓了计算机新的应用领域。目前它已在商业、教育培训、电视会议、电子邮件、声像演示、数据库、视像制作和电子新闻等方面得到了充分的应用。

1. 教育和培训

教育和培训可以说是最需要多媒体的场合。带有声音、音乐和动画的多媒体软件不仅更能吸引学生的注意力，也使他们如同身临其境。它可将过去的知识、别人的感受变成像自己的亲身经历一样来学习，也使得抽象和不好理解的基本概念转变为具体和生动的图片来解释。

当多媒体技术与网络技术相结合时，可将传统的以校园教育为主的教育模式变为以家庭教育为主的教育模式，更能体现和适应现代社会发展的教育新方式，使得教育和培训完全意义地走向家庭。这种新的受教育模式使被教育者不仅能学到图、文、声并茂的新知识、新信息也可在家跨越时间和国界学到国际上各种最新知识。如今，通过虚拟现实（VR）、增强现实（AR）技术，仿真教学手段已经走出实验室走向民用，卓有成效。

2. 商业和出版业

在商业上，多媒体技术可用于商品展示和展览会。比如，百货公司利用多媒体，可以让消费者通过触摸屏或者 VR 技术，就可了解商场中商品的具体形态，从而起到商品广告、导购和指导消费的作用。

利用多媒体，出版商将一些历史人物、文学传记、剧情评论以及采访录像等信息，存入电子出版物中发行，使得用户能够方便地阅读和剪贴其中的内容，将它们排版到报纸、杂志或文章中。电子出版物信息容量大，体积小，成本低，除了文字图表外还可以配以声音解说、背景音乐和视频图像，形式生动活泼，易于检索和保存，具有广阔的应用和发展前景。

针对家庭用户出版的许多电子版本的多媒体电子地图中，既有世界上每个国家的地理位置、相应的人口、国土面积，还有该国的风俗习惯、当地方言等；与普通地图相比电子地图可以精确到每一个城镇中的每一条街道，这不仅为在当地旅游的游客提供了具体的方便，而且还使坐在计算机旁的异国他乡的"游客"，足不出户就可同样领略到当地的民俗与风貌。

基于增强现实（AR）的电子出版物已经上市，人们可以通过更加形象直观的方式来阅读以及分享。

3. 服务业

以多媒体为主体的综合医疗信息系统，已经使医生远在千里就可为病人看病，病人不仅可身临其境地接受医生的询问和诊断，还可从计算机中及时地得到处方。因此，不管医生身处何方，只要家中的多媒体机已与网络相连，人们在家就可从医生那里得到健康教育和医疗等指导。

在医院里，专家们使用终端和医疗信息中心相连，并得到患者的各种资料，以此作为医疗和手术方案的实施依据，这不仅为危重病人赢得了宝贵的时间，同时也使专家们节约了大量的时间和精力，对于实习或年轻的医生还可使用多媒体软件学习人体组织、结构和临床经验。

在家居设计与装潢业，房地产公司使用多媒体 VR 技术，不仅可以展现整个居室的平面结构，还可把购房人带到"现场"，让他们"身临其境"地看到整幢房屋的室外和室内情况。

4. 家庭娱乐

在家里人们可以自行地制作出工作和家庭生活的多媒体记事簿，将工作经历、值得留念的事件等记录下来以供他人和子女欣赏和借鉴。而对于人人熟知的多媒体游戏更是以其动听悦耳的声音、别开生面的场面极大地赢得了成年人和儿童的欢心。

基于虚拟现实头盔的沉浸感获得手段、基于 Kinect 红外摄像头、基于光学和惯性传感器的各种最新人机交互手段，都大大促进了游戏产业的进一步发展，真正做到虚拟即现实。

5. 过程模拟

在设备运行、化学反应、火山喷发、海洋洋流、天气预报、天体演变和生物进化等自然现象的诸多方面，采用多媒体技术模拟其发生发展的过程可以使人们能轻松、形象地了解事物变化的原理和关键环节，并且能够建立必要的感性认识，使复杂、难以用语言准确描述的变化过程变得形象而具体。

6. 多媒体通信

采用多媒体视听会议，同时进行数据、话音和有线电视等信号的传输，不仅使与会者共享图像和声音信息，也共享存储在计算机内的有用数据，这对于相互合作尤为实用。特别是对于已在网络上的每个与会者，他们都可通过计算机的窗口来建立共享会议的工作空间，互相通报和传递各种多媒体信息。

多媒体技术的产生赋予计算机新的含义，它标志着计算机将不仅仅应用于办公室和实验室，还会进入家庭、商业、旅游、娱乐、教育乃至艺术等几乎所有的社会和生活领域。

第3章
Windows 7 操作系统

3.1　操作系统概述

3.1.1　操作系统的概念

计算机系统由硬件系统和软件系统组成，软件系统又分为系统软件和应用软件。其中，操作系统是系统软件的核心，是计算机软件系统的核心。从用户角度来看，操作系统是用户和计算机硬件之间的桥梁，用户通过操作系统提供的命令和有关规范来操作和管理计算机。普遍认为：操作系统是管理软硬件资源、控制程序执行、改善人机界面、合理组织计算机工作流程和为用户使用计算机提供良好运行环境的一种系统软件。

3.1.2　操作系统的发展

操作系统经历了一个漫长的发展过程，其发展与计算机硬件发展及计算机的普及应用密不可分。实际上，这些不同时期的操作系统在当代很多还共存着，就像许多不同时期进化而来的物种共同生活在我们当今的世界一样。

早期的计算机没有操作系统，人们通过各种操作按钮来控制计算机，后来出现了汇编语言，并将它的编译器内置到计算机中。这些将语言内置的计算机只能由操作人员自己编写程序来运行，不利于设备、程序的共用。为了解决这些问题，人们编写了许多程序，随着这些程序功能的不断完善和扩充，逐步形成了较为实用的系统软件——操作系统，使人们可以从更高层次对计算机进行操作，而不用关心其底层的运作。特别是微型计算机的出现，加速了操作系统的不断发展。

从 20 世纪 60 年代后期开始，计算机操作系统的发展进入快车道，从单用户、单任务的操作系统到多用户多任务的现代操作系统，陆续涌现出了大量代表性产品，如美国 DIGITAL RESEARCH 软件公司研制出的 8 位 CP/M 操作系统，以及 C-DOS、M-DOS、TRS-DOS、S-DOS 和 MS-DOS 等磁盘操作系统。其中值得一提的是 MS-DOS，起源于 SCP86-DOS，是 1980 年基于 8086 微处理器而设计的单用户操作系统。后来，微软公司获得了该操作系统的专利权，配备在 IBM-PC 机上，并命名为 PC-DOS，并在商业上取得了巨大成功。后来随着计算机软、硬件技术的飞速发展，图形界面 GUI 逐渐开始流行，Mac OS 是第一个商用的 GUI 界面系统。后来 Unix 与 Linux 系统也陆续采用 GUI 界面系统，而 PC 领域最成功的是 Microsoft 公司的 Windows 系列产品，它使个人计算机开始进入了所谓的图形用户界面时代。之后，微软公司又相继推出了

Windows 98、Windows NT、Windows 2000、Windows Vista、Windows 7、Windows 8 和 Windows 10 等操作系统，在 PC 端仍占有绝大多数市场。

3.1.3 操作系统的特性

1. 并发性

并发性是指两个或两个以上的运行程序在同一时间间隔段内同时执行。操作系统是一个并发系统，并发性是它的重要特征，发挥并发性能够消除计算机系统中部件和部件之间的相互等待，有效提高了系统资源的利用率，改进了系统的吞吐率，提高了系统效率。采用了并发技术的系统又称为多任务系统。

2. 共享性

共享性是操作系统的另一个重要特征。共享是指操作系统中的资源（包括硬件资源和信息资源）可被多个并发执行的进程所使用。出于经济上的考虑，一次性向每个用户程序分别提供它所需的全部资源不但是浪费的，有时也是不可能的，现实的方法是让多个用户程序共用一套计算机系统的所有资源，因而必然会产生共享资源的需要。

3. 异步性

操作系统的第三个特点是异步性，或称随机性。操作系统中的随机性处处可见，操作系统内部产生的事件序列有许许多多可能，而操作系统的一个重要任务是必须确保捕捉任何一种随机事件，正确处理可能发生的随机事件，正确处理任何一种事件序列，否则将会导致严重后果。

4. 虚拟性

操作系统中的所谓"虚拟性"是指通过某种技术把一个物理实体变成若干个逻辑上的对应物。物理实体（前者）是实的，即实际存在的，而后者是虚的，是用户感觉上的东西。例如，在多道分时系统中，虽然只有一个 CPU，但每个终端用户都认为有一个 CPU 在专门为他服务，亦即利用多道程序技术和分时技术可以把一台物理 CPU 虚拟为多台逻辑上的 CPU，也称为虚处理器。类似地，也可以把一台物理 I/O 设备虚拟为多台逻辑上的 I/O 设备。

3.1.4 操作系统的基本功能

从资源管理的观点来看，操作系统具有以下几个主要管理功能。

1. 处理机管理

处理机管理主要有处理中断事件和处理器调度两项工作。正是由于操作系统对处理器的管理策略不同，其提供的作业处理方式也就不同，例如，批处理方式、分时处理方式、实时处理方式等。

2. 存储管理

存储管理的主要任务是管理存储器资源，为多道程序运行提供有力的支撑。存储管理的主要功能包括：存储分配、存储共享、存储保护和存储扩充。

3. 设备管理

设备管理的主要任务是管理各类外围设备，完成用户提出的 I/O 请求，加快 I/O 信息的传送速度，发挥 I/O 设备的并行性，提高 I/O 设备的利用率，以及提供每种设备的设备驱动程序和中断处理程序，向用户屏蔽硬件使用细节。设备管理具有以下功能：提供外围设备的控制与处理、提供缓冲区的管理、提供外围设备的分配、提供共享型外围设备的驱动和实现虚拟设备。

4. 文件管理

文件管理是对系统的信息资源进行管理。文件管理主要完成以下任务：提供文件的逻辑组织方法、物理组织方法、存取方法和使用方法，实现文件的目录管理、存取控制和存储空间管理。

5. 作业管理

用户需要计算机完成某项任务时要求计算机所做工作的集合称为作业。作业管理的主要功能是把用户的作业装入内存并投入运行，一旦作业进入内存，就称为进程。作业管理是操作系统的基本功能之一。

3.1.5　操作系统的分类

目前使用的操作系统有很多，按照不同的标准可以分为以下几类。

1. 按运行环境分类

分为实时操作系统、分时操作系统、批处理操作系统、网络操作系统、分布式操作系统和嵌入式操作系统。

实时操作系统是对随机发生的外部事件在限定时间范围内做出响应并对其进行处理的系统。分时操作系统使多个用户同时在各自的终端上联机地使用同一台计算机，CPU 按优先级分配各个终端，轮流为各个终端服务，对用户而言，有"独占"这一台计算机的感觉。批处理操作系统是以作业为处理对象，连续处理在计算机系统运行的作业流。作业的运行完全由系统自动控制，吞吐量大，资源利用率高。网络操作系统是网络的心脏和灵魂，是向网络计算机提供服务的特殊操作系统。它在计算机操作系统下工作，使计算机操作系统增加了网络操作所需要的能力。分布式操作系统是分布式软件系统的重要组成部分，负责管理分布式处理系统资源、控制分布式程序运行等。嵌入式操作系统是固化在硬件里面的系统，如手机、路由器里面的系统，通常工作在反应式或对处理时间有较严格要求环境中。

2. 按管理用户的数量分类

分为单用户操作系统和多用户操作系统。

单用户操作系统只允许一个用户操作计算机，用户独占计算机的全部资源，CPU 运行效率低。目前大多数的微机采用单用户操作系统，如 DOS、Windows 操作系统。多用户操作系统是一台计算机接有多个终端。每个终端为一个用户服务，多个用户共享计算机的软、硬件资源，如 UNIX、Linux 操作系统。

3. 按系统管理的作业数分类

分为单任务操作系统和多任务操作系统。

单任务操作系统一次只能管理运行一个作业，如 DOS 操作系统。多任务操作系统一次可以同时运行处理多个程序或多个作业，如 Windows 操作系统。

3.1.6　常用的操作系统

1. DOS 操作系统

DOS 最初是微软公司为 IBM-PC 开发的操作系统，因此它对硬件平台的要求很低，适用性较广。从 1981 年问世历经十几年发展，DOS 经历了 7 次大的版本升级，曾一度是世界上最流行的操作系统。DOS 系统是单用户单任务操作系统，通常操作是利用键盘输入程序或者命令。在 20 世纪 90 年代围绕 DOS 开发了很多应用软件系统，如财务、人事、统计、交通和医院等各种管理系统，但后来随着 Windows 等图形界面操作系统的完善，DOS 操作系统逐渐退出历史舞台。

2. Windows 操作系统

Windows 是由微软公司开发的基于图形用户界面（Graphic User Interface，GUI）的操作系统。

其支持多线程、多任务与多处理，支持即插即用功能，还具有出色的多媒体和图像处理以及网络管理功能，是世界上 PC 用户使用最多的操作系统。

3. UNIX 操作系统

UNIX 是一个多任务多用户的分时操作系统，一般用于大型机、小型机等较大规模计算机中，它诞生于 20 世纪 60 年代的美国电话电报公司（AT&T）贝尔实验室。

UNIX 提供可编程的命令语言，具有输入/输出缓冲技术，还提供了许多程序包，UNIX 系统中有一系列通信工具和协议，网络通信功能强、可移植性好，Internet 的 TCP/IP 协议就是在 UNIX 下开发的。

4. Linux 操作系统

Linux 来源于 UNIX 的精简版本 Minix。1991 年由芬兰赫尔辛基大学学生 Linux Torvalds 修改完善，开发出了 Linux 第一版本。其源程序在 Internet 网上公开发布，由此，引发了全球程序爱好者的开发热情，许多人下载该源程序并按自己的意愿完善某一方面的功能，再发回网上，Linux 也因此被雕琢成为一个全球最稳定的、最有发展前景的操作系统。这种高性能和低成本的操作系统，也成为很多国家摆脱其他昂贵垄断操作系统的首选。我国自行研发的有红旗 Linux、蓝点 Linux 等。

5. 嵌入式操作系统

嵌入式操作系统（Embedded Operating System，EOS）是指用于嵌入式系统的操作系统。嵌入式操作系统是一种用途广泛的系统软件，通常包括与硬件相关的底层驱动软件、系统内核、设备驱动接口、通信协议、图形界面和标准化浏览器等。嵌入式操作系统负责嵌入式系统的全部软、硬件资源的分配、任务调度，控制、协调并发活动。它必须体现其所在系统的特征，能够通过装卸某些模块来达到系统所要求的功能。目前在嵌入式领域广泛使用的操作系统有：嵌入式实时操作系统 μC/OS-II、嵌入式 Linux、Windows Embedded 和 VxWorks 等，以及应用在智能手机和平板计算机的 Android、iOS 等。

主流的操作系统平台还有很多，如曾应用于 IBM 推出的 PS/2 机型的 OS/2 操作系统，应用于苹果公司 PC 产品的 OS X 操作系统等。

3.2 Windows 7 基础

3.2.1 Windows 7 概述

Windows 系列操作系统是 Microsoft 公司推出的具有图形用户界面的多任务操作系统。用户只要用鼠标单击屏幕上的形象化的图形，就可以轻松完成大部分的操作。微软公司自 1985 年发布第一个 Windows 版本 Windows 1.0 以来，先后发布了若干版本的 Windows 操作系统，目前较流行的版本是 2009 年发布的 Windows 7。

1. Windows 7 的版本

Windows 7 主要有 6 个可用的版本，包含初级版、家庭普通版、家庭高级版、专业版、企业版和旗舰版。其中只有家庭高级版、专业版和旗舰版广泛地在零售市场贩售，其他的版本则针对特别的市场，企业版是给企业用户使用、家庭普通版则是提供给发展中国家的基础功能版本。每一个 Windows 7 版本皆会包含前一个较低版本的所有功能，且都支持 32 位的核心架构，64 位的架构除了初级版以外也都提供支持。

根据微软表示，安装 Windows 7，无论安装的是什么版本，皆会将旗舰版的完整功能安装至机器上，然后依照版本限制功能。当用户想要使用更多功能的 Windows 7 版本时，就可以使用 Windows Anytime Upgrade 购买高级版本，解除功能的限制。

（1）Windows 7 初级版（Starter）

初级版是 Windows 7 功能最少的版本；不包含 Windows Aero 主题、不能更换桌面背景且不支持 64 位核心架构，系统主存储器最大支持 2GB。这个版本只会经由系统制造商预装在机器上，不会在零售市场贩卖。

（2）Windows 7 家庭普通版（Home Basic）

家庭普通版只在阿根廷、巴西、智利、中国大陆、哥伦比亚、印度、巴基斯坦、巴拿马、菲律宾、墨西哥、俄罗斯、泰国和土耳其等新兴市场出售。这个版本主要针对中、低级的家庭计算机，所以 Windows Aero 功能不会在这个版本中开放。

（3）Windows 7 家庭高级版（Home Premium）

家庭高级版主要是针对家用主流计算机市场而开发的版本，是微软在零售市场中的主力产品，包含各种 Windows Aero 功能、Windows Media Center 媒体中心还有触控屏幕的控制功能。

（4）Windows 7 专业版（Professional）

专业版向计算机热爱者以及小企业用户靠齐，包含了家庭高级版的所有功能，同时还加入了可成为 Windows Server domain 成员的功能，新增的功能还包括远程桌面服务器、位置识别打印、加密的文件系统、展示模式、软件限制方针（不是 Windows Server 2008 R2 中的 AppLocker 功能）以及 Windows XP 模式。

（5）Windows 7 企业版（Enterprise）

这个版本主要对象是企业用户以及其市场，通过大量授权给有与微软签订软件授权合约的公司；同时有一个大量授权的产品密钥，用以激活产品。这个版本不通过零售以及 OEM 贩卖。它提供的功能包含多国语言用户界面包、BitLocker 设备加密以及 UNIX 应用程序的支持。

（6）Windows 7 旗舰版（Ultimate）

旗舰版与企业版的功能几乎完全相同，但是提供授权给一般的用户。家庭高级版以及专业版的用户若是希望升级到旗舰版，可使用 Windows Anytime Upgrade 升级。这个版本与 Windows Vista 旗舰版不同，Windows 7 旗舰版不会包含加值的 Ultimate Extra 服务。

本章主要介绍 Windows 7 Professional（专业版）的基本操作。

2．系统特色

Windows 7 的设计主要围绕五个重点：针对笔记本计算机的特有设计；基于应用服务的设计；用户的个性化；视听娱乐的优化；用户易用性的新引擎。这些新功能令 Windows 7 成为最易用的 Windows 操作系统。

（1）易用

Windows 7 简化了许多设计，如快速最大化，窗口半屏显示，跳转列表（JumpList），系统故障快速修复等。

（2）简单

Windows 7 将会让搜索和使用信息更加简单，包括本地、网络和互联网搜索功能，直观的用户体验将更加高级，还会整合自动化应用程序提交和交叉程序数据透明性。

（3）效率

Windows 7 中，系统集成的搜索功能非常强大，只要用户打开开始菜单并开始输入搜索内容，无论要查找应用程序、文本文档等，搜索功能都能自动运行，给用户的操作带来极大的便利。

（4）小工具

Windows 7 的小工具可以单独在桌面上放置。

3. Windows 7 的安装

（1）Windows 7 的运行环境

安装 Windows 7 计算机的最低配置要求如下。

CPU：1GHz 及以上（32 位或 64 位处理器）。

内存：512MB 以上，基于 32 位（64 位 2GB 内存）。

硬盘：16GB 以上可用空间，基于 32 位（64 位 20GB 以上）。

显卡：有 WDDM1.0 或更高版驱动的显卡 64MB 以上，128MB 为打开 Aero 最低配置，不打开的话 64MB 也可以。

其他硬件：DVD-R/RW 驱动器或者 U 盘等其他储存介质安装用。如果需要可以用 U 盘安装 Windows 7，这需要制作 U 盘引导。

当前主流配置的计算机应该都具备这样的条件。

（2）Windows 7 的安装过程

安装 Windows 7 既可以从 CD-ROM 安装（个人用户最常用的方式），也可以从网络安装（需有网卡）。可以通过升级安装（以前有低于 Windows 7 的操作系统，通过升级安装可保留以前的设置和程序），也可以全新安装（新微机初装操作系统或废除原有系统重新安装 Windows 7 操作系统）。

掌握操作系统的安装方法是必要的。安装 Windows 7 的普遍方式是从 CD-ROM 使用 Windows 7 操作系统安装光盘全新安装。整个的安装过程通过一个安装向导来完成，用户只需要仔细阅读每一步的提示并做出相应的选择或输入必要的信息。整个过程比较简单，下面简单介绍一下整个过程。

第一步：BIOS 启动项调整

在安装系统之前首先需要在 BIOS 中将光驱设置为第一启动项。

第二步：选择系统安装分区

从光驱启动系统后，我们就会看到 Windows 7 安装欢迎页面。接着会看到 Windows 的用户许可协议页面，如果要继续安装 Windows 7，就必须按 F8 键同意此协议。在分区列表中选择 Windows 7 将要安装到的分区。一般是安装到 C 盘。

第三步：选择文件系统

Windows 7 只能安装在 NTFS 文件系统，即系统盘必须是 NTFS 格式，非系统盘 FAT32 和 NTFS 都可以。因此计算机中的安装操作系统的磁盘格式如果不是 NTFS，而是 FAT32 格式，就需要对磁盘格式进行转换。进行完这些设置之后，安装向导开始向硬盘复制文件，Windows 7 正式安装开始，整个过程几乎不需要人工干预。

3.2.2　Windows 7 的基本知识

Windows 7 操作系统是一个单用户、多任务操作系统，在 Windows 系统下，运行一个应用程序，就会打开一个窗口，应用程序之间的切换可以通过窗口之间切换进行。

1. 桌面

桌面（Desktop）是指屏幕工作区，Windows 7 启动后的屏幕画面就是桌面。桌面上放置许多图标，其中有系统自带的，也有在该平台下安装的程序的快捷方式，就如同摆放了各种各样办公用具的桌子一样，所以将它形象地称为桌面，如图 3-1 所示。桌面元素包含了桌面图标、开始菜单和任务栏等对象。

图 3-1　Windows 7 的桌面

（1）图标

图标是 Windows 中的小图像。不同的图标代表不同的含义，有的代表应用程序，有的代表文件，有的代表快捷方式。双击图标就可以打开所代表的程序、窗口或文件。

（2）任务栏

任务栏是桌面底部（默认）的水平长条部分，它由快捷按钮栏、窗口切换区和系统提示区组成，它是 Windows 7 中的重要操作区，用户在使用各种程序时，通过任务栏来切换程序、管理窗口及了解系统与程序的状态。当运行程序时，会在任务栏创建相应的图标，可以通过这些图标快速切换程序。在以往的操作系统中，任务栏的结构基本是一成不变的，而在 Windows 7 操作系统中，任务栏不仅变得更加灵活，而且作用也更加多样化。

在 Windows 7 中，用户可以根据使用习惯对任务栏进行属性设置。比如，设置任务栏的外观样式、设置任务栏的位置、设置任务栏按钮的显示方式、设置通知区域内图标的出现和通知等。

拖动任务栏可以改变其在屏幕中的位置，拖动任务栏的边框可以改变任务栏的大小。

系统提示区位于任务栏右侧，在通知区域会显示时钟及一些图标，例如，网络、语言等一些后台运行的程序，用户可以根据需要来调整通知区域中图标的显示与隐藏。

（3）"开始"菜单

"开始"按钮位于桌面的左下角，是一个级联式的菜单，是 Windows 7 的应用程序入口。若要启动程序、打开文档、改变系统设置、搜索等，都可在"开始"菜单中选择特定的命令来完成。有如下选项。

- 常用程序快捷方式列表：显示用户最近运行过的程序，如果要运行的程序显示在列表中，直接选择程序即可运行。

- "所有程序"菜单：如果要运行的程序没有显示在常用程序快捷方式列表中，则选择"所有程序"菜单，然后选择相应命令就可运行程序。

- 常用系统程序菜单：在常用系统程序菜单中列出了经常使用的 Windows 程序链接，如"文档""计算机""控制面板"等，通过常用系统程序菜单可以快速打开相应程序进行相应的操作。
- "搜索"框：遍历用户的程序和个人文件夹，快速找到用户所需要的程序或文件。

（4）小工具

桌面小工具是 Windows 7 为用户带来的非常实用的功能，用户可以根据需要将一些实用小工具显示在计算机桌面上，便于快速进行一些常用操作，例如天气、日历、时钟等。如下操作可以添加实用小工具到桌面上。

方法一：桌面空白处右击→弹出快捷菜单中选择"小工具"命令→弹出对话框中双击所需要的小工具，即可将其添加到桌面，如图 3-2 所示。

方法二：单击"开始"按钮→"所有程序"菜单→"桌面小工具库"，在弹出的对话框中双击需要的小工具，将其添加到桌面。

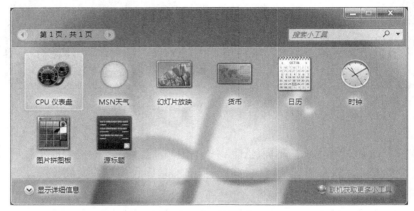

图 3-2 "小工具"窗口

2. 窗口

窗口是屏幕中可见的矩形区域，当运行一个程序或对象时，系统同时打开一个与之对应的窗口。窗口分为应用程序窗口和文档窗口两大类，Windows 的窗口不论是在外观上还是在操作上都是一致的，如图 3-3 所示。

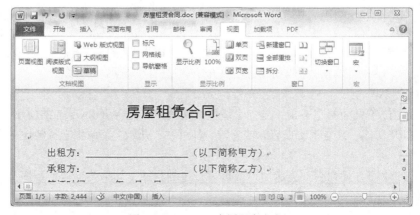

图 3-3 Windows 应用程序主窗口

在 Windows 7 中，几乎所有的操作都是在窗口中进行的，因此了解窗口的基本知识与基本操作非常重要。几乎所有的窗口都具有相同的组成部分，包括标题栏、地址栏、搜索栏、菜单栏、工具栏、导航窗格、工作区、细节窗格、状态栏和预览窗格等组成，下面以资源管理器为例来介绍其组成，如图 3-4 所示。

图 3-4　资源管理器窗口

（1）标题栏

标题栏位于窗口顶部，用于显示应用程序名称，它由控制菜单图标、自定义快速访问工具栏、最小化按钮、最大化/还原按钮和关闭按钮组成。

- 控制菜单图标：位于窗口左上角，单击该图标可打开该窗口的"控制菜单"，用于对窗口进行改变尺寸和位置等操作。
- 自定义快速访问工具栏：可以自定义显示常用的工具图标。
- 最小化按钮：单击该按钮，窗口最小化为任务栏中的一个图标。
- 最大化按钮：单击该按钮，窗口最大化为整个屏幕，按钮变为"还原"按钮。
- 还原按钮：单击该按钮，窗口还原成原来窗口大小和位置，按钮变成最大化按钮。
- 关闭按钮：单击该按钮，将关闭窗口及对应的应用程序。

（2）地址栏

以往的 Windows 操作系统中，用户把要打开的文件路径复制到地址栏中，或手动修改目录文本的方式进行目录跳转。

在 Windows 7 的地址栏中，用按钮方式代替了传统的纯文本方式，并且在地址周围也仅有"前进"按钮和"返回"按钮，这样用户就可以使用不同的按钮来实现目录的跳转。

如图 3-5 所示，资源管理器中当前目录为"计算机"→"软件"→"云计算"，此时地址栏中的几个按钮为"计算机""软件"和"云计算"。如果返回"软件"目录或"计算机"目录，只需单击"软件"或"计算机"按钮即可。

（3）搜索栏：在 Windows 7 的资源管理器中，用户随时可以在搜索框中输入关键字，搜索结果与关键字匹配的部分会以黄色高亮显示，让用户能很容易地找到需要的结果。

（4）菜单栏：显示用户所能使用的各类命令。

（5）工具栏：在其中包括了一些常用的功能按钮，当打开不同类型的窗口或选中不同类型的文件时，工具栏中的按钮就会发生变化，但"组织"按钮、"视图"按钮以及"显示预览窗格"按钮是始终不会改变的。

（6）导航窗格：可以使用导航窗格来选择文件和文件夹，在 Windows 7 操作系统中，"资源管理器"窗口的左侧窗格提供了"收藏夹""库"和"计算机"等选项，用户可以单击任意选项跳转到相应目录。

图 3-5　地址栏窗口

（7）工作区：窗口的内部区域，在其中可进行文件或文件夹的编辑、处理等操作。

（8）细节窗格：用于显示选中对象的详细信息。

（9）滚动条：当窗口内的信息在垂直方向上长度超过工作区时，便出现垂直滚动条，通过单击滚动箭头或拖动滚动块可控制工作区中内容的上下滚动；当窗口内的信息在水平方向上宽度超过工作区时，便出现水平滚动条，单击滚动箭头或拖动滚动块可控制工作区中内容的左右滚动。

（10）状态栏：状态栏位于窗口最下方的一行，用于显示应用程序的有关状态和操作提示。

（11）预览窗格：Windows 7 操作系统虽然能通过大尺寸图标实现文件的预览，但会受到文件类型的限制，例如查看文本文件时，图标就无法起到实际作用。

这时，用户就可以单击工具栏右边的"显示预览窗格"按钮，展开预览窗格，当选中文本文件时，预览窗格就会调用与文件相关联的应用程序进行预览，如图 3-6 所示。

图 3-6　预览窗格

3. 对话框和控件

（1）对话框

对话框是系统和用户之间交互的界面，是窗口的一种特殊形式，没有"最大化""最小化"按钮，其由标题栏、选项卡、文本框、列表框、下拉列表框、命令按钮、单选按钮和复选框等控件组成，可以使用对话框向应用程序输入信息完成特定的任务或命令。

在 Windows 系统中，对话框分为模式对话框和非模式对话框两种类型。

模式对话框是指当该种类型对话框打开时，主程序窗口被禁止，只有关闭该对话框后，才能处理主程序窗口，如图 3-7 所示。

图 3-7　模式对话框

图 3-8　非模式对话框

非模式对话框是指当该类型对话框出现时，仍可处理主窗口的有关内容，如图 3-8 所示。

（2）控件

控件是一种标准的外观和标准的操作方法的对象。控件不能单独存在，只能存在于某个窗口中。对话框中的各种控件及使用情况和功能如图 3-9 所示，下面介绍几个常用控件。

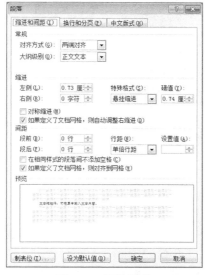

图 3-9　对话框控件

- 文本框控件：可在其中输入文本内容。
- 复选框控件：单击复选框中出现"√"符号，选项就被选中。可选择多个选项。
- 单选框控件：单选框有多个选项，同一时间只能选择其中一项。
- 列表框控件：单击箭头按钮可以查看选项列表，再单击要选择的选项。
- 上下控件：单击其中的小箭头按钮，可以更改其中的数字值，或从键盘输入数值。
- 组合控件：一般同时包含一个文本框控件和列表框控件。
- 滑块控件：用鼠标拖动滑块设置可连续变化的量。

4．菜单

菜单是提供一组相关命令的清单。大多数程序包含有许多使其运行的各种命令。菜单有一些特殊的标记，不同的标记表示不同的含义，常用的标记及含义如下。

- "▶"标记：表明此菜单项目下还有下一级菜单。
- "…"标记：表明此菜单项目会打开一个对话框。
- "✓"标记：复选标记，在菜单组中，单击某菜单项时出现"✓"，表明该项处于选中状态，再次单击该项时，标记会消失，表明该项被取消。
- "●"标记：单选标记，在菜单组中，同一时刻只能有一项被选中。
- 当一个菜单项呈现灰色时，表明该菜单项当前不能用。
- 菜单名后带组合键表示此命令可以按键盘上的组合键来代替，如复制可以用 Ctrl+C 组合键来代替。

有以下四种菜单。

（1）"开始"菜单

通过单击"开始"按钮弹出的菜单。

（2）窗口菜单

应用程序窗口所包含的菜单，为用户提供应用中可执行的命令，通常以菜单栏形式提供。当用户单击其中一个菜单项时，系统就会弹出一个相应的下拉菜单，如图3-10所示。

图3-10　窗口菜单

（3）控制菜单

当单击窗口中的控制菜单按钮时，会弹出下拉菜单，称为控制菜单。

（4）快捷菜单

当鼠标右键单击某个对象时，就可以弹出一个可用于对该对象进行操作的菜单，称为快捷菜单。右击的对象不同，系统所弹出的菜单也不同。

5. 剪贴板

剪贴板（Clip Board）是 Windows 操作系统在内存中设置的一段公用的暂时存储区域，它好像是数据的中间站，可以在不同的磁盘或文件夹之间做文件（或文件夹）的移动或复制，也可以在不同的应用程序之间交换数据。简单地说，剪贴板就是被移动或复制的信息暂时存放的地方。它可以暂时存放某个或多个文件和文件夹，也可以是文件中的某段文字，或图片中的部分图像。剪贴板的操作有三种。

- 剪切（Cut）：将所选择的对象移动至剪贴板（Ctrl+X 组合键）。
- 复制（Copy）：将所选择的对象复制到剪贴板（Ctrl+C 组合键）。
- 粘贴（Paste）：将剪贴板中存放的内容复制到当前位置（Ctrl+V 组合键）。

按键盘上的"PrintScreen"键，可以将当前屏幕的内容作为图像复制到剪贴板中；按 Alt + PrintScreen 组合键，可以将当前活动窗口作为图像复制到剪贴板中；然后用户可以在 Windows 自带的"画图"应用程序中（也可以是其他图形图像处理程序），执行"粘贴"命令，剪贴板中的图像会出现在编辑窗口中。

6. 库

Windows 7 引入库的概念并非传统意义上的用来存放用户文件的文件夹，它还具备了方便用户在计算机中快速查找到所需文件的作用。

在 Windows XP 时代，文件管理的主要形式是以用户的个人意愿，用文件夹的形式作为基础分类进行存放，然后再按照文件类型进行细化。但随着文件数量和种类的增多，加上用户行为的不确定性，原有的文件管理方式往往会造成文件存储混乱、重复文件多等情况，已经无法满足用户的实际需求。而在 Windows 7 中，由于引进了"库"，文件管理更方便，可以把本地或局域网中的文件添加到"库"，把文件收藏起来。

简单地讲，文件库可以将我们需要的文件和文件夹统统集中到一起，就如同网页收藏夹一样，只要单击库中的链接，就能快速打开添加到库中的文件夹，而不管它们原来深藏在本地计算机或局域网当中的任何位置。另外，它们都会随着原始文件夹的变化而自动更新，并且可以以同名的形式存在于文件库中。

打开"库"的方式如下。

（1）在任务栏右边区域，单击"库"按钮，打开"库"窗口，如图 3-11 所示。

（2）在"计算机"或"Windows 资源管理器"窗口左侧窗格，单击"库"按钮打开。

图 3-11　"库"窗口

3.3　文件管理

3.3.1　文件和文件夹的概念

1．文件和文件名

计算机中所有的信息（包括程序和数据）都是以文件的形式存储在外存储器（如磁盘、光盘等）上的。文件是一组相关信息的集合，可以是程序、文档、图像、声音和视频等。任何文件都有文件名，文件名是存取文件的依据。

文件名由主文件名和扩展文件名两部分组成，它们之间以小数点间隔。格式是：

<主文件名>[.<扩展名>]

主文件名是文件的唯一标识，扩展名用于表示文件的类型，Windows 7 规定，主文件名必须有，扩展名是可选的。

Windows 7 的文件命名规则如下。

（1）支持长文件名（最多可达 255 个字符）。

（2）可以使用汉字。

（3）文件名中不能出现 \、/、*、? 、〈、〉、| 等字符。可以包含空格、下划线等。

（4）不区分英文字母大小写。

在 Windows 7 中，根据文件存储内容的不同，把文件分成各种类型，一般用文件的扩展名来表示文件的类型。

常用的文件类型及对应的扩展名如表 3-1 所示。

表 3-1　　　　　　　　　　　　常用文件类型的扩展名

文件类型	扩展名	文件类型	扩展名
应用程序文件	.exe 或.com	Excel 电子表格文件	.xls
系统文件	.sys	位图文件	.bmp
文本文件	.txt	声音文件	.wav
Web 页文件	.htm 或.html	批处理文件	.bat
Word 文档文件	.doc	压缩文件	.rar 或.zip
帮助文件	.hlp	系统配置文件	.ini

注：可执行文件的扩展名包括.exe、.com 和.bat。

WinRAR 压缩应用程序完全支持市面上最通用的 RAR 及 ZIP 压缩格式，并且可以解开 ARJ、CAB、LZH 和 TGZ 等压缩格式。

2．文件夹及路径

磁盘中可以存放大量的文件，为便于管理，可以将文件分门别类地组织在不同的文件夹中。Windows 7 采用树形结构以文件夹的形式组织和管理文件。

在文件夹的树形结构中，一个文件夹可以存放文件，又可以存放其他文件夹（称为子文件夹），同样，子文件夹又可以存放文件和子文件夹，但在同一目录（文件夹）中，不能有同名的文件和文件夹。无论是文件还是文件夹都有相应的名字和图标。图标 代表文件夹，其他图标都代表文件。

如何表示一个文件的具体存储位置呢？通常用路径来表示。所谓文件路径，是从磁盘分区出发，到达目标文件所经过的文件夹列表，中间用"\"连接，如文件 cmd.exe 的路径为C:\Windows\System32。

3.3.2　文件管理的环境

Windows 7 提供了两个管理文件和文件夹的应用程序："资源管理器"和"计算机"。

1．资源管理器

资源管理器是 Windows 中的一个重要的资源管理工具，它可以迅速地提供关于磁盘文件的信息，并可将文件分类，以树形结构清晰地显示文件夹层次及内容，完成绝大多数的文件管理任务。

资源管理器的启动可以使用如下方法：

方法 1：单击"开始"→"程序"→"附件"→"Windows 资源管理器"。

方法 2：右击"开始"→"打开 Windows 资源管理器"。

资源管理器的窗口分为左、右两部分，也称为左右两个窗格。左窗格显示磁盘驱动器和文件夹的树型结构，右窗格显示当前文件夹中包含的子文件夹或文件。资源管理器窗口的左右窗格中各有自己的滚动条，在某窗格中滚动内容并不影响另一窗格中所显示的内容，如图 3-12 所示。

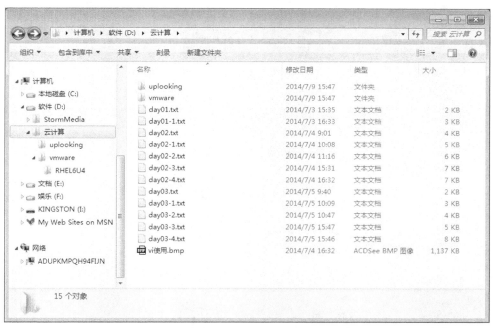

图 3-12　"资源管理器"窗口

Windows7 资源管理器的预览窗格可以在不打开文件的情况下直接预览文件内容，这个功能对预览和查找文本、图片和视频等文件特别有用。在 Windows7 资源管理器的工具栏右侧单击"显示预览窗格"图标，在资源管理器右侧即可显示预览窗格；再次单击则可关闭。当"预览窗格"处于显示的状态时，选择某个文件预览窗格中便会预览该文件的内容。

另外，通过"组织"→"布局"级联菜单的设置，可以在 Windows7 资源管理器窗口中显示"细节窗格"。当"细节窗格"处于显示状态时，在资源管理器中选中文件、文件夹或者某个对象时，其详细信息就会显示在细节窗格中，如图 3-13 所示。

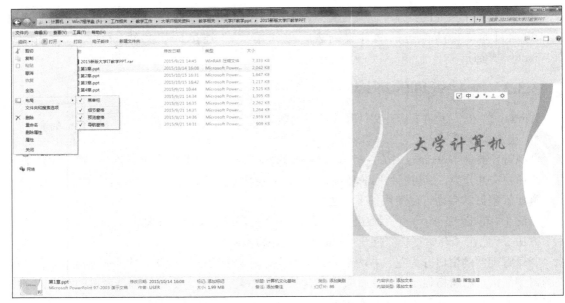

图 3-13 "预览窗格"和"细节窗格"

2. 计算机

在桌面上双击"计算机"图标，可以打开"计算机"窗口，如图 3-14 所示。

图 3-14 "计算机"窗口

窗口中列出了计算机中所有的驱动器、"可移动存储设备"等。可以通过"计算机"浏览文件或文件夹，及其进行各种各样的操作。也可以从"计算机"中，打开控制面板，进行计算机的相关配置操作。

在"计算机"和"资源管理器"的窗口内，通过菜单栏"查看"菜单，既可以选择当前文件或文件夹的显示格式（有大图标、小图标、列表等格式，如图 3-15 所示），也可以选择当前文件或文件夹的排列方式（有按名称、按类型、按大小等方式，如图 3-15 所示）。

图 3-15　文件或文件夹的排列方式

3.3.3　文件或文件夹的操作

1．文件或文件夹的选定

在对文件或文件夹操作之前，必须先选定要操作的对象。选定文件或文件夹的操作如下。

（1）选定单个文件或文件夹

用鼠标左键单击要选择的文件或文件夹，使之反向显示即可。

（2）选定连续的多个文件或文件夹

单击第一个文件或文件夹，按住 Shift 键，然后再单击最后一个文件或文件夹。

（3）选定不连续的文件或文件夹

按住 Ctrl 键，再用鼠标逐个单击要选择的文件或文件夹。

（4）全部选定

单击"编辑"→"全部选定"，或者按 Ctrl+A 组合键。

（5）取消选定

单击任何空白处，可取消全部选定。当若干个项目已选定，要取消某个项目的选定时，可按住 Ctrl 键，再次单击该文件或文件夹，即可取消某项的选定。

2．文件、文件夹和快捷方式的创建

（1）新建文件

文件有两类：可执行文件和非可执行文件。

可执行文件是计算机可以识别、能够执行的命令和程序组成文件，可执行文件的扩展名为.com、.exe、.bat 和.cmd 等。非可执行文件往往是为应用程序提供的相关数据，它一般是在相应的应用程序中建立。

创建文件有以下几种方法。

方法 1：用相应的应用程序软件建立文件，如记事本、Word 等。

方法 2：确定要建立文件的位置，单击"文件"→"新建"→"文件类型"（计算机的操作系统中注册了许多类型的文件）。

方法 3：确定要建立文件的位置，右击→"新建"→"文件类型"。

用方法 2、3 建立的文件只是定义了文件名，内容是空的，文件的内容需要用相应的应用程序来编辑产生。

（2）新建文件夹

创建文件夹有以下几种方法。

方法 1：确定要建立文件夹的位置，单击"文件"→"新建"→"文件夹"，输入文件夹名（此时文件夹名处于修改状态，可直接输入文件夹名）→"回车"。

方法 2：确定要建立文件夹的位置，右击→"新建"→"文件夹"，输入文件名→"回车"。

（3）建立文件或文件夹的快捷方式

- 在当前文件夹下建立文件的快捷方式

选择要建立快捷方式的文件或文件夹，右击→"新建"→"快捷方式"，如图 3-16 所示。

- 为当前文件夹中的文件建立桌面快捷方式

选择要建立快捷方式的文件或文件夹，右击→"发送到"→"桌面快捷方式"，便在桌面上创建了该文件的快捷方式，如图 3-17 所示。

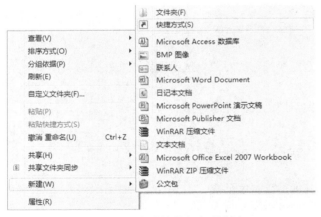

图 3-16 创建快捷方式对话框

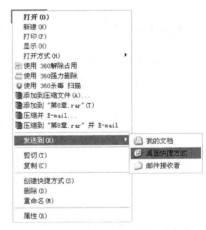

图 3-17 建立桌面快捷方式命令

3. 文件和文件夹的复制与移动

日常所做的大部分文件和文件夹的管理工作，就是在不同的磁盘和文件夹之间复制和移动有关文件或文件夹。

（1）文件或文件夹的复制

文件或文件夹的复制是将源文件或文件夹复制一份，并将"复制件"放置在不同的位置。文件与文件夹的复制步骤完全相同，只是文件夹在复制时，文件夹内的所有文件和子文件夹都将被复制。文件或文件夹的复制常用以下方法。

方法 1：选定要复制的文件或文件夹，单击"组织"→"复制"按钮，再确定目标位置，单击"组织"→"粘贴"按钮即可。

　　方法 2：选定要复制的文件或文件夹，单击"编辑"→"复制"，再确定目标位置，单击"编辑"→"粘贴"。

　　方法 3：同一驱动器内，选定要复制的文件或文件夹，按住 Ctrl 键，拖动至目标位置；不同驱动器之间，选择要复制的文件或文件夹，直接拖动至目标位置即可。

　　（2）文件或文件夹的移动

　　文件或文件夹的移动与复制的方法相类似，常用以下方法。

　　方法 1：选定要移动的文件或文件夹，单击"组织"→"剪切"按钮，再确定目标位置，单击"组织"→"粘贴"按钮。

　　方法 2：选定要移动的文件或文件夹，单击"编辑"→"剪切"，再确定目标位置，单击"编辑"→"粘贴"。

　　方法 3：同一驱动器内，选定要移动的文件或文件夹，直接拖动至目标位置；不同驱动器之间，选定要移动的文件或文件夹，按住 Shift 键，拖动至目标位置。

4. 文件或文件夹的删除

　　磁盘中的文件或文件夹不再需要时，可将它们删除以释放磁盘空间，为防止误操作，Windows 设立了一个特殊的文件夹——"回收站"，在删除文件或文件夹时，一般情况下，系统先将删除的文件或文件夹移动到"回收站"（只对硬盘有效），一旦误操作，还可以从"回收站"中恢复被误删的文件或文件夹。

　　（1）文件或文件夹的删除

　　选定要删除的文件或文件夹，单击"文件"→"删除"（或单击工具栏上的"组织"→"删除"按钮，或按 Delete 键，或右击→"删除"），在弹出的"删除"对话框中，单击"是"按钮，可将选定的文件或文件夹移动到回收站。

　　如果要将选定的文件或文件夹不经过回收站而直接彻底地删除，可在删除前先按住 Shift 键，再单击"删除"，在弹出的对话框中单击"是"按钮即可（或按 Shift+Delete 组合键）。

　　（2）回收站的操作

　　双击桌面"回收站"图标，打开回收站窗口，如图 3-18 所示。

图 3-18　回收站操作下拉式菜单

　　在回收站窗口中，选定要恢复的文件或文件夹，单击"文件"菜单，可选择"还原""删除"或"清空回收站"等操作，"清空回收站"可将回收站中的全部文件和文件夹彻底删除，删除的文件或文件夹将不能再恢复；也可在选定文件或文件夹之后，右击，在快捷菜单中选择"还原"或"删除"操作。

5. 文件或文件夹的重命名

文件或文件夹重命名的操作方法如下。

方法1：选定要改名的文件或文件夹，右击→"重命名"，此时的文件或文件夹处于修改状态，键入新文件名→"回车"。

方法2：选定要改名的文件或文件夹，单击"文件"→"重命名"。

方法3：选定要改名的文件或文件夹，再单击文件或文件夹的名。

注意：一次只能给一个文件或文件夹改名。

6. 文件及文件夹的属性

通过右键单击某文件或文件夹，选取"属性"命令，可进行属性的设置，如图3-19所示。文件及文件夹一般都有"只读"和"隐藏"属性，除此之外，单击"高级"按钮→打开"高级属性"对话框，还可以设置存档属性、索引文件内容、压缩内容和加密内容属性，如图3-20所示。

图3-19　文件或文件夹的"属性"

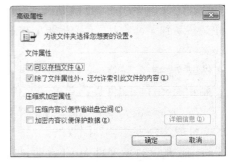

图3-20　高级属性

7. 文件或文件夹的显示和隐藏

为了避免文件或文件夹被意外地删除或修改，可以将它们隐藏起来，需要编辑时再显示出来。方法如下。

在"计算机"或"资源管理器"窗口中，单击"工具"→"文件夹选项"，出现"文件夹选项"对话框，单击"查看"标签，如图3-21所示。

当"隐藏受保护的操作系统文件（推荐）"复选框被选中时，系统文件被隐藏，反之显示。如果要查看所有文件和文件夹，则选"显示所有文件和文件夹"选项，如果不显示隐藏的文件和文件夹，则选"不显示隐藏的文件和文件夹"选项。设置完毕，单击"确定"按钮。

8. 文件或文件夹的查找

Windows 7提供了"搜索"框，完成文件或文件夹的查找。

可以在"计算机"或"资源管理器"窗口中的"搜索"框中输入要查找的文件或文件夹的名称，然后系统自动进

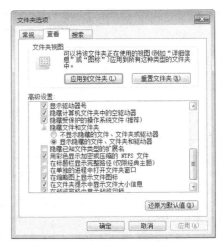

图3-21　文件夹选项对话框

行模糊查找，如图 3-22 所示。

图 3-22　搜索框

　　在查找文件或文件夹时，可以使用通配符"*"和"?"。"*"代表任意多个任意字符，"?"代表一个任意字符。如：*.DAT 表示所有扩展名为 DAT 的文件，A?.* 表示主文件名由两个字符组成，且文件名的第一个字符是"A"的文件。

3.4　控制面板

控制面板是对计算机的系统环境进行设置和控制的地方，集中了调整和配置系统的全部工具，如外观和个性化、时钟、语言和区域、用户账户、硬件和声音、程序、系统和安全等。

打开控制面板的方法：单击"开始"→"控制面板"。

图 3-23 所示为查看方式为"类别"下的控制面板，下面介绍的时候，本书以"类别"方式进行介绍。还可以选择"大图标"和"小图标"方式，此两种方式下功能划分更细致。

图 3-23　控制面板窗口

3.4.1 外观和个性化

Windows 7 具有极为人性化的操作界面，并且提供了丰富的自定义选项，用户可以根据自己的爱好和需要选择美化桌面的背景图案，设置桌面的外观、屏幕显示的颜色和分辨率等。

在"控制面板"窗口中，单击"外观和个性化"选项（或右击桌面空白处后，从快捷菜单中选择"个性化"命令），系统弹出"外观和个性"窗口。

该窗口共有个性化、显示、桌面小工具、任务栏和"开始"菜单、文件夹选项和字体 6 个选项卡，用于对 Windows 操作系统的外观及其系统进行个性化设置。

个性化选项卡：对操作系统的主题、桌面背景、窗口颜色和声音方案、屏幕保护程序，根据用户的喜好进行自定义设置，满足用户的个性化设置的需求，可以选择系统默认的或者用户从网络上下载的图片作为桌面背景，当用户长时间不对计算机进行操作时，可使计算机执行屏幕保护程序，达到省电和保护屏幕的目的，如图 3-24 所示。

图 3-24　个性化设置

显示选项卡：用以对显示器的分辨率以及文本大小进行设置。分辨率越高就越清晰，颜色质量越高颜色就越饱满。

任务栏和"开始"菜单：自定义任务栏里出现的快捷图标，通知区域出现的图标和通知。自定义开始菜单中图标、链接的外观和行为，以及选择要添加到任务栏的工具栏的选项，如图 3-25 所示。

图 3-25　任务栏和"开始"菜单对话框

　　文件夹选项：可以设置浏览文件夹，查看文件夹里面内容，以及搜索的方式，它也被用来修改 Windows 中文件类型的关联；这意味着使用何种程序打开何种类型的文件，如图 3-26 所示。

　　字体：可以预览、删除或者显示和隐藏计算机上安装的字体，如图 3-27 所示。

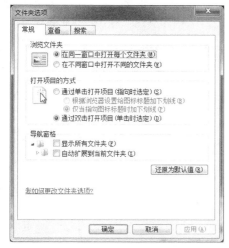

图 3-26　文件夹选项对话框

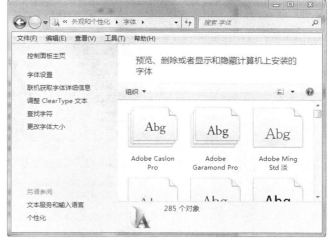

图 3-27　字体对话框

3.4.2　程序

　　计算机的正常工作需要大量程序，有些软件是操作系统自带的，大多数软件是通过光盘或网上下载安装上的。一般来说，Windows 7 中正规软件是指必须安装到系统文件夹下，需要向系统注册表写入信息才能运行的软件。软件一般都有一个专门安装的程序（setup.exe），用户运行安装程序实现软件的安装，卸载时也必须通过卸载程序才能彻底删除程序。

　　Windows 7 提供了"程序"来帮助用户完成软件的安装和卸载。

　　在"控制面板"中，单击"程序"选项，打开"程序"窗口。在此窗口中，用户可以根据需要选择"程序和功能"→"卸载程序"来卸载已经安装的程序，或者"默认程序"来改变打开某文件类型的文件使用的指定的程序，如图 3-28 所示。

图 3-28　"程序和功能"窗口

3.4.3　系统和安全

通过"系统和安全"窗口可以对系统配置进行优化和更改，以及允许用户查看多种安全特性状态。在"控制面板"中，单击"系统和安全"选项，可以打开"系统和安全"对话框，如图3-29所示。

图 3-29　"系统和安全"对话框

1. 操作中心

操作中心是 Windows 7 系统中查看警报和执行操作的中心平台，它可确保 Windows 保持稳定运行。另外，利用操作中心还可以查看 Windows 防火墙、自动更新以及病毒保护的状态。

操作中心能对系统安全防护组件的运行状态进行跟踪监控，相对于以往 Windows 系统的"安全中心"，Windows 7 增加了对维护功能运行状态的监控，如 Windows 备份、疑难解答和问题报告等。

（1）打开"操作中心"，单击窗口中的"安全"或"维护"条目可展开并查看详细的监控信息。

（2）操作中心的提示功能。Windows 7 操作系统的消息提示功能比以往版本更加人性化。关键级别的消息，如 Windows 防火墙关闭，会在任务栏通知区弹出提示气泡，单击气泡会出现操作中心设置 Windows 防火墙窗口，可以设置重新启用防火墙。

（3）管理操作中心提示信息。为了避免被提示信息打扰，可以通过操作中心来屏蔽所监视组件的运行状态。方法是：在操作中心窗口左边导航窗格中选择"更改操作中心设置"选项，如图3-30 所示，可以通过勾选项控制提示信息的提示与否。

2. Windows 防火墙

用户可以使用防火墙来保障计算机免受病毒或黑客的侵害。Windows 7 系统自带了防火墙软件，可以通过控制面板开启。

（1）Windows 防火墙开启管理

步骤如下。

① 打开"控制面板"窗口→单击"系统安全"选项→单击"Windows 防火墙"选项，进入"Windows 防火墙"窗口。

② 在左侧窗格中单击"打开或关闭 Windows 防火墙"选项，进入"自定义设置"窗口。

图 3-30　管理操作中心消息

③ 单击"启用 Windows 防火墙"选项→"确定"按钮，进入"自定义设置"窗口，单击"启用 Windows 防火墙"选项→单击"确定"按钮，如图 3-31 所示。

图 3-31　Windows 防火墙开启

（2）防火墙高级设置

① 通过防火墙高级设置，可以查看防火墙配置文件。Windows 7 防火墙提供了"域""专用""公用" 3 个配置文件，分别对应网络位置、专用网络（家庭或工作网络）及公用网络。当 Windows 处于一种网络位置时，Windows 防火墙会自动选用对应的配置文件。单击"Windows 防火墙"左侧窗格中的"高级设置"选项卡，即可查看配置文件，如图 3-32 所示。

图 3-32　Windows 防火墙高级设置

② 管理入站和出站规则。Windows 防火墙默认允许所有入站、出站连接，用户可以通过更改入站、出站规则，让 Windows 防火墙发挥网络安全保护的作用，以出站规则为例，单击"Windows 防火墙"左侧窗格中的"高级设置"→单击"出站规则"选项→单击右侧窗格"新建规则"选项→"新建出站规则向导"对话框，根据向导即可完成设置，如图 3-33 所示。

图 3-33　"出站规则"向导窗口

3. 系统

（1）在"系统"选项中，可以查看到该计算机的配置情况，如 CPU 和内存的基本信息、使用的操作系统版本等，如图 3-34 所示。

（2）在"系统"窗口中左侧窗格的"设备管理器"中查看硬件设备的连接和配置情况，如果某个设备有问题，在该设备前将出现一个黄色的"？"符号，如图 3-35 所示。

（3）更改计算机标识。在"系统属性"窗口中，改变计算机名，以在局域网中唯一标识一台计算机，如图 3-36 所示。

（4）设置远程连接。在"系统属性"窗口中，可以设置是否允许远程桌面连接，如图 3-37 所示。

图 3-34　"系统"窗口

图 3-35　设备管理器窗口

图 3-36　更改计算机名

图 3-37　设置"远程连接"

4. Windows Update

可以启用或禁用自动更新、查看更新以及安装更新。

5. 电源选项

Windows 7 提供了多种电源模式，让用户可根据不同的实际需要，发挥计算机最大功效，贴近用户使用需要，节省资源。

Windows 7 操作系统提供了"平衡""节能"和"高性能"三种电源计划，每种计划可以设置在多长时间未使用计算机后，计算机自动关闭显示器和使计算机进入睡眠状态的时间。"平衡"方案使性能和节能平衡；"节能"方案通过降低性能来节省电能；"高性能"方案使系统性能和响应为最高性能，用户可以根据需要选择三种方案之一，如图 3-38 所示。

如果用户觉得电源计划不能满足需要，可以来更改电源计划，选择"电源选项"窗口左边窗格的"创建电源计划"选型，然后设定计算机自动关闭显示器和使计算机进入睡眠状态的时间，保存设置即可，如图 3-39 所示。

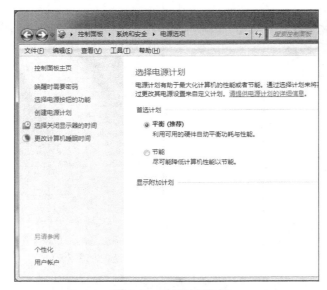

图 3-38　电源计划选择

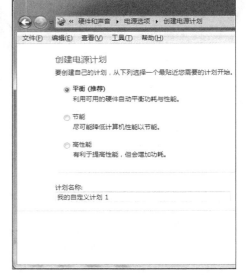

图 3-39　创建电源计划

6. 备份与还原

备份与还原参见本章后面 3.5.3 节，其中有详细介绍。

7. Windows Anytime Update

可以升级用户的 Windows，添加进新功能以及升级到下一个版本。

8. 管理工具

管理工具选项卡是为系统管理员用户准备的，包含为系统管理员提供的多种工具，包括安全、性能和服务配置。

9. Flash Player

Flash Player 是一种广泛使用的多媒体程序播放器。因此 Flash 成为嵌入网页中的小游戏、动画以及图形用户界面常用的格式。如果 Flash Player 软件出错，可能会影响正常的浏览器使用，查看视频不显示等问题，甚至于打开 QQ 聊天窗口，马上会提示你的 Flash Player 版本过低，需要更新到最新版本。

此选项可以设置关于 Flash Player 的数据存储，播放设置以及是否在浏览器中删除关于 Flash Player 相关的数据，还有自动更新设置。

3.4.4　时钟、语言和区域

在"控制面板"中，单击"时钟、语言和区域"选项，可以打开"时钟、语言和区域"窗口。

1．日期和时间

允许用户更改存储于计算机 BIOS 中的日期和时间，更改时区，并通过 Internet 时间服务器同步日期和时间。单击"日期和时间"选项卡，如图 3-40 所示。

2．区域和语言

Windows 7 支持 85 个国家和地区的 17 种自然语言。通过"区域选项"的设置，可以更改日期、时间、货币和数字，也可以选择度量制度、输入法以及设置键盘布局等，单击"区域和语言"选项卡，如图 3-41 所示。

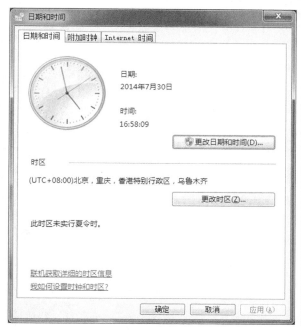

图 3-40　"日期和时间"对话框

图 3-41　"区域和语言"对话框

要在 Windows 7 中输入汉字，需要先选择一种汉字输入法。单击任务栏上的"输入法指示器"按钮（屏幕右下角标）。在弹出的"语言"菜单窗口中，单击要选用的输入法。

Windows 允许用户定义切换输入法的快捷键，用快捷键来切换输入法，使用 Ctrl+空格键可以在中文输入法和英文输入法之间进行切换；使用 Ctrl+Shift 组合键可以在各种输入法之间进行切换。用户也可以自己定义每一种输入法的快捷键。

Windows 7 操作系统自带了微软拼音输入法等中文输入法。用户可以在系统使用的过程中根据需要添加所需的输入法。

3.4.5　硬件和声音

在"控制面板"中，单击"硬件和声音"选项→"硬件和声音"窗口，如图 3-42 所示。

图 3-42 "硬件和声音"设置窗口

1. 设备和打印机

可以添加设备，添加打印机，如图 3-43 所示。

打印机是用户常用的输出设备之一，添加打印机步骤如下。

（1）单击"添加打印机"，将出现"添加打印机"向导对话框，如图 3-44 所示。

图 3-43 设备和打印机窗口

图 3-44 添加打印机向导

（2）用户选择本地或网络打印机，然后打印机向导会引导进行打印机的检测、选择打印端口、选择制作商和型号、打印机命名、是否共享和打印测试页等。

（3）最后安装 Windows 7 系统下的打印驱动程序。

如果系统中安装了多个打印机，在执行具体的打印任务时可以选择打印机。也可将某台打印机设置为默认打印机。即右击某台打印机，在快捷菜单中选择"设为默认打印机"，则该打印机图标左上方将出现一个小对勾，如图 3-43 所示。

2. 自动播放

自动播放选项可以设置当计算机中插入各种媒体设备时，计算机采取什么动作，是执行自动播放，还是不执行操作，还是询问用户，如图 3-45 所示。

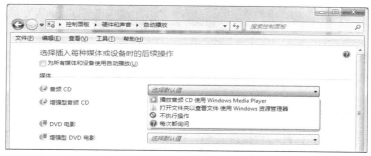

图 3-45 自动播放设置窗口

3. 声音

可以调整系统音量、更改系统声音主题和管理连接到计算机的音频设备。

声音主题是应用于 Windows 和程序事件中的一组声音。用户可以选择现有方案或保存修改后的方案，如图 3-46 所示。

4. Realtek 高清晰音频管理器

对连接主机的音频设备进行设置，包括录音设置以及播放声音设置，如图 3-47 所示。

图 3-46 声音主题设置

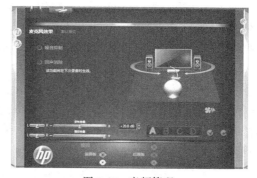

图 3-47 音频管理

电源选项和显示选项在前面已经做了详细介绍，请参考前面小节。

3.4.6 用户账户（用户账户和家庭安全）

在 Windows 7 中，通过创建多个用户账户，可以多人共享一台计算机。不同的用户拥有各自独立的"我的文档"文件夹、不同的桌面设置和用户访问权限。每个用户有了自己的账户以后，可以实现以下具体的功能。

- 自定义计算机上每个用户的 Windows 和桌面的外观方式。
- 拥有自己喜爱的站点和最近访问过的站点的列表。
- 保护重要的计算机设置。
- 拥有自己的"我的文档"文件夹，并可以使用密码保护私用的文件。
- 登录速度更快，在用户之间快速切换，而不需要关闭用户程序。

在"控制面板"中，单击"用户账户"选项→"添加或删除用户账户"，将出现管理用户账户窗口。

1. 用户账户的类型

用户账户类型分为两类，"计算机管理员"账户和"受限用户"账户，两种类型账户的权限是不同的。

（1）"计算机管理员"账户

计算机管理员账户能够打开"计算机管理"控制台，允许用户对所有计算机设置进行更改。拥有的权限包括安装软件和硬件，进行系统范围的更改，访问和读取所有非私人文件，创建和删除用户账户，更改其他人的账户，更改自己的账户名和类型，更改自己的图片以及创建、更改和删除自己的密码等。

Administrator 账户是系统自带账户，拥有对系统的最高权限，可以对其他账户进行管理操作。

（2）"受限用户"账户

只允许用户对某些设置进行更改，拥有的权限包括更改自己的图片，创建、更改和删除自己的密码，查看自己创建的文件和在共享文档文件夹中查看文件等。

Guest 账户即是一个系统自带的受限账户，称为来宾账户，主要用于网络用户匿名访问系统。此账户默认是没有启用的，该账户仅拥有对系统的最低使用权限，使用该账户登录系统后，只能进行最基本操作，从而有效防止匿名账户对系统进行更改。

根据使用情况用户可以创建多个标准用户账户，从而让多个用户使用各自账户登录系统。创建标准用户账户时，可以选择账户类型是管理员还是受限用户，管理员可以对系统进行所有操作与管理设置，而受限账户只能进行基本的使用操作与个人设置。

2. 创建新账户

创建新账户时，用户必须以计算机管理员账户身份登录。

（1）在"控制面板"中，单击"用户账户"选项→"添加或删除用户账户"，出现"管理账户"窗口。

（2）在"管理账户"窗口中，单击"创建一个新账户"，弹出"命名账户并选择类型"窗口。输入想要创建的账号的名称，并选择一个账户类型，单击"创建账号"按钮，完成创建新用户账户的操作，如图 3-48 所示。

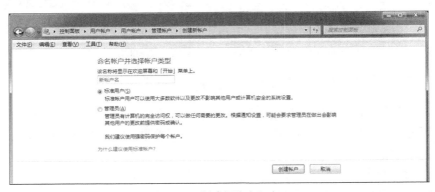

图 3-48　"创建新账户"窗口

3. 更改账号

作为计算机管理员账户的用户，不仅可以创建、更改和删除自己的密码，也可以更改自己的账户名和类型，还可以更改其他人的账户；而作为受限账户的用户，就只能创建、更改和删除自己的密码。

在"管理账户"窗口中，单击要更改的账户的图标，弹出"更改账户"窗口。可以对名称、密码、图片和账户类型等进行修改，如图 3-49 所示。

图 3-49　"更改账户"窗口

4．删除账户

只有计算机管理员才有删除用户账户的权限，受限用户没有删除用户账户的权限。

（1）以计算机管理员账户登录，在"管理账户"窗口中，选择要删除的账户的图标，弹出"更改账户"窗口→单击"删除账户"时，会提示要"保留文件"还是"删除文件"。

（2）选择"保留文件"，系统将保留账号的文件到桌面上的一个文件夹，里面包括用户的桌面和"我的文档"中的内容，不包括电子邮件、Internet 收藏夹和其他设置，单击"删除文件"按钮，系统将删除该用户所有的文件。

3.4.7　网络和 Internet

1．网络和共享中心

可以查看网络状态、创建新的网络连接、查看网络计算机以及将无线设备添加到网络，如图 3-50 所示。

图 3-50　网络和共享中心窗口

（1）"查看基本网络信息并设置连接"，可以看到用户计算机是否连入 Internet，如果用户计算机和 Internet 之间有个红叉号，表明此计算机未连入 Internet 网络。

（2）查看活动网络项，可以看到用户计算机是否加入家庭组，以及所有的连接。

（3）更改网络设置，单击"设置新的连接或网络"可以创建新的连接，类型可以是无线、宽带、拨号或 VPN 连接或设置路由器或访问点。

（4）连接到网络，单击"连接到网络"，可以输入网络账号和密码连接网络。

（5）选择家庭组和共享选项，将在 3.4.8 小节详细介绍。

2. 家庭组

在以往版本的 Windows 操作系统中，共享文件盒打印机的操作比较烦琐而且十分不稳定，用户常常会无法访问已共享的目录。而在 Windows 7 操作系统中，用户可以借助家庭组功能轻松实现文档和打印机的共享。

家庭组是 Windows 7 操作系统提供的一种分享功能，可以让家庭网络中的用户互相分享文件、文件夹、照片和打印机。它增加了对文件的处理和权限分配功能，可以设置用户使用文件的权限等。

（1）创建家庭组

① 单击"网络和 Internet"→单击"网络和共享中心"，在出现的窗口中选择"更改网络设置"项下的"选择家庭组和共享选项"选项。

② 在出现的窗口中单击"创建家庭组"按钮→"共享内容选择"对话框，如图 3-51 所示。

③ 单击"下一步"按钮，出现家庭组密码窗口，如图 3-52 所示，单击"完成"按钮。

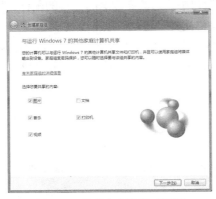
图 3-51　共享内容选择对话框

图 3-52　家庭组密码窗口

（2）加入家庭组

当完成家庭组的创建后，其他计算机就可以加入该家庭组，先要确保家庭组的所有计算机都处于同一局域网内，并且默认的工作组名称都相同。通过单击"家庭组"链接→单击"立即加入"按钮，输入创建家庭组时生成的密码，即完成"家庭组"加入。

（3）通过家庭组共享资源

加入家庭组后，计算机就可以通过"家庭组"窗口相互访问默认目录内的文件和打印机等资源了，这比传统的 Windows 共享方式更加简单易用。在系统桌面上双击"网络"图标→"家庭组"节点下的目标计算机选项，即可访问该计算机上的资源。

3. Internet 选项

单击"Internet"选项连接，弹出窗口如图 3-53 所示。通过 Internet 属性窗口，用户可以进行关于网络的很多设置，这里简单介绍其中三个选项卡。

（1）"常规"选项卡，可以设置浏览器主页、删除及设置 IE 浏览记录、更改网页在浏览器中的显示方式以及浏览器外观。

（2）"安全"选项卡，可以进行 Internet 安全设置，单击"自定义级别"按钮后，用户可以在弹出的窗口中选择级别。

（3）"隐私"选项卡，可以进行浏览器弹出窗口设置，通过设置级别可以选择阻止 Cookie。

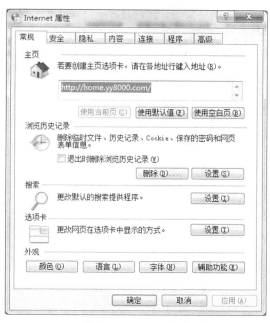

图 3-53 Internet 属性

3.5 Windows 7 的系统维护与性能优化

众所周知，操作系统在长时间的使用过程中，会产生许多无用的垃圾（包含文件垃圾、注册表垃圾等），所以我们要对长久使用的操作系统，进行日常的维护和性能优化，以确保操作系统能正常、稳定、高效和长久的运行。

3.5.1 磁盘管理

1. 格式化磁盘

磁盘是计算机的重要组成部分，计算机中的各种文件和程序都存储在上面。格式化将清除磁盘上的所有信息。新磁盘在使用前一般要"格式化"磁盘，即在磁盘上建立可以存放文件或数据信息的磁道（track）和扇区（sector）。格式化步骤包括硬盘的低级格式化、硬盘的分区和硬盘的高级格式化。

对磁盘进行格式化的操作为：在"计算机"或"资源管理器"中，选中想要格式化的磁盘分区，右击→"格式化"→"开始"即可，如图 3-54 所示。

2. 清理磁盘

计算机使用一段时间后，由于系统对磁盘进行大量的读写以及安装操作，使得磁盘上残留许多临时文件或已经没用的应用程序。这些残留文件和程序不但占用磁盘空间，而且会影响系统的整体性能，因此需要定期进行磁盘清理工作，清除掉没用的临时文件和残留的应用程序，以便释放磁盘空间，同时也使文件系统得到巩固。清理磁盘的操作步骤如下。

在资源管理器窗口中选定要进行磁盘检查的驱动器图标，右击"属性"，弹出属性对话框，如图 3-55 所示。在"常规"选项卡下单击"磁盘清理"按钮。在"磁盘清理"对话框中选择要清理的选项→单击"确定"按钮。

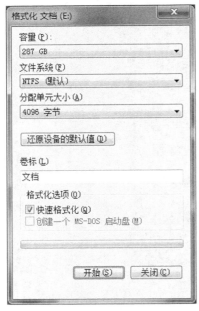

图 3-54 "格式化"对话框

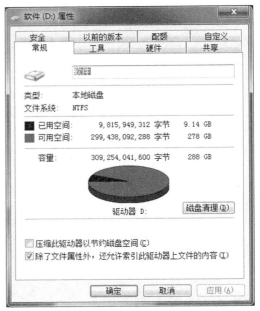

图 3-55 磁盘清理对话框

3.5.2 磁盘碎片整理

在使用磁盘的过程中，由于不断添加删除文件，经过一段时间以后，就会形成一系列物理位置不连续的文件，这就是磁盘碎片。这会导致计算机的整体性能会有所下降，主要是因为对磁盘多次进行读写操作后，磁盘上碎片文件或文件夹过多。这些碎片文件和文件夹被分割在一个卷上的许多分离的部分，Windows 系统需要花费额外的时间来读取和搜集文件和文件夹的不同部分，同时建立新的文件和文件夹也会花费很长时间，因为磁盘上的空闲空间是分散的，Windows 系统必须把新建的文件和文件夹存储在卷上的不同地方。基于这个原因，需要定期对磁盘碎片进行整理。

Windows 7 的"磁盘碎片整理程序"可以清除磁盘上的碎片，重新整理文件，将每个文件存储在连续的簇块中，并将最常用的程序移到访问时间最短的磁盘位置，以加快程序的启动速度。此外，在进行磁盘碎片整理之前，还可以使用碎片整理程序中的分析功能得到磁盘空间使用情况的信息，信息中显示了磁盘上有多少碎片文件和文件夹，根据这些信息来决定是否需要对磁盘进行整理，整理磁盘碎片的操作步骤如下。

在资源管理器窗口中选定要进行磁盘检查的驱动器图标，右击→"属性"→"工具选项卡"→"碎片整理"选项区域中，单击"立即进行碎片整理"按钮，弹出"磁盘碎片整理程序"对话框，如图 3-56 所示，单击"分析磁盘"按钮，启动磁盘碎片分析功能，可通过查看分析报告确定磁盘是否需要运行碎片整理，执行完磁盘碎片分析程序后，弹出"磁盘碎片整理程序"对话框。单击"查看报告"按钮弹出"分析报告"对话框，单击"磁盘碎片整理"按钮系统自动进行碎片整理工作。

图 3-56 磁盘碎片整理程序对话框

3.5.3 备份和还原

磁盘驱动器损坏、病毒感染、供电中断、网络故障以及其他一些原因，可能引起磁盘中数据的丢失和损坏，因此，定期备份硬盘上的数据是非常必要的。数据被备份之后，在需要时就可以将它们还原。这样，即使数据出现错误或丢失的情况，也不会造成大的损失。注意，备份文件和源文件不必放在同一个磁盘上。Windows 7 操作系统除了可以对数据进行备份，还可以对操作系统、系统设置进行备份。

1. 文件的备份

（1）在"开始"菜单中，选择"控制面板"→"系统和安全"→"备份和还原"窗口，如图 3-57 所示，然后单击"设置备份"，将打开"设置备份"对话框，如图 3-58 所示。

图 3-57 "系统和安全"窗口

图 3-58 "设置备份"对话框

（2）选择备份文件保存的位置，单击"下一步"按钮，在弹出的窗口中，选择备份哪些内容，选择"让我选择"单选按钮，单击"下一步"按钮。

（3）在弹出的窗口中，选择希望备份的内容，可以选择数据文件，磁盘上的文件夹或文件，C 盘系统映像。

（4）在弹出的窗口中，查看备份设置，单击"保存设置并运行备份"按钮即可开始备份，如图 3-59 所示。也可选择"更改计划"，进行备份计划的设置。

2. 文件的还原

将文件或系统备份后，一旦出现设置故障或文件丢失，就可以通过备份内容来快速恢复了。步骤如下。

（1）在"备份或还原文件"对话框中→"选择要从中还原文件的其他备份"。

（2）选择还原文件的位置，要还原的备份文件，如图 3-60 所示，单击"下一步"按钮。

图 3-59　查看备份设置

图 3-60　还原文件备份选择

（3）在出现的对话框中，选择还原的位置，选择"在原始位置"按钮，然后单击"还原"按钮，即可将备份的文件还原。

利用"控制面板"→"系统和安全"→"管理工具"→"计划任务"，在设置好备份计划后，系统会按照设置自动进行备份。

3. 系统备份与还原

Windows 7 中提供系统还原功能，可以将系统快速还原到指定时间的状态难题，系统还原多出现在安装程序错误、系统设置错误等情况，可将系统还原到之前可以正常使用的状态。

（1）使用还原点备份与还原系统

还原点表示计算机中系统文件的存储状态，用户可以使用还原点将计算机中的系统文件还原到较早的时间点。

创建还原点：系统还原会自动为系统创建还原点，但这些还原点记录的系统文件存储状态时并不是用户需要的，用户可以选择手动创建还原点。步骤如下。

① 右击桌面"计算机"图标→单击"属性"命令，在弹出的"系统"窗口中，单击左侧窗格的"系统保护"选项卡。

② 弹出"系统属性"对话框，在"系统保护"选项卡中，在"保护设置"列表中单击要保护的磁盘名称；然后单击"配置"按钮，如图 3-61 所示。

③ 弹出"系统保护本地磁盘"对话框，单击"还原系统设置和以前版本的文件"，调节磁盘空间，然后单击"确定"按钮，如图 3-62 所示。

④ 返回"系统属性"对话框，在"保护设置"列表中选择创建还原点的磁盘名称，单击"创建"按钮，然后输入对还原点的描述信息，系统开始创建还原点，等待一段时间即创建完成。

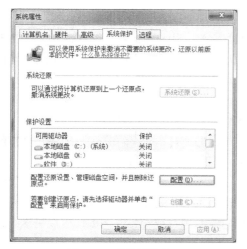

图 3-61　系统属性窗口

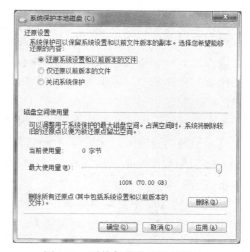

图 3-62　系统保护本地磁盘窗口

使用还原点还原系统：当系统受到恶意改变或系统文件被破坏时，用户可以使用还原点将系统还原到原来的一个系统状态。步骤如下。

① 打开"系统属性"对话框，在 "系统保护"选项卡中单击"系统还原"按钮。

② 打开"系统还原"对话框，单击"下一步"按钮。

③ 进入"将计算机还原到所选事件之前的状态"界面，在下方的列表中选择还原点，单击"下一步"按钮。

④ 确认还原点信息后，单击"是"按钮，则系统开始还原，等待一段时间，还原完成。

（2）使用映像文件备份与还原系统

Windows 7 提供的"创建系统映像"功能相当于 Ghost 备份功能，能为当前系统或计算机中的指定磁盘创建映像文件，当系统损坏或文件丢失时，可以通过映像文件进行恢复。

创建映像文件步骤：打开"备份与还原"窗口，单击左侧窗格"创建系统映像"选项，然后选择保存备份的位置，然后选择备份中包括的驱动器，单击"开始备份"即可创建映像。

用映像文件恢复磁盘的步骤：用 Windows 7 安装光盘启动系统，进入安装选择界面，单击"修复计算机"选项，在弹出的对话框中，单击"使用以前创建的系统映像还原计算机"选项，单击"下一步"按钮，之后按照提示选择映像文件进行恢复即可。

3.6　Windows 7 应用程序

Windows 7 操作系统为用户提供了许多实用的应用程序，它包括：记事本、写字板、画图、计算器、便签和截图工具等。此外，Windows 7 操作系统还提供了许多多媒体应用程序，它包括 Windows Media Player 播放器、录音机等。

3.6.1　实用应用程序

1. 记事本

"记事本"是一个文档编辑应用程序，可以用它创建简单文本文档（.txt）或创建网页，也可用它编辑高级语言源程序。

单击"开始"→"所有程序"→"附件"→"记事本"，可以打开"记事本"窗口。

打开记事本后，会自动创建一个名为"无标题"的空文档。用户可以在工作区内输入文档内容。输入完成后，单击"文件"→"保存"（或"另存为"），在"另存为"对话框，确定文件保存的位置、文件名等，再单击"保存"按钮，即可将该文档存盘。

2. 写字板

单击"开始"→"所有程序"→"附件"→"写字板"，可以打开"写字板"窗口。

写字板的功能较强，使用写字板可以创建和编辑带格式的文件，它可以作为一个简化版本的WinWord 应用程序，本书后面章节会详细介绍 WinWord 使用，在此不再详细叙述。

3. 画图

"画图"程序是中文 Windows 7 中的一个图形处理应用程序，它除了有很强的图形生成和编辑功能外，还具有一定的文字处理能力。用户可以使用它绘制黑白或彩色的图形，可以将这些图形存为位图文件（.bmp 文件），也可以打印图形。

单击"开始"→"所有程序"→"附件"→" 画图"，可以打开"画图"窗口，如图 3-63 所示。

在"画图"程序的窗口中，有包含各种工具的"工具箱"，还有"颜料盒"。用户可以利用绘图工具和颜料，在工作区中绘制图形。图片的保存与"记事本"中文档的保存相同。

4. 计算器

单击"开始"→"所有程序"→"附件"→单击"计算器"，即可打开"计算器"程序，如图 3-64 所示。

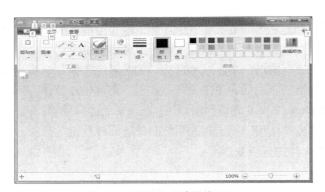

图 3-63 "画图"程序的窗口

图 3-64 标准型计算器

计算器的菜单有三个，在"编辑"菜单中主要有"复制"和"粘贴"两个选项，利用"复制"选项可以将计算结果复制到剪贴板；利用"粘贴"选项可以将剪贴板中的数据复制到计算器中参加计算。

Windows 7 中的计算器有四种形式，标准型、科学型、程序员和统计信息。在"查看"菜单中选中"科学型"，可以将计算器切换到科学型计算器，如图 3-65 所示。科学型计算器的功能更强大，除了可以进行简单的四则运算外，还可以进行三角函数、统计分析等各种较高级运算。程序员型计算器可以通过单击按钮来改变运算所使用的数制，还可以进行十六进制、十进制、八进制或二进制数据之间的相互转换，如图 3-66 所示。统计信息型计算器可以对数据进行求和等统计运算，如图 3-67 所示。

图 3-65　科学型

图 3-66　程序员型

图 3-67　统计信息型

5. 便签

便签是 Windows 7 新加入的一个实用工具，它可以一直贴在计算机屏幕上，让用户无时无刻不能看到它，避免忘掉重要事情。

单击"开始"→"所有程序"→"附件"→"便签"，便可以在桌面上出现一个"便签"小窗口，如图 3-68 所示，用户可以输入自己需要提醒的内容。单击左上角的小加号，还可以出现另一个"便签"窗口，以记录其他事情。单击右上角的小叉号可以删除此便签。

在便签输入框内单击鼠标右键，在出现的快捷菜单中，可以为便签选择设置颜色，有蓝、绿、粉红、紫、白和黄六种颜色。在 Windows 7 中，作为记录信息的桌面小便签，用户可以单击便签的上部，在桌面上随意拖动，可放置于桌面任何位置。

在有应用程序使用时，用户需要查看便签上的信息时，可以用鼠标直接单击一下任务栏中便签图标，即可在该应用程序页面上快速显示出便签，非常方便；再单击一下便签图标，即可还原应用程序页面。当然，也可以将鼠标在任务栏中便签图标上停留片刻，在便签图标上方即可显示便签预览小窗口，将鼠标移至该预览小窗口上，即可在桌面预览所有便签内容，将鼠标移开立即还原应用程序页面。

6. 截图工具

Windows 7 为用户提供了一款非常实用的截图工具，可以随心所欲地按任意形状截图，而且还可以对截图添加批注。

单击"开始"→"所有程序"→"附件"→"截图工具"，便可以在桌面上出现"截图工具"小窗口，如图 3-69 所示。

图 3-68　"便签"窗口

图 3-69　截图工具对话框

启动截图工具后，首先单击"新建"按钮右边的小三角按钮，在弹出的下拉菜单中选择截图模式，有四种选择：任意格式截图、矩形截图、窗口截图和全屏幕截图，如图 3-70 所示。

任意格式截图模式可以根据用户需要截出任意形状的图形，矩形截图模式截图矩形图像，窗口截图模式可以将窗口完整截取，全屏截图模式可以将屏幕内容直接完全截图，同 PrintScreen 截屏按钮。

选择截图模式后，整个屏幕就像被蒙上了一层白纱，此时按住鼠标左键，拖动鼠标绘制一条围绕截图对象的线条，然后松开鼠标，截图完成，然后保存即可，如图 3-71 所示。

图 3-70　截图模式　　　　　　　　　　　　图 3-71　截图保存对话框

3.6.2　Windows 7 多媒体程序

1. Windows Media Player 播放器

Windows Media Player 是微软推出的功能强大的媒体播放器，支持多种格式的音频和视频文件。

单击"开始"→"所有程序"→"Windows Media Player"，可启动 Windows Media Player 媒体播放器，如图 3-72 所示。

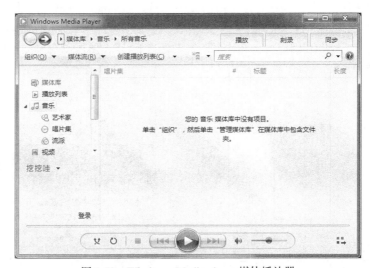

图 3-72　Windows Media player 媒体播放器

在 Windows Media Player 媒体播放器窗口中，通过"文件"菜单可打开一个多媒体文件进行播放，还可以选择多个文件组成播放列表进行循环播放。

2. 录音机

"录音机"是 Windows 7 提供的具有语音录制功能的工具，用户可以收录自己的声音，并以声音文件格式保存到磁盘上。

单击"开始"→"所有程序"→"附件"→"录音机"，打开录音机，如图 3-73 所示。

利用录音机程序录制声音文件时，需要有声卡和麦克风配合完成，声音文件扩展名默认为.wma 格式。

图 3-73　录音机程序

第4章
字处理软件 Word 2010

Microsoft Office 2010, 是微软推出的新一代办公软件。我们常用的 Microsoft Office 2010 专业增强版有开放而又充满活力的新外观、丰富而又方便实用的多功能，更包含了日常办公的常用组件, 如字处理软件 Word 2010、电子表格处理软件 Excel 2010、演示文稿软件 PowerPoint 2010、数据库管理软件 Access 2010、动态表单设计软件 InfoPath Designer 2010、动态表单填写软件 InfoPath Filler 2010、电子邮件管理软件 Outlook 2010、桌面排版软件 Publisher 2010、微软笔记软件 OneNote 2010 和工作流扩展软件 SharePoint Workspace 2010 等。另外, 它还有一些独立组件, 包括网页制作软件 SharePoint Designer 2010、项目管理软件 Project 2010 和流程图管理软件 Visio 2010 等。

本书将为大家详细介绍字处理软件 Word 2010、电子表格处理软件 Excel 2010、演示文稿软件 PowerPoint 2010 和数据库管理软件 Access 2010。

20 世纪 80 年代初出现了大量的字处理软件, 使用比较广泛的有文字处理系统 WPS、字表编辑软件 CCED 和文书编辑系统 Word Star 等。这些字处理软件是基于 DOS 环境的, 操作命令复杂, 且排版效果不能直观地显示在屏幕上。

Word 是 Microsoft 公司推出的 Windows 环境下的字处理软件, 它充分利用 Windows 良好的图形界面特点, 将文字处理和图片、表格处理功能结合起来, 先后推出了很多版本, 成为最流行的文字处理软件之一。金山公司也相继推出了 Windows 环境下的国产 WPS 系列版本的字处理软件, 由于深得政府的支持和帮助, 发展势头也很迅猛。

4.1　Word 2010 概述

4.1.1　Word 2010 的主要功能

Microsoft Word 软件从 Word 2003 升级到 Word 2010, 其最显著的变化就是用功能区替代了传统的菜单。在 Word 2010 窗口上方看起来像菜单的名称, 其实是功能区的名称。当单击这些名称时并不会打开菜单, 而是切换到与之相对应的功能区面板。每个功能区根据功能的不同又分为若干个组, 每个组由一个或多个具有独立功能的命令组成。每个功能区所拥有的功能如下所述。

1. "开始"功能区

"开始"功能区中包括剪贴板、字体、段落、样式和编辑五个组, 对应 Word 2003 的 "编辑" 和 "格式" 菜单的部分命令。该功能区主要用于帮助用户对 Word 2010 文档进行编辑和格式设置,是用户最常用的功能区。

2．"插入"功能区

"插入"功能区包括页、表格、插图、链接、页眉和页脚、文本和符号组，对应 Word 2003 中"插入"和"表格"菜单的部分命令，主要用于在 Word 2010 文档中插入各种元素。

3．"页面布局"功能区

"页面布局"功能区包括主题、页面设置、稿纸、页面背景、段落和排列组，对应 Word 2003 中"文件"菜单→"页面设置"子菜单命令和"格式"菜单的部分命令，用于帮助用户设置 Word 2010 文档页面版式。

4．"引用"功能区

"引用"功能区包括目录、脚注、引文与书目、题注、索引和引文目录组，用于实现在 Word 2010 文档中插入目录等比较高级的对象。

5．"邮件"功能区

"邮件"功能区包括创建、开始邮件合并、编写和插入域、预览结果和完成组，该功能区的作用比较专一，专门用于在 Word 2010 文档中进行邮件合并方面的操作。

6．"审阅"功能区

"审阅"功能区包括校对、语言、中文简繁转换、批注、修订、更改、比较和保护组，主要用于对 Word 2010 文档进行校对和修订等操作，适用于多人协作处理 Word 2010 长文档。

7．"视图"功能区

"视图"功能区包括文档视图、显示、显示比例、窗口和宏组，主要用于帮助用户设置 Word 2010 操作窗口的视图类型，以方便操作。

4.1.2　Word 2010 的窗口

启动 Word 2010 应用程序将会同时打开两个窗口，分别是 Word 2010 应用程序窗口和文档窗口。Word 2010 的窗口属于标准 Windows 应用程序窗口，有标题栏、"文件"选项卡、功能区、标尺、文档工作区、滚动条和状态栏等，如图 4-1 所示。

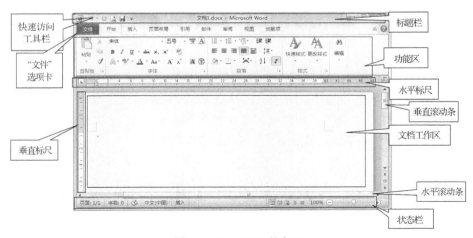

图 4-1　Word 2010 的窗口

1．标题栏

标题栏位于窗口的顶端，显示的是当前应用程序的类型名和文档名。标题栏最左端的图标 🔲

是 Word 2010 应用程序的控制菜单按钮，后面紧跟的是快速访问工具栏（注：此栏可在功能区上下方互调，方法是：功能区右击→"在功能区上方/下方显示快速访问工具栏"）。默认显示的快速访问按钮分别是撤销键入按钮、重复键入按钮、打印预览和打印按钮、保存按钮。还可以通过"自定义快速访问工具栏"按钮来显示或隐藏某个快速访问按钮。标题栏的最右端分别是应用程序的最小化按钮 ▭ 、最大化按钮 ▭ （或还原按钮 ▭ ）及关闭按钮 ▨ 。

2. "文件"选项卡

"文件"选项卡里包含一些基本命令，如"新建""打开""保存""另存为""信息""打印"和"选项"等。

3. 功能区

功能区位于标题栏下端，使用功能区的工具项可以执行 Word 2010 的许多命令。Word 2010 默认包含"开始、插入、页面布局、引用、邮件、审阅、视图"七个功能区选项卡，可通过它们来切换和展开功能区。每个功能区包括一个或多个组，例如"开始"功能区包括"剪贴板""字体"和"段落"等组。每个组又包含若干个相关的命令按钮。

4. 标尺

标尺分为水平标尺和垂直标尺，是用来确定文档内容在页面上的位置。也可利用标尺上的缩进按钮调整段落和边界的缩进。单击功能区"视图"→"显示"→"标尺"前面的复选框，可以显示或隐藏标尺。

5. 文档工作区

文档窗口的空白部分称为文档工作区，是 Word 2010 用来输入和编辑文档内容的区域。工作区内有一个插入点（以"|"显示的闪烁光标），始终指示当前的输入位置。

6. 滚动条

滚动条分为水平滚动条和垂直滚动条，便于查看文档内容。单击垂直滚动条上的"选择浏览对象"按钮 ◎ ，弹出图 4-2 所示"选择浏览对象"菜单，从中可选择不同的浏览方式。

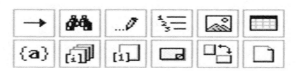

图 4-2 "选择浏览对象"菜单

7. 状态栏

状态栏在窗口的最下方，显示窗口的状态。状态栏的左侧显示页数/总页数、字数、输入语言及输入状态（插入/改写）。右侧是视图按钮，有 5 种视图显示方式：页面视图、阅读版式视图、Web 版式视图、大纲视图和草稿。最右端是缩放比例和缩放滑块。

4.2 Word 2010 基本操作

4.2.1 Word 2010 的启动

启动 Word 2010 的方法主要有以下两种。

方法 1：单击"开始"按钮→"程序"→"Microsoft Office"→"Microsoft Word 2010"。

方法 2：双击 Word 2010 的快捷方式。

4.2.2　创建文档

Word 2010 启动后，就自动创建了一个名为"文档 1.docx"的空白文档，如图 4-3 所示。
新建空白文档的其他方法如下。

方法 1：单击"文件"选项卡→"新建"→"空白文档"。

方法 2：使用 Ctrl+N 组合键。

方法 3：单击"文件"选项卡→"新建"→"样本模板"，使用模板创建文档。

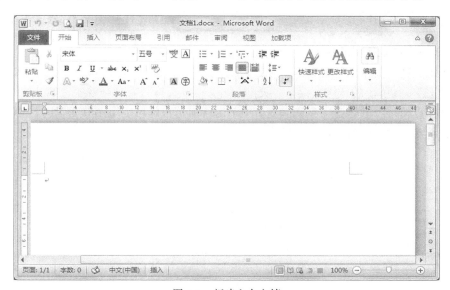

图 4-3　新建空白文档

4.2.3　打开文档

打开 Word 文档的方法如下。

方法 1：单击"文件"选项卡→"打开"。

方法 2：使用 Ctrl+O 组合键。

方法 3：单击"文件"选项卡→"最近所用文件"，会列出最近使用过的文档，单击即可打开。

方法 4：双击要打开的 Word 文档。

4.2.4　输入文档

文档创建好以后，我们就需要在空白文档中添加内容了。有关普通字符的输入，不再多做介绍，这里只给大家介绍常见中文标点和特殊符号的输入。

1．中文标点的输入

在编辑文档时经常需要输入中文标点。中、英文的标点符号是不同的，在输入的时候可以通过单击输入法指示条上的切换按钮 进行切换。

常见中、英文标点符号对照见表 4-1 所示。

表 4-1 常见中、英文符号对照表

中文标点	对应键	中文标点	对应键
。句号	.	）右括号	)
，逗号	,	《《单双书名号	<
；分号	;	》》单双书名号	>
：冒号	:	……省略号	^
？问号	?	——破折号	_
！感叹号	!	、顿号	\
""双引号	"	·间隔号	@
''单引号	'	—连接号	&
（左括号	(	¥人民币符号	$

2. 特殊符号和难检字的输入

有一些比较特殊的符号可能无法在键盘上找到，可使用软键盘输入。左击输入法指示条上的软键盘按钮 ，在弹出的软键盘菜单（见图 4-4）中，选择所需的符号项，如"标点符号"，再在弹出的"标点符号"软键盘（见图 4-5）中单击所需符号即可。不用软键盘时，单击输入法指示条上的软键盘按钮，软键盘就隐藏起来。

图 4-4 软键盘菜单　　　　　　　　　　　图 4-5 "标点符号"软键盘

插入符号的其他方法如下。

单击功能区"插入"→"符号"→"其他符号"，在"符号"对话框（见图 4-6）的"符号"选项卡中，选择所需的符号→"插入"。或单击"特殊字符"选项卡（见图 4-7），插入其中的特殊字符。

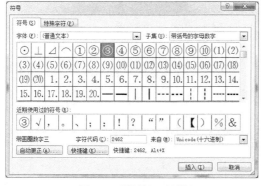

图 4-6 "符号"对话框　　　　　　　　　　图 4-7 "特殊字符"选项卡

3.　插入点定位

（1）利用鼠标定位：用鼠标在任意位置单击，可将插入点定位在该处。

（2）使用键盘定位：键盘定位文档的操作很多，表 4-2 罗列了一些常见的键盘命令及使用方法。

表 4-2　　　　　　　　　　　　　　常见的键盘命令及使用方法

键盘命令	可执行的操作
↑、↓	分别向上、下移动一行
←、→	分别向左、右移动一个字符
PageUp、PageDown	上翻、下翻若干行
Home、End	快速移动到当前行首、行尾
Ctrl+Home、Ctrl+End	快速移动到文档开头、文档末尾
Ctrl+↑、Ctrl+↓	在各段落的段首间移动
Shift+F5	光标移到上次编辑所在位置

4.2.5　编辑文档

文档录入后，往往还要进行一些修改。下面介绍 Word 2010 中常用的编辑操作。

1.　选定文本

在对文档进行编辑时，一定要遵循"先选后做"的原则。选定文本的方法如下。

（1）用鼠标选定文本

- 小块文本的选定：按住鼠标左键拖动，鼠标经过处的文本被选定。
- 大块文本的选定：单击起始位置，按住 Shift 键，再单击文本终止位置。
- 选定一行：单击行左端（鼠标指针变为指向右边的箭头时）。
- 选定一段：双击段左端（鼠标指针变为指向右边的箭头时）。
- 选定整篇文档：快速三击文档左端（鼠标指针变为指向右边的箭头时），或者单击功能区"开始"→"编辑"→"选择"→"全选"命令。
- 选定矩形文本：按住 Alt 键，在待选定文本上拖动鼠标。

（2）用键盘选定文本

- Shift + ←（→）方向键：分别向左（右）扩展选定一个字符。
- Shift +↑（↓）方向键：分别扩展选定由插入点处向上（下）一行。
- Ctrl + Shift + Home：从当前位置扩展选定到文档开头。
- Ctrl + Shift + End：从当前位置扩展选定到文档结尾。
- Ctrl +A、Ctrl+5（数字小键盘上的）：选定整篇文档。

2.　取消选定

要取消已选定的文本，用鼠标单击文档中任意位置即可。

3.　删除文本

编辑文档时，经常需要对文档中的内容进行适当删改。删除文本方法如下。

（1）按 Delete 键：删除当前光标右边的一个字符，插入点不移动。

（2）按 BackSpace 键：删除当前光标左边的一个字符，插入点向左移动一个字符。

（3）选定文本后，按 Delete 键或 BackSpace 键，删除选定文本。

（4）选定文本后，单击功能区"开始"→"剪切板"→"剪切"，剪切选定文本。

4．移动文本

（1）使用剪贴板移动文本

选定要移动的文本，单击功能区"开始"→"剪贴板"→"剪切"或右击→"剪切"或按 Ctrl+X 组合键，将选定的文本移动到剪贴板上。再将鼠标指针定位到目标位置，单击功能区"开始"→ "剪贴板"→"粘贴"或右击→"粘贴"或按 Ctrl+V 组合键从剪贴板移动文本到目标位置。

（2）使用鼠标左键移动文本

选定要移动的文本，鼠标指向选定的文本（鼠标指针变成向左的箭头），按住鼠标左键（鼠标指针尾部出现虚线方框，指针前出现一条竖直虚线），拖动鼠标到目标位置（以虚线到达目标位置为准），松开鼠标左键即可。

（3）使用鼠标右键移动文本

选定要移动的文本，鼠标指向选定的文本（鼠标指针变成向左的箭头），按住鼠标右键（鼠标指针尾部出现虚线方框，指针前出现一条竖直虚线），拖动鼠标到目标位置（以虚线到达目标位置为准），松开鼠标右键，在出现的快捷菜单中单击"移动到此位置"命令即可。

5．复制文本

（1）使用剪贴板复制文本

选定要复制的文本，单击功能区"开始"→"剪贴板"→"复制"或右击→"复制"或按 Ctrl+C 组合键，将选定的文本复制到剪贴板上。再将鼠标指针定位到目标位置，单击功能区"开始"→ "剪贴板"→"粘贴"或右击→"粘贴"或按 Ctrl+V 组合键，从剪贴板复制文本到目标位置。

（2）使用鼠标左键复制文本

选定要复制的文本，鼠标指向选定的文本（鼠标指针变成向左的箭头），按住 Ctrl 键的同时按下鼠标左键（鼠标指针尾部出现虚线方框和一个"+"号，指针前出现一条竖直虚线），拖动鼠标到目标位置（以虚线到达目标位置为准），先松开鼠标左键，再松开 Ctrl 键。

（3）使用鼠标右键复制文本

选定要复制的文本，鼠标指向选定的文本（鼠标指针变成向左的箭头），按住鼠标右键（鼠标指针尾部出现虚线方框，指针前出现一条竖直虚线），再按住 Ctrl 键，拖动鼠标到目标位置（以虚线到达目标位置为准），松开鼠标右键和 Ctrl 键，在出现的快捷菜单中单击"复制到此位置"命令即可。

6．查找与替换

在 Word 2010 文档中，可以快速搜索指定的内容，也可以将搜索到的内容替换为其他内容，大大提高了工作效率和准确性。

（1）查找

单击功能区"开始"→"编辑"→"查找"→"高级查找"，出现"查找和替换"对话框（见图 4-8），在"查找"选项卡的"查找内容"文本框中输入要找的内容→"查找下一处"，Word 2010 会逐个找到要查找的内容。

（2）替换

单击功能区"开始"→"编辑"→"替换"，出现"查找和替换"对话框，在"替换"选项卡的"查找内容"文本框中输入要找的内容，在"替换为"文本框中输入要替换的内容→"替换"或"全部替换"按钮。

使用 Word 2010 的查找和替换功能，不仅可以查找和替换字符，还可以查找和替换字体格式（例如查找或替换字体、字号、字体颜色等格式）。查找字体格式的步骤如下。

图 4-8 "查找和替换"对话框

（1）打开"查找和替换"对话框中的"查找"选项卡，单击"更多"按钮，以显示更多的查找选项，如图 4-9 所示。

（2）单击"格式"按钮，在打开的格式菜单中单击相应的格式类型，例如单击"字体"命令，打开"查找字体"对话框（见图 4-10）。从中选择要查找的字体、字号、颜色、加粗和倾斜等选项，选择好后单击"确定"按钮。

（3）返回"查找和替换"对话框，单击"查找下一处"按钮查找格式。

如果需要将原有格式替换为指定的格式，可以切换到"替换"选项卡，先用鼠标选定"替换为"文本框中内容，然后在按钮"更多"里指定想要替换成的格式，单击"替换"或"全部替换"按钮完成任务。

图 4-9 "查找和替换"对话框

图 4-10 "查找字体"对话框

除此之外，使用 Word 2010 的查找和替换功能还能辅助删除一些特殊格式。以删除"手动换行符"为例，方法是：选定"查找内容"文本框，在图 4-9 的"特殊格式"按钮中单击"手动换行符"，Word 2010 会将其插入到"查找内容"文本框中，最后单击"替换"或"全部替换"按钮即可。

另外，在查找和替换字体格式时，若字体格式设置错误，可使用图 4-9 的"不限定格式"按钮将字体格式取消，重新设置。

7. 撤销与恢复

"撤销与恢复"可以使我们有机会改正刚发生的错误操作。在输入和编辑文档的过程中，Word 2010 会自动存储记录下每次的操作，如果刚刚的操作错误，只要单击"快速访问工具栏"上的撤销按钮 便可回到上一步。"撤销"是指撤销刚才的操作，"恢复"（单击"快速访问工具栏"上的恢复按钮 ）是对"撤销"的否定。

4.2.6　文档的视图方式

可以通过下列方法选择不同的视图方式。

方法 1：单击功能区"视图"→"文档视图"，从"页面视图""阅读版式视图""Web 版式视图""大纲视图"和"草稿"五种不同的视图方式中选择一种。

方法 2：在状态栏的右侧有五个视图切换按钮，单击这五个按钮也可以快速实现视图方式之间的切换。

1. 页面视图

"页面视图"的显示效果与打印机打印输出的结果基本一致。在这种视图方式下，页与页之间是不相连的，可以看到文档在纸张上的确切位置。"页面视图"可正确显示页眉和页脚、分栏和批注等各种信息及位置，是 Word 默认的视图方式，也是使用最多的视图方式。

2. 阅读版式视图

"阅读版式视图"以图书的分栏样式显示 Word 2010 文档，优化了阅读体验，"文件"选项卡、功能区等窗口元素被隐藏起来，使文档窗口变得简洁明朗，特别适合阅读。在"阅读版式视图"中，用户还可以单击"工具"按钮选择各种阅读工具。按 Esc 键可从阅读版式视图切换到页面视图。

3. Web 版式视图

"Web 版式视图"以网页的形式显示 Word 2010 文档，即模拟该文档在 Web 浏览器上浏览的效果。"Web 版式视图"适用于发送电子邮件和创建网页。

4. 大纲视图

"大纲视图"主要用于设置 Word 2010 文档和显示标题的层级结构，并可以方便地折叠和展开各种层级的文档。"大纲视图"中增加了"大纲"功能区，可以利用工具按钮方便地编辑和查看文档的大纲，也可以通过拖动标题来移动、复制和重新组织大纲。"大纲视图"广泛用于 Word 2010 长文档的快速浏览和设置中。

5. 草稿

"草稿"取消了页面边距、分栏、页眉页脚和图片等元素，仅显示标题和正文，是最节省计算机系统硬件资源的视图方式。当然现在计算机系统的硬件配置都比较高，基本上不存在由于硬件配置偏低而使 Word 2010 运行遇到障碍的问题。

6. 拆分窗口

编辑文档时，有时需要在文档不同部分进行操作，使用滚动条并不方便，这时可以使用 Word 中提供的拆分窗口功能。拆分窗口就是将文档窗口一分为二，两个窗口中分别显示同一文档的不同内容。具体步骤为：单击功能区"视图"→"窗口"→"拆分"命令，此时鼠标变成一条横线，移动鼠标确定窗口拆分位置，然后单击鼠标即可完成拆分。若要取消拆分状态，只需单击功能区"视图"→"窗口"→"取消拆分"命令即可。

7. 并排查看

在同时打开两个文档后，单击"视图"→"窗口"→"并排查看"命令，即可实现两个文档窗口水平并排打开。而且，两个并排窗口可以同步上下滚动。此功能适用于文档的即时比较和编辑。

4.2.7　保存文档

文档设置好后，可以以文件的形式存盘，以备后用。保存文档的方法如下。

1. 保存新建的文档

单击"文件"选项卡→"保存",打开"另存为"对话框(见图 4-11),选择保存的位置,在"文件名:"列表框中输入文件名→"保存"。

图 4-11　"另存为"对话框

2. 保存修改的旧文档

保存修改的旧文档的方法与保存新建的文档的方法完全一样,只是不出现"另存为"对话框,文档以原路径和原文件名保存。

3. 另存文档

单击"文件"选项卡→"另存为",在"另存为"对话框中,选择保存的位置(可不改变),在"文件名:"列表框中输入一个文件名,在"保存类型:"列表框中选择一个保存文件类型(默认为 Word 文档)→"保存"。

4. 自动保存

在编辑的过程中,应该随时保存文档,以免由于意外情况(如突然停电、死机等)的发生造成数据的丢失。除手动保存文档外,Word 2010 还提供了自动保存功能,且可以设置自动保存的时间间隔,防止数据的大量丢失。

设置自动保存的方法如下。

单击"文件"选项卡→"选项"→"保存"→"保存自动恢复信息时间间隔",设置要自动保存的间隔时间→"确定"。

4.2.8　关闭文档

关闭正在编辑的文档,方法如下。

方法 1:单击"文件"选项卡→"关闭"命令。

方法 2:单击 Word 2010 窗口右上角的关闭按钮 。

方法 3:双击 Word 2010 左上角的控制按钮 。

方法 4:按 Alt+F4 组合键。

以上方法只是关闭了正在编辑的文档,但 Word 2010 应用程序打开的其他文档仍在运行。

4.2.9　Word 2010 程序的退出

退出 Word 2010 程序的方法:单击"文件"选项卡→"退出"命令。

退出 Word 2010 程序时，Word 2010 将关闭承载的所有文档。

无论是关闭文档还是退出 Word 2010 程序，若某个文档打开后进行过修改且没有保存，Word 2010 将会询问"是否将更改保存"，如图 4-12 所示。如果选择"保存"，则将修改保存到文档中；如果选择"不保存"，则放弃修改；如果想继续工作，选择"取消"。

图 4-12　保存提示框

4.3　文档的排版

文档在输入和编辑完成后，还要进行排版。排版后的文档才能达到页面美观、层次清晰、重点突出和可读性强的效果。文档的排版主要包括字体设置、段落设置等。

4.3.1　字体设置

字体设置，是指对输入的文本进行字体、字号、字形、颜色和下划线等设置。

字体设置的步骤：选定要设置的文本，可以直接在功能区"开始"→"字体"组里进行设置，或者单击功能区"开始"→"字体"组的扩展按钮 (或右击→"字体")，弹出图 4-13 所示的"字体"对话框，再在"字体"选项卡中，设置"字体""字形""字号"和"颜色"等。

所谓"字号"是指字符的大小。字号的表示有两种方式：一种是中文表示，如"初号""一号""二号"等，字号越小则对应的字符越大；另一种字号表示方式是数字表示（又称"磅值"），如 8、10、12 等，数值越大则对应的字符越大，文字的磅值最大为 1638。

在"字体"对话框的"高级"选项卡下，还可以对字符间距进行设置。

在"字体"对话框中还可单击"文字效果"按钮，弹出图 4-14 所示的"设置文本效果"对话框，对所选文本应用轮廓、阴影等外观效果。也可单击功能区"开始"→"字体"组里的"文本效果"按钮，对所选文本进行快速设置。

图 4-13　"字体"对话框

图 4-14　"设置文本效果格式"对话框

4.3.2　段落设置

1. 段落设置

段落是指文档中两次回车键之间的所有字符。对字体进行设置后，为了使文档布局合理、层次分明，还需要对段落进行设置，主要包括缩进、行距和间距等。

段落设置的步骤：选定要设置的段落，可以直接在功能区"开始"→"段落"组里进行设置，或者单击功能区"开始"→"段落"组的扩展按钮 [图]（或右击→"段落"），弹出图 4-15 所示的"段落"对话框。

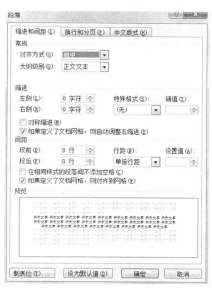

图 4-15　"段落"对话框

在"缩进和间距"选项卡中，"常规"用来设置对齐方式和大纲级别；"缩进"用来调整段落的左右边距；"特殊格式"设置首行缩进等特殊格式；"间距"设置段落与段落之间、行与行之间的距离。在"换行和分页"选项卡中，"分页"可设置孤行控制、段前分页等。

2. 标尺的使用

对段落进行缩进设置除了可以使用段落设置外，还可以使用 Word 提供的标尺按钮来实现。水平标尺上的四个缩进按钮，分别为"首行缩进""悬挂缩进""左缩进"和"右缩进"，如图 4-16 所示。

使用水平标尺对段落进行缩进设置的步骤：选中要设置的段落，用鼠标拖动缩进按钮到标尺上的相应刻度即可。

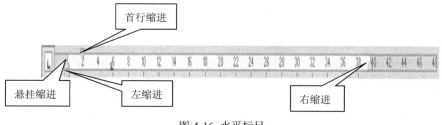

图 4-16 水平标尺

4.3.3　制表符和制表位

在不使用表格的情况下，制表符可以使文本按列对齐。常见制表符有：左对齐式制表符、右对齐式制表符、居中式制表符、小数点对齐式制表符和竖线对齐式制表符。制表位是指水平标尺上的位置，它指定文字缩进的距离或一栏文字开始的位置。Word 中默认的制表位是两个字符。

设置制表位的步骤如下。

（1）单击水平标尺左端的制表符可以在各种制表符间切换。

（2）例如在步骤（1）中选择小数点对齐制表符，在水平标尺上，单击要插入制表位的位置，水平标尺上就会出现小数点对齐制表符。按照这种方法依次在标尺上相应位置设定其他需要的制表符。

（3）在文档中输入需要设置小数点对齐的数据，该数据要有小数点，否则就要按最后面的字符对齐。把光标移到数值的前面，按 Tab 键，这时该数值就会在设置的制表位处以小数点为准对齐。

（4）按下 Enter 键进入下一行，再输入下一行数据，在每个数据前按 Tab 键，数据就会按照所设置的制表位对齐了。先按 Tab 键，再输入数据也可以得到同样的结果。如果想移动制表位的位置，可以选择使用该制表位的文本，拖动制表位在文档的标尺范围内移动。

若要设置精确的度量值，可以单击"段落"对话框中"制表位"按钮或双击标尺上制表位符号，在打开的"制表位"对话框中进行精确的设置。要删除制表位，用鼠标按住制表位，拖离标尺栏释放鼠标即可。

4.3.4　项目符号和编号

文档中经常遇到一些内容相关的段落。为了增加层次性和可读性，Word 文档可以为这些段落添加项目符号和编号，使文档条理清晰、重点突出。

1. 添加项目符号

添加项目符号的方法是：选定需要添加项目符号的段落，右击→"项目符号"→"定义新项目符号"，打开图 4-17 所示的"定义新项目符号"对话框。在对话框中选择一种字符集，如"符号…"，打开图 4-18 所示的"符号"对话框，使用"字体"列表框找寻符号，或在"字符代码"文本框中输入所需符号代码。最后单击"确定"按钮。

图 4-17　"定义新项目编号"对话框

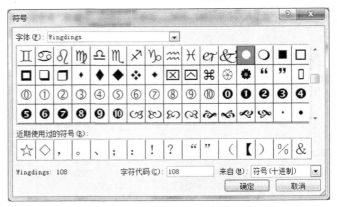

图 4-18　"符号"对话框

2. 添加编号

添加编号的方法是：选定需要添加编号的段落，右击→"编号"→"定义新编号格式"，打开图 4-19 所示的"定义新编号格式"对话框，选择一种编号样式→"确定"。

选择好"编号样式"后，还可在"编号格式："文本框的编号前后输入固定文本，以设置相对复杂的编号格式，如"第 X（X 为选定的编号样式）章"。

图 4-19　"定义新编号格式"对话框

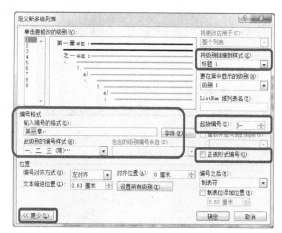

图 4-20　"定义新多级列表"对话框

3. 添加多级列表

"多级列表"是指 Word 文档中的项目符号或编号的嵌套，为文档的不同层次添加不同的段落编号，从而凸显文档的层次结构。Word 2010 文档中多级列表的使用步骤如下。

（1）单击功能区"开始"→"段落"→"多级列表"按钮→"定义新的多级列表"，弹出"定义新多级列表"对话框，单击　"更多"按钮来展开对话框，如图 4-20 所示。

（2）在对话框的"单击要修改的级别："列表框中选择"1"，在"将级别链接到样式："列表框中选择标题样式（如"标题 1"），在"编号格式"区域中为级别 1 选择"编号样式"（如"一、二、三(简)…"），并修改"编号格式"（如第 X 章（X 为选定的编号样式）），在"起始编号"中选择开始编号（如"一"）。

（3）参照步骤（2）为级别 2 添加编号，这时还可选择"正规形式编号"复选框，使级别 2 的编号格式从"一.1"变为"1.1"的形式。

（4）设置级别 3 的编号时，默认效果是"X.Y.Z（X、Y、Z 为 1,2,3…）"，这时我们可将前两级的编号删除掉，并更改"编号样式"为"A，B，C…"，此时的"编号格式"就变成了"Z（Z 为 A，B，C…）"。

（5）参照上述步骤来设置其他级别。

（6）所有级别都设置好后，单击"确定"按钮。

使用了项目符号、编号或多级列表后，在该内容结束，按下回车键时，系统会自动在新段落前插入同样的项目符号、编号或多级列表，还会自动调整位置，使缩进与上一段落相同。

4.3.5　边框和底纹

在 Word 2010 中，可以为选定的文本、段落、页面及各种图形设置多种类型的边框和底纹，从而美化文档，使文档达到理想的效果。

1. 文本或段落的边框

为文本或段落添加边框的步骤如下。

（1）选定要添加边框的文本或段落。

（2）单击功能区"开始"→"段落"→"下框线"按钮 ⊞▾ →"边框和底纹"，弹出图 4-21 所示的"边框和底纹"对话框。

（3）在"边框"选项卡中，分别设置边框的样式、颜色、宽度和应用范围等。应用范围可以是选定的文字、段落，甚至图片。对话框右边会出现效果预览，用户可以根据预览效果随时进行调整，直到满意为止。

2. 页面边框

Word 2010 可以给整个文档添加页面边框，使文档变得活泼、美观、赏心悦目。页面边框可以是普通的边框，也可以是添加艺术型的边框。设置页面边框的步骤如下。

（1）单击功能区"页面布局"→"页面背景"→"页面边框"，弹出图 4-21 所示的"边框和底纹"对话框。

图 4-21　"边框和底纹"对话框

（2）单击"页面边框"选项卡，如图 4-22 所示，分别设置边框的样式、颜色、宽度和应用范围等。

图 4-22　"页面边框"选项卡

（3）如果要使用"艺术型"页面边框，可以单击"艺术型"列表框，从下拉列表中选择一种类型后，单击"确定"按钮。

3. 底纹

在"边框和底纹"对话框中还有一个"底纹"选项卡，可以给选定的文本或段落添加底纹。设置底纹的步骤如下。

（1）选定要添加底纹的文本或段落。

（2）单击功能区"页面布局"→"页面背景"→"页面边框"，弹出图 4-21 所示的"边框和底纹"对话框。

（3）单击"底纹"选项卡，如图 4-23 所示，分别设定底纹的填充、图案和应用范围等。

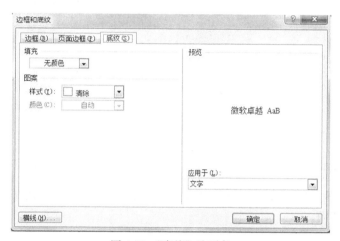

图 4-23　"底纹"选项卡

4.3.6　格式刷

格式刷是实现快速格式化的重要工具，可将字体和段落的格式直接复制到其他文本上。

格式刷的使用方法如下。

鼠标选定设置好格式的文本（称它为标准文本），单击功能区"开始"→"剪贴板"→格式刷按钮 格式刷（此时鼠标指针变为一把小刷子），再按住鼠标左键刷过要设置格式的文本，刷过的文本就变成了标准文本的格式（此时鼠标指针恢复原样）。

双击格式刷按钮，可以在多处反复使用格式刷，再单击格式刷按钮或按 Esc 键，可退出格式刷。

4.3.7　样式和模板

Word 的四大核心技术是：样式、模板、域和宏。本小节将为读者介绍样式和模板。

1. 样式

"样式"就是由多个排版命令组合而成的集合，包括字体、段落、制表位和边距等。设置相同格式的文本最好使用样式来实现，能减少大量的工作量。另外，样式还与标题、目录有着密切的联系，为排版工作提供有力支持。

（1）应用样式

应用样式主要有以下几种方法。

① 选定要应用样式的文本，单击功能区"开始"→"样式"，从中选择需要的样式，如"标

题 1"。

② 选定要应用样式的文本，单击功能区"开始"→"样式"组的扩展按钮，弹出图 4-24 所示的"样式"对话框，从中选择需要的样式，如"正文"。

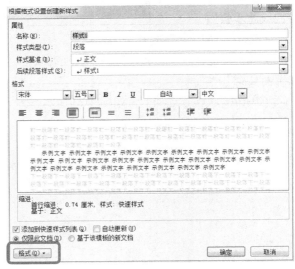

图 4-24 "样式"对话框   图 4-25 "根据格式设置创建新样式"对话框

通过以上方法都可将某样式（系统样式或自定义样式）套用到选定的文本上，使选定文本的格式与样式的格式相同。

（2）创建样式

除了 Word 2010 提供的上百种系统样式外，用户还可以自定义样式以满足排版需要。创建样式的步骤如下。

① 在"样式"对话框中，单击"新建样式"按钮，出现"根据格式设置创建新样式"对话框，如图 4-25 所示。

② 在对话框的"名称"文本框中为新建的样式命名；通过"格式"区域的一系列格式按钮进行相应的格式设置；更多格式的设置可以单击左下角的"格式"按钮，从下拉列表的字体、段落、制表位和边框等 8 个格式中选择一个，打开对应的对话框，进行相关设置。

③ 设置结束后，单击"确定"按钮退出对话框，创建完成。

新建的样式将出现在样式列表中，直接选择应用即可。

（3）修改、删除样式

用户在使用样式时，有些格式不符合自己排版的要求，可以对样式进行修改，甚至删除。

修改样式的方法是：在图 4-24 的"样式"对话框中，单击某样式的下拉菜单，从中选择"修改"，弹出图 4-26 所示的"修改样式"对话框。在该对话框中可以修改样式的名称，可以使用"格式"区域修改格式，还可使用对话框左下角的"格式"按钮对字体、段落、边框、编号等进行设置。例如在"格式"按钮中选择"段落"，打开"段落"对话框，在"换行和分页"选项卡中勾选"段前分页"复选框，使章节分页显示。

删除样式的方法是：在"样式"对话框中，单击某样式的下拉菜单，从中选择"删除"命令即可。

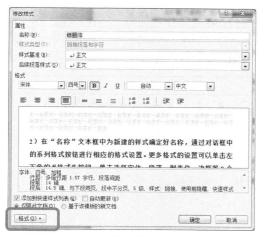

图 4-26 "修改样式"对话框

2. 模板

模板是一种预先设置好的特殊文档,能提供塑造文档最终外观的框架,而同时又能向其中添加信息。任何 Word 文档都是以模板为基础的,模板决定文档的基本结构和文档设置。Word 2010 提供了多种固定的模板类型,如信函、简历、传真和备忘录等。模板的相关操作如下。

(1)利用模板创建文档

以选用"简历模板"为例,步骤如下。

① 单击"文件"选项卡→"新建"→"样本模板",任务窗格变成"可用模板"窗格。选择"基本简历",如图 4-27 所示,单击"创建"按钮即可打开该模板。

② 按照模板的格式,在相应位置输入内容,就可以应用此模板创建新文档了。

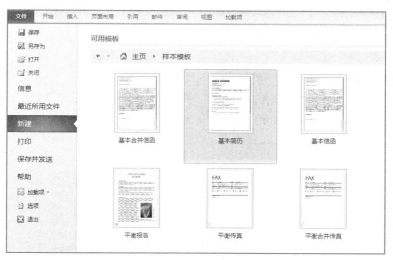

图 4-27 "模板"窗口

(2)利用文档创建模板

利用文档创建模板的步骤如下。

① 打开已经设置好并准备作为模板保存的文档,单击"文件"选项卡→"另存为"命令,打开"另存为"对话框。

② 在"保存类型"列表框中选择"Word 模板"选项；在"文件名"文本框中为该模板命名，并确定保存的位置。默认情况下，Word 会自动打开"Templates"文件夹让用户保存模板，单击"保存"按钮即可。模板文件的扩展名为".dotx"。

4.4　表格的制作

表格是一种简明、直观的表达方式。为了更清晰地表达某些数据及它们之间的关系，表格经常被使用。在 Word 2010 中可以制作和编辑表格。

4.4.1　创建表格

在创建表格之前，要先草拟一下表格的尺寸，即明确表格的行数和列数。

创建表格的步骤是：先用鼠标确定要创建表格的位置，单击功能区"插入"→"表格"→"插入表格"，弹出图 4-28 所示的对话框，在对话框中输入"表格尺寸"的数值→"确定"。

图 4-28　"插入表格"对话框

4.4.2　编辑表格

输入过程中我们常常需要对表格的结构进行修改，如插入或删除某些行/列/单元格、合并或拆分单元格、调整行高/列宽等。下面详细介绍表格的常用编辑操作。

1. 行、列、单元格的插入

具体操作如下。

（1）插入行。在需要插入新行的位置前面或后面，选定一行或连续多行（重点是，选定的行数与要插入的行数相同）。将鼠标指向选定的区域，右击→"插入"，出现"插入"子菜单（如图 4-29 所示）→根据需要选择"在上方插入行"或"在下方插入行"命令即可。

（2）插入列。操作与"插入行"类似。

（3）插入单元格。在图 4-29 所示的"插入"子菜单中选择"插入单元格"命令，然后在弹出的"插入单元格"对话框（见图 4-30）中进行设定。

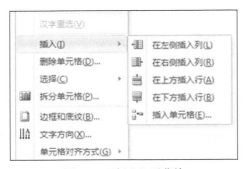

图 4-29　"插入"子菜单

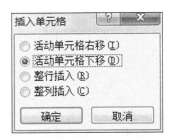

图 4-30　"插入单元格"对话框

2. 行、列、单元格的删除

（1）删除行（列）：选定要删除的行（列），将鼠标指向选定的区域，右击→"删除行（列）"。

或者将光标放到要删除的行或列的任意单元格中，右击→"删除单元格"，弹出图 4-31 所示的"删除单元格"对话框，单击"删除整行"或"删除整列"进行删除。

（2）删除单元格：单元格的删除方法类似。

3. 行高、列宽的调整

通常情况，系统会根据表格内字体的大小自动调整行高或列宽。用户也可以根据实际需求调整行高和列宽。行高和列宽的调整有以下几种方法。

方法 1：精确设定。选中表格或其中的一个单元格，右击→"表格属性"，打开"表格属性"对话框，如图 4-32 所示。在"行"和"列"选项卡中进行设置。

图 4-31 "删除单元格"对话框　　　　　图 4-32 "表格属性"对话框

方法 2：粗略设定。以调整行高为例。将鼠标移到要调整的水平框线上，当鼠标指针变为上下箭头 ⇕ 时，按下鼠标左键，此时水平线方向上出现一条虚线，拖动虚线到目标位置释放，行高调整完毕。列宽的调整与行高的调整类似。

方法 3：制表位设定。将插入点定位在表格内，用鼠标直接拖动待调整行（列）的框线对应的标尺上的矩形块（制表符）到目标位置即可。

4. 平均分布各行或各列

选定要进行平均分布的多行或多列，右击→"平均分布各行"或"平均分布各列"。

5. 表格的合并与拆分

在编辑表格时，有时需要把多个单元格合并成一个单元格，有时又需要把一个单元格拆分成多个单元格。具体操作如下。

（1）合并单元格

选定需要合并的多个单元格，右击→"合并单元格"。

（2）拆分单元格

选定需要拆分的单元格，右击→"拆分单元格"，弹出"拆分单元格"对话框→输入"行数""列数"→"确定"。

4.4.3 表格计算

1. 单元格、单元格区域

一个表格是由若干行和若干列组成的矩形的单元格阵列，单元格是组成表格的基本单位。单元格地址是由行号和列标来标识的，列标在前，行号在后。列标用 A、B、C、…、Z、AA、AB、…、AZ、BA、BB、…、BK 表示，最多达 63 列；行号用 1、2、3、…表示，最多可达 32767 行。所以一张 Word 表格最多可有 32767×63 个单元格。

单元格区域的表示是由该区域左上角的单元格地址和右下角单元格地址中间加一个英文冒号 ":" 组成的，如 A1:B6、B3:D8、C3:C7 等。

2. 表格计算

Word 2010 的计算功能是通过公式来实现的。

表 4-3 工资表

姓名	基本工资	职务工资	津贴	出差补助	总工资
王强	320	240	312	200	
张明	378	260	357	200	
薛蓝	276	220	251	200	

表 4-3 中，总工资=基本工资+职务工资+津贴+出差补助。以计算王强的总工资为例来介绍 Word 2010 中表格的计算步骤。

（1）单击要计算结果的单元格。

（2）在新出现的表格工具功能区"布局"中，单击"数据"组中的"公式"命令，打开图 4-33 所示的"公式"对话框。

图 4-33 "公式"对话框

（3）在"公式（F）:"文本框中输入计算公式"=SUM(LEFT)"或"=SUM(B2:E2)"。公式中的函数也可以在"粘贴函数"列表框中选择，选择完毕后函数会自动出现在"公式（F）:"文本框中。

（4）单击"确定"按钮，退出"公式"对话框，即可完成单元格的计算。

在输入公式时应该注意的问题如下。

（1）公式中可以采用的运算符有+、-、*、/、^、%、= 共 7 种，公式前面的"="不能遗漏。

（2）输入公式应注意在英文半角状态下输入，字母不分大小写。

（3）输入公式时，应输入该单元格的地址，而不是单元格中的具体数值。而且参加计算的应是数值型数据。

（4）公式中可以使用函数，只要将需要的函数粘贴到公式中并填上相应的参数即可。

（5）Word 2010 的表格计算中有三个系统函数参数，分别是 ABOVE、LEFT、RIGHT，用来指示向上、向左和向右运算的方向。

（6）如果该单元格中已有数据，应先清除后再输入公式。如果输入的公式有错误，应先将错误信息清除后再输入公式。

3．表格中计算数据的更新

域是一种特殊代码，用来指导 Word 在文档中自动插入文字、图形、页码等对象，并实现对象的更新功能。域贯穿于 Word 许多功能之中，如表格计算、插入时间和日期、插入索引和目录、邮件合并等。只不过平时我们都以菜单、对话框的形式来实现这些功能，看到的也只是由域代码运算产生的域结果。

接下来介绍域在表格计算中的应用，在本书的"4.7 自动生成目录"小节中还将介绍域在目录中的应用。

若公式中涉及的基本数据发生了变化，公式计算得出的结果并不会自动改变，需要用户对其进行更新。数据更新的步骤如下。

（1）单击需要更新的数据，该数据被罩以灰色的底纹，说明数据含有"域"。

图 4-34　"公式域"快捷菜单

（2）右击，在弹出的快捷菜单（见图 4-34）中选择"更新域"命令。

计算数据的更新需要逐个进行，直到所有计算数据全部被更新。

4.4.4　表格设置

在表格中输入并编辑内容后，还需要对表格进行设置。表格设置包括设置单元格的对齐方式、表格边框等。

1．单元格的对齐方式

（1）水平对齐方式：选定要设置的单元格，单击功能区"开始"→"段落"组的对齐工具按钮≡ ≡ ≡≡ 即可。

（2）垂直对齐方式：选定要设置的单元格，右击→"表格属性"，在"表格属性"对话框的"单元格"选项卡中，选择所需垂直对齐方式→"确定"。

（3）综合对齐方式：选中要设置的单元格，右击→"单元格对齐方式"，可从水平对齐和垂直对齐方式的 9 种组合中选择其一，轻松实现两种对齐方式的同时设置，如图 4-35 所示。

图 4-35　"单元格对齐方式"子菜单

2．表格的对齐方式与文字环绕

单元格对齐设置完，还要设置表格在正文中的对齐方式。将插入点移至表格中，右击→"表格属性"，在"表格属性"对话框的"表格"选项卡中，选择表格所需的"对齐方式"和"文字环绕"→"确定"。

3．设置表格边框

表格边框的设置步骤如下。

（1）鼠标以拖动的方式选定表格区域，或单击表格左上角的按钮⊞ 选定整个表格。

（2）右击→"边框和底纹"，弹出图 4-36 所示的"边框和底纹"对话框。

（3）单一型的边框设置：选择对话框左侧的类型→设置样式、颜色、宽度→在右侧的预览里观看效果→"确定"。

（4）复合型的边框设置：设置样式、颜色、宽度→通过预览区域的 8 个按钮选定需要设置的边框线（如上、下、左、右四个按钮对应外边框），一种线型设置完毕。如此反复设置其余的线型，如内边框。所有线型设置完毕，单击"确定"按钮。

图 4-36 "边框和底纹"选项卡

4．绘制斜线表头

绘制表格时，斜线表头是经常使用的一种表格元素。绘制斜线表头的方法如下。

（1）绘制一根斜线表头：选中需要绘制斜线表头的单元格，单击"表格工具"的"设计"选项卡→"边框"→"斜下框线"，如图 4-37 所示。

（2）绘制两根及以上斜线表头：选中需要绘制斜线表头的单元格，单击功能区"插入"→"插图"→"形状"→"直线"，如图 4-38 所示。然后根据表头所需斜线数量直接在表头中绘制即可。

图 4-37 添加斜下框线

图 4-38 插入形状"直线"

5．设置表格样式

表格样式是表格边框、底纹和字体格式等信息的集合。Word 2010 中有系统自带的表格样式，使用方法是：选择需要设置的表格区域，在"表格工具"的"设计"选项卡→"表格样式"组里选择某种系统样式，如图 4-39 所示，即将这种表格样式套用到选定的表格区域中；还可使用"表格样式"组里的"底纹"和"边框"按钮，自定义表格样式。

图 4-39　"表格样式"组

6. 表格与文本的相互转换

表格转换为文本的方法：选定表格，单击"表格工具"的"布局"选项卡→"数据"→"转换为文本"。

文本转换为表格的方法：选定文本区域，单击功能区"插入"→"表格"→"文本转换为表格"。

7. 设置跨页表格的标题

当 Word 文档的表格不止一页时，希望每一页的首行都有表格的标题行。Word 2010 设置跨页表格标题行的方法如下。

选定表格的标题行，单击"表格工具"的"布局"选项卡→"数据"→"重复标题行"即可。

8. 拆分表格

有时需要将一个表格拆成两个或多个，拆分表格的方法如下。

将插入点定位在拆分后第二个表格的第一行中，单击"表格工具"的"布局"选项卡→"合并"→"拆分表格"，或按 Ctrl + Shift + Enter 组合键，表格中间会自动插入一个空白行，表格就一分为二了。

如果需要对拆分开的两个表格进行合并，只需将两个表格中间的回车符删除即可。

9. 改变表格大小

将鼠标指向表格的任意位置，表格的右下角会出现一个正方形表格控制柄。用鼠标拖放该控制柄便可快速改变表格的大小和纵横比。

4.5　插入图形和对象

为了更好地布置版面，使版面符合某一种风格，我们往往需要向文档中插入图片、图形、艺术字以及文本框等对象，使文档图文并茂，更加生动、形象。

4.5.1　插入图片

1. 插入剪贴画

Word 2010 自带了一个内容丰富的剪辑库，存放了许多常用的剪贴画，分为动物、植物和建筑等 51 种类型。用户可以快速方便地搜索剪贴画搜索并插入到文档中。

插入剪贴画的方法是：鼠标选定要插入剪贴画的位置，单击功能区"插入"→"插图"→"剪贴画"，弹出"剪贴画"任务窗格，如图 4-40 所示。在"剪贴画"任务窗格中搜索相关主题的图片，单击搜索结果中的任一剪贴画即可完成剪贴画的插入。

剪贴画默认的扩展名是".wmf"。通过"剪贴画"窗格还可插入声音和视频剪辑。

图 4-40 "插入剪贴画"对话框

图 4-41 "插入图片"对话框

2. 插入图片

用户可以把图片文件插入到 Word 文档中。插入图片文件的方法如下。

鼠标确定要插入图片的位置,单击功能区"插入"→"插图"→"图片",弹出"插入图片"对话框(见图 4-41)→选定所需的图片文件→"插入"即可。

插入图片后,Word 2010 将出现图 4-42 所示的"格式"功能区(插入其他对象也会出现类似的功能区),通过该功能区可以编辑对象。

图 4-42 功能区"格式"

例如,插入的图片和文档中的文字的位置关系处理常常涉及"图文混排"问题。处理方法是:选定图片,单击功能区"格式"→"排列"→"位置"和"自动换行",从中选定图片与文本的空间关系;单击"格式"→"排列"→"对齐",确定图片的对齐方式。

例如,插入的图片有时可能只需要其中的一部分,这就需要对图片进行裁剪,步骤如下。

(1)选中要裁剪的图片,图片周围出现 8 个句柄。

(2)单击功能区"格式"→"大小"组中的"裁剪"按钮 📐,在任意句柄处,向图片内部拖放鼠标,按 Enter 键,即可裁剪掉相应的部分。

除了利用"格式"功能区外,还可使用快捷菜单对图片进行格式化。方法是:选定图片,右击→"设置图片格式",打开"设置图片格式"对话框,如图 4-43 所示,完成相关设置。例如,要对图片进行精确裁剪,可通过对话框中的"裁剪"选项卡来进行设置。如果要对图片的亮度、对比度进行调整,可在"图片更正"选项卡里设置。

图片样式是图片边框、版式等格式的集合。图片样式的设置方法是:选定图片,单击功能区"格式"→"图片样式",如图 4-42 所示,选择某种系统样式,或通过"图片边框""图片效果"和"图片版式"按钮自定义图片样式。

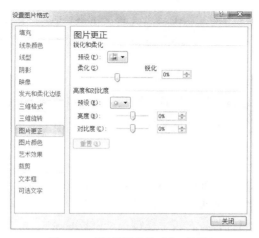

图 4-43　"设置图片格式"对话框

3．插入艺术字

艺术字是一类特殊的文字，它是以"图片"的格式存在的。

插入艺术字的方法是：单击功能区"插入"→"文本"→"艺术字"，打开"艺术字"下拉列表，如图 4-44 所示。选择一种艺术字样式，在弹出的文本框（见图 4-45）中，输入要插入的艺术字内容即可。

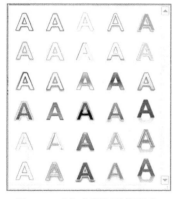

图 4-44　"艺术字"下拉列表

请在此放置您的文字

图 4-45　"编辑艺术字文字"文本框

4.5.2　插入文本框

文本框是一种特殊的文本对象，用于输入文本，有横排和竖排两种形式。Word 2010 中，文本框默认是浮动式对象，通过它可以将文字放置到页面的任意位置，还可以与其他对象产生重叠、环绕和组合等效果。

1．插入文本框

插入文本框的方法如下。

单击功能区"插入"→"文本"→"文本框"，再将鼠标移至要插入文本框的位置（此时鼠标指针变成"+"），拖动鼠标到合适尺寸释放即可。

2．编辑文本框

在文本框中输入文本内容后，还可编辑文本框，具体步骤如下。

将鼠标指针指向文本框的边框，右击→"设置文本框格式"，在弹出的"设置文本框格式"对话框中，设置边框的颜色和线条、内部填充颜色、大小及环绕方式等→"确定"。

4.5.3　插入形状

用户在 Word 2010 中可以自行绘制线条和形状，还可以使用 Word 2010 提供的线条、箭头、流程图和标注等形状组合成更加复杂的形状。

1. 绘制形状

绘制形状的步骤如下。

（1）单击功能区"插入"→"插图"→"形状"，打开图 4-46 所示的"形状"下拉列表，单击需要绘制的形状（例如选中"箭头总汇"区域的"右箭头"选项）。

（2）将鼠标指针移动到目标位置，按下左键拖动鼠标绘制图形，将图形调整至合适大小后，释放鼠标左键完成形状的绘制。如果在释放鼠标左键以前按 Shift 键，则可以绘制成比例形状，如圆、正方形等。

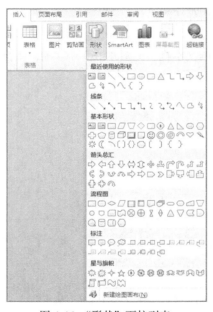

图 4-46　"形状"下拉列表

图 4-47　"编辑形状"快捷菜单

2. 编辑形状

（1）添加文字

在形状内可以添加文字，此时的形状相当于一个文本框。添加文字的方法：选定要添加文字的形状，右击→"添加文字"，键入文字即可。

（2）调整文字方向

形状中的文字也可以改变方向，其方法如下。

选定要改变文字方向的形状，单击"绘图工具"的"格式"选项卡→"文本"→"文字方向"，在"文字方向"下拉列表中选择一种文字方向即可。

（3）编辑形状

用户对绘制的形状不满意，还可以对其进行修改编辑。编辑的方法如下。

右击形状，弹出"编辑形状"快捷菜单，如图 4-47 所示。选择"编辑文字"可对形状中的文字进行编辑；选择"置于顶层"或"置于底层"可以改变形状的叠放次序；选择"设置形状格式"可以设置形状的线条颜色、填充、尺寸和旋转角度等。

3. 组合图形

在 Word 2010 文档中使用形状绘制的复杂图形一般包括多个独立的形状。当需要选中、移动和缩放图形时，往往需要选中图形中的所有的独立形状，操作起来不太方便。我们可以借助"组合"命令将多个独立的形状组合成一个图形对象，然后对组合后的图形对象进行移动、缩放等整体操作。组合图形的步骤如下。

（1）在按住 Ctrl 键的同时左键单击，选中所有的独立形状。

（2）右击被选中的所有独立形状，在打开的快捷菜单（见图 4-48）中选择"组合"命令，并在打开的下一级菜单中选择"组合"子命令，即可完成形状的组合。

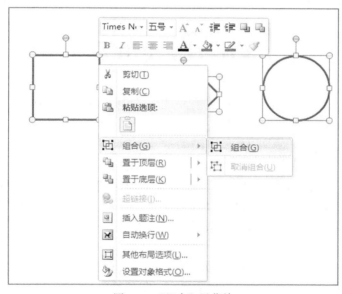

图 4-48　"组合"子菜单

另外，组合好的图形还可取消组合。"取消组合"的方法是：选定要取消组合的图形，右击→ "组合" → "取消组合"即可。

4.5.4　插入数学公式

在撰写论文、学术报告时，经常用到数学公式。有些数学符号是难以从键盘输入的，如分数线、积分号等。Word 2010 提供了数学公式编辑器，用它可以编辑一些复杂的数学公式。

1. 插入数学公式

插入数学公式的方法如下。

确定要插入数学公式的位置，单击功能区"插入" → "文本" → "对象"，打开"对象"对话框（见图 4-49），选择"Microsoft 公式 3.0" → "确定"，打开"公式"工具栏，如图 4-50 所示，进入公式编辑状态。选择符号、样式模板，输入数学公式内容即可。公式输入完后，单击公式外的任意区域，即可退出公式编辑状态，且"公式"工具栏消失。

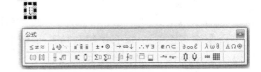

图 4-49 "对象"对话框　　　　　　　　　　图 4-50 "公式"工具栏

2. 修改数学公式

双击要修改的数学公式，即可进入公式编辑状态，这时可以对公式进行编辑和修改。

4.6　版式设置

编辑好的一篇文档，在打印之前还要进行一些版式设置，例如：设置主题、设置页眉和页脚、插入页码等，以增强直观性和实用效果。

4.6.1　主题设置

通过设置文档的主题，用户可以快速改变 Word 2010 文档的整体外观，主要包括文本的字体、字体颜色和图形对象的效果。如果在 Word 2010 中打开 Word 97 或 Word 2003 文档，则无法使用主题，必须将其另存为 Word 2010 文档，或单击"文件"选项卡→"信息"→"兼容模式"，才可以使用主题功能。

设置主题的方法是：单击功能区"页面布局"→"主题"，选定某种系统主题（见图 4-51），或使用"主题"组中"颜色""字体"和"效果"按钮自定义主题。

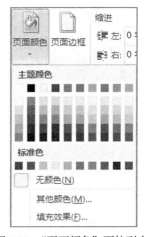

图 4-51 "主题"下拉列表　　　　　　　　图 4-52 "页面颜色"下拉列表

4.6.2　页面背景设置

页面背景设置主要是对文档的背景部分进行设置，不修改文档中文本和其他插入对象的属性。页面背景设置主要包括页面颜色、水印和页面边框。下面分别介绍它们的使用方法。

1．页面颜色

"页面颜色"的使用方法：单击功能区"页面布局"→"页面背景"→"页面颜色"，打开图4-52 所示的"页面颜色"下拉列表。颜色的选择有以下几种方式。

（1）直接从下拉列表中选择某种颜色。

（2）单击"其他颜色…"命令，打开图 4-53 所示的"颜色"对话框。可从"标准"选项卡中选择某种颜色，也可从"自定义"选项卡中选择某种"颜色模式"进行自定义。

（3）还可单击"填充效果…"命令，打开图 4-54 所示的"填充效果"对话框，其中包含"渐变""纹理""图案"和"图片"四个选项卡。用户通过这四个选项卡可设置较为丰富多样的页面背景。

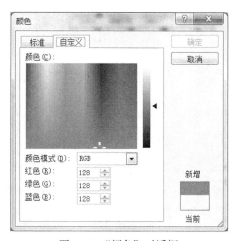

图 4-53　"颜色"对话框

图 4-54　"填充效果"对话框

2．水印

水印的使用方法：单击功能区"页面布局"→"页面背景"→"水印"。除可选择系统水印，还可自定义水印。自定义水印包括无、图片水印和文字水印三种。

3．页面边框

"页面边框"设置详见本书"4.3.5 边框和底纹"小节。

4.6.3　页面设置

1．页面设置

页面设置主要包括页边距、纸张大小、纸张方向和分栏等。设置的方法如下。

单击功能区"页面布局"→"页面设置"组的扩展按钮，出现图 4-55 所示的"页面设置"对话框。通过"页边距"选项卡，可以设置页边距、装订线的位置以及纸张方向。通过"纸张"选项卡，可以设置纸张的大小。通过"版式"选项卡，可以设置页眉和页脚到页边界的距离、页面的垂直对齐方式等。通过"文档网络"选项卡，可以设置文字排列方式和分栏数等。

2. 分节

默认情况下，文档中所有页的页面版式都是相同的。若要改变文档中的一个或者多个页面的版式格式，则可以使用分节符来实现。使用分节符可以将整篇文档分为若干节，每一节单独设置页面版式（如页眉、页脚、纸张方向等），从而实现灵活排版和编辑。

分节符的插入方法：选择功能区"页面布局"→"页面设置"→"分隔符"按钮，打开图 4-56所示的"分隔符"下拉列表，选择任一种"分节符"即可实现插入操作。

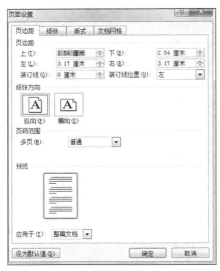

图 4-55 "页面设置"对话框

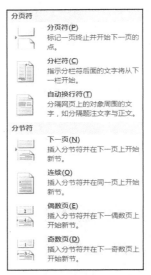

图 4-56 "分隔符"下拉列表

3. 分页

将光标插入点移至要分页的位置，单击功能区"页面布局"→"页面设置"→"分隔符"→"分页符"，或是单击功能区"插入"→"页"→"分页"按钮，则可以将当前插入点后面的内容移动到新的一页。也可以通过 Ctrl + Enter 组合键开始新的一页。在普通视图下，人工分页符是一条中间带"分页符"字样的虚线，按 Delete 键可以删除，而自动分页符是一条水平虚线，不能人为删除。

4.6.4 页眉和页脚

页眉和页脚通常用于显示文档的附加信息，如书名、章节名、日期、页码和图片标志等。页眉和页脚的内容不是随文档输入的，而是专门设置的，它只有在页面视图下才能看到。因此，要插入或显示页眉、页脚，必须先切换到页面视图。

1. 页眉和页脚的插入

以插入页眉为例。插入页眉的方法如下。

单击功能区"插入"→"页眉和页脚"，单击"页眉"按钮，在下拉菜单中选择"编辑页眉"，进入页眉的编辑状态。此时，正文为锁定状态。在页眉的编辑区中输入内容，文字和图片均可。单击"关闭页眉和页脚"按钮（或双击文档区域的任意位置），可返回到正文的编辑状态，页眉变为锁定状态。

在页眉页脚的插入过程中，也可以设置页眉或页脚内容中文本的字体、字号和对齐方式等显示效果。

另外，若想让文档的不同部分键入不同的页眉页脚，还可借助分节功能来实现。例如，在目录页的前后各插入一个"下一页"类型的分节符，将鼠标定位在目录页，并在设置页眉页脚之前取消"链接到前一条页眉"按钮的选定，则可实现目录页与其他页的页眉页脚不同。

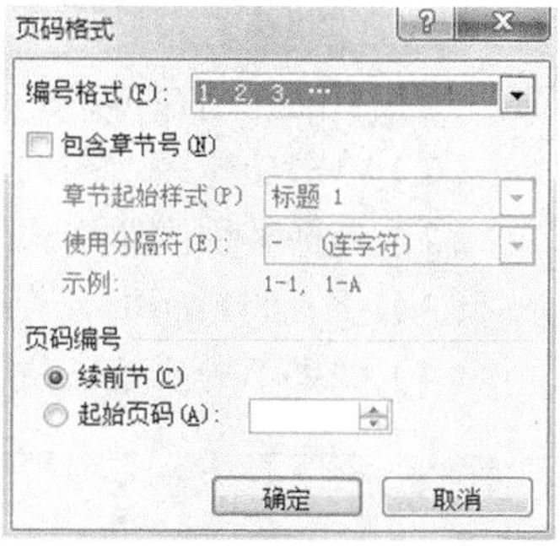

2．插入、删除页码

如果文档页数较多，为了便于阅读和查找，需要给文档设置页码。插入页码的方法如下。

单击功能区"插入"→"页眉和页脚"→"页码"，在下拉菜单中单击"设置页码格式"，弹出"页码格式"对话框，如图 4-57 所示，设置页码的"编码格式"和"起始页码"等信息→"确定"。

图 4-57　"页码格式"对话框

删除页码的方法如下。

单击功能区"插入"→"页眉和页脚"→"页码"→"删除页码"。

4.6.5　分栏

所谓分栏就是将一段文本分成并排的几栏，只有当填满前一栏后才移到下一栏。在编辑报纸、杂志时，经常要用到分栏，以增加版面的美感，而且便于划分板块和阅读。Word 最多可以分为 11 栏。

设置分栏的步骤如下。

（1）单击功能区"页面布局"→"页面设置"→"分栏"按钮，打开"分栏"下拉菜单，单击"更多分栏"将打开"分栏"对话框，如图 4-58 所示。

（2）在"预设"一栏中，选择分栏类型；选中"分隔线"复选框，可以在各栏之间加入分隔线；取消选中"栏宽相等"复选框，可以建立不等的栏宽，各栏的宽度可在"宽度"列表框中输入；在"应用于"列表框中设定分栏的范围，可以是选定的文本或整篇文档。

（3）设置完毕，单击"确定"按钮即可将所选文本分栏。

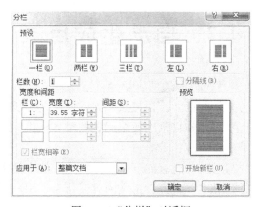

图 4-58　"分栏"对话框

4.6.6　封面设置

使用 Word 2010 制作文档时，可以为文档添加不用样式的封面，并在封面中添加作者、关键词、发布日期等信息。而且，无论光标插入点在什么位置，插入的封面总是出现在 Word 文档的第一页。下面介绍在 Word 2010 中插入和编辑封面的步骤。

（1）单击功能区"插入"→"页"→"封面"，打开图 4-59 所示的"封面"下拉列表。

（2）选择某种内置样式的封面，如图 4-60 所示的"奥斯汀"封面。

（3）插入的封面中有若干占位符，通过这些占位符可以输入文档标题、作者等信息。

（4）如果不想要某占位符，可以通过右击→"剪贴"来删除它。

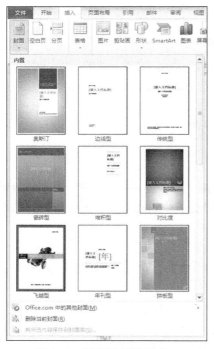

图 4-59 "封面"下拉列表

图 4-60 "奥斯汀"封面

4.7 自动生成目录

所谓"目录"，就是文档中各级标题的列表集合，它通常位于文章正文之前。目录的作用在于方便读者通览全文或定位感兴趣的章节。很显然，为毕业论文等长文档手动输入目录，工作量较大。手动输入目录的弊端也较多，如目录中各级标题的对齐很难标准化；正文中标题或页码发生变化，目录中的相关内容需逐条修改；等等。

本小节介绍的"自动生成目录"功能有如下优点：利用文档中使用过的标题样式来提取章节标题，自动生成目录；标题排列标准、整齐；正文内容变化时，用户可以快速更新目录；能实现目录到正文的跟踪链接。自动生成目录的效果如图 4-61 所示。

目录的自动生成依靠对正文中各标题样式的判断。因此，在插入目录前，需要首先对各级标题使用不同的标题样式。方法是：选中要插入到目录中的标题，在功能区"开始"→"样式"中选择某种标题样式。或者单击功能区"开始"→"样式"组的扩展按钮，打开图 4-62 所示的"样式"对话框，选择某种样式。

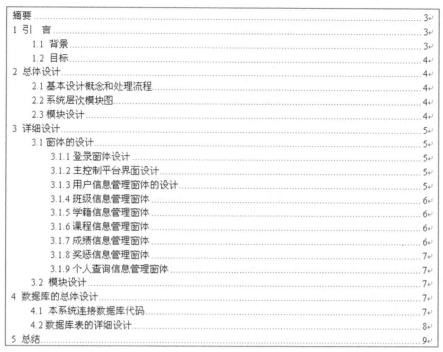

图 4-61　"自动生成目录"效果图

设置完标题样式，接下来介绍目录的生成、更新、跟踪链接和复制。

1. 自动生成目录

将光标插入点放到即将生成目录的位置，单击功能区 "引用"→"目录"，弹出"目录"下拉菜单，如图 4-63 所示，选择"插入目录…"命令，弹出"目录"对话框，如图 4-64 所示。在该对话框中，可以设置显示级别（即目录中显示前几级标题）、显示页码和页码右对齐等。

图 4-62　"样式"对话框

图 4-63　"目录"下拉列表

图 4-64 "目录"对话框

还可通过"目录"对话框右下角的"修改（M）…"按钮，对目录的细节进行修改。例如，修改目录 1 的字体、字号等。

2. 目录的更新

因目录中含有域，在自动生成目录后，当文档中的标题或对应的页码发生变化时，选定目录，右击→"更新域"，如图 4-65 所示，即可根据文档内容更新目录。

图 4-65 "更新域"命令

3. 跟踪链接

将光标放到目录中的某标题上，光标处将弹出"按住 Ctrl 并单击可访问链接"的提示，如图 4-66 所示。按住 Ctrl 键的同时单击鼠标左键，文档将跟踪链接到对应的章节。

4. 复制目录

因目录中含有域，直接使用剪贴板的"粘贴"功能对目录进行复制，复制产生的目录仍然带有链接效果，且容易出错。为了解决这个问题，剪贴板复制目录之后，使用功能区"开始"→"粘贴"→"选择性粘贴"→"Microsoft Word 文档对象"来替代"粘贴"功能。采用这种方法复制后的目录不再含有域，使用更加方便。

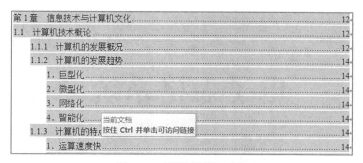

图 4-66 "跟踪链接"功能

4.8 打印文档

Word 2010 采用的是"所见即所得"的字处理方式。在页面视图下，窗体中的页面与实际打印出来的页面基本一致。当文档编辑、排版好后，可以将它打印出来。

在打印文档之前，可以先预览一下页面的整体效果。Word 2010 提供了"打印预览"功能，使用方法如下。

单击"文件"选项卡→"打印"（或单击快速访问工具栏上的"打印预览和打印"按钮），进入"打印预览和打印"窗口（见图 4-67）。此窗口的右侧显示的是打印预览效果。

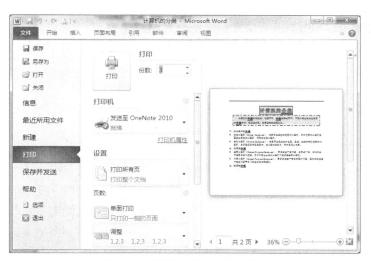

图 4-67 "打印预览和打印"窗口

对文档打印预览后，感觉效果满意，就可以打印了。单击图 4-67 中的"打印"按钮即可打印。当然，打印文档之前，要确保打印机与计算机连接好，并安装了打印机驱动程序，还要打开打印机的电源。

第5章
电子表格系统 Excel 2010

Excel 2010 是 Office 2010 套装软件中另一个重要组成部分,在电子表格中不仅可以输入文本、数据、插入图表和媒体对象,而且还可以对数据进行统计、分析与计算。

5.1　Excel 2010 概述

5.1.1　Excel 的主要功能

1. 简单、方便的表格制作功能
可方便地创建和编辑表格,对数据进行输入、编辑、计算、复制、移动、设置格式和打印等。

2. 强大的图形、图表功能
可以根据工作表中的数据快速生成图表,可以直观、形象地表示和反映数据,使得数据易于阅读和评价,便于分析和比较。

3. 快捷的数据处理和数据分析功能
可采用公式或函数自动处理数据,具有较强的数据统计分析能力,能对工作表中的数据进行排序、筛选、分类汇总、统计和查询等操作。

4. 列表功能
类似于"筛选"功能,用户可以利用它进行排序、筛选、汇总和求平均值等简单操作。

5.1.2　Excel 2010 的新增功能

Excel 2010 除了上述主要功能外,还可以通过比以往更多的方法分析、管理和共享信息,从而帮助用户做出更好、更明智的决策。全新的分析和可视化工具可帮助用户跟踪和突出显示重要的数据趋势。可以在移动办公时从几乎所有 Web 浏览器或 Smart Phone 访问用户的重要数据。用户甚至可以将文件上传到网站并与其他人同时在线协作。无论用户是要生成财务报表还是管理个人支出,使用 Excel 2010 都能够更高效、更灵活地实现用户的目标。其新增功能主要有以下十个方面。

1. 在一个单元格中创建数据图表
迷你图是 Excel 2010 中的新功能,用户可使用它在一个单元格中创建小型图表来快速发现数据变化趋势。这是一种突出显示重要数据趋势(如季节性升高或下降)的快速简便的方法,可为用户节省大量时间。

2. 快速定位正确的数据点
Excel 2010 提供了令人兴奋的全新筛选增强功能。切片器功能在数据透视表视图和数据透视图中提供了丰富的可视化功能，方便用户动态分割和筛选数据以显示用户需要的确切内容。使用新的搜索筛选器，可用较少的时间筛选表、数据透视图和数据透视表视图中的大型数据集，而将更多时间用于分析。

3. 可对几乎所有数据进行高效建模和分析

PowerPivot for Excel 2010 加载项可免费下载，它提供了突破性技术，如简化了多个来源的数据集成和快速处理多达数百万行的大型数据集。企业用户可通过 Microsoft SharePoint Server 2010 轻松发布和共享分析信息，其他用户也可在操作自己的 Excel Services 报表时利用相同的切片器、数据透视表和快速查询功能。

4. 随时随地访问电子表格

将电子表格在线发布，然后即可通过任何计算机或 Windows 电话随时随地访问、查看和编辑它们。使用 Excel 2010，用户可跨多个位置和设备尽享行业最佳的电子表格体验。

（1）Microsoft Excel Web App。当用户离开办公室、家或学校时，可在 Web 浏览器中编辑工作簿，而不会影响查看体验的质量。

（2）Microsoft Excel Mobile 2010。使用专用于用户的 Smart Phone 的 Excel 移动版本，随时了解最新信息并在必要时立即采取措施。

5. 通过连接、共享和合作完成更多工作

通过 Microsoft Excel Web App 进行共同创作，用户将可以与处于其他位置的用户同时编辑同一个电子表格。用户可查看与用户同时处理某一电子表格的用户。当其他用户进行更改时，用户同时便可查看这些更改。通过状态栏上显示的工作簿中的编辑人数，用户始终可以知道谁与用户在同时编辑该工作簿。

6. 为数据演示添加更多高级细节

使用 Excel 2010 中的条件格式功能，可对样式和图标进行更多控制，改善了数据条件并可通过几次单击突出显示特定项目。用户还可以显示负值数据条以更精确地描绘直观数据结果。

7. 利用交互性更强和更动态的数据透视图

通过数据透视图，不必依赖数据透视表视图，即可直接在数据透视图中显示各种数据视图，以便用最有说服力的视图来分析和捕获数字。

8. 更轻松更快地完成工作

Excel 2010 简化了访问功能的方式。全新的 Microsoft Office Backstage™ 视图取代了传统的文件菜单，允许用户通过几次单击即可保存、共享、打印和发布电子表格。并且，通过改进的功能区，用户可以自定义选项卡或创建自己的选项卡以适合自己独特的工作方式，从而可以更快地访问常用命令。

9. 利用更多功能构建更大、更复杂的电子表格

使用全新的 64 位版本 Excel 2010，可以比以往更容易地分析海量信息。

10. 通过 Excel Services 发布和共享

Share Point Server 2010 和 Excel Services 的集成，允许企业用户将电子表格发布到 Web，从而在整个组织内共享分析信息和结果。

5.1.3　Excel 2010 的窗口组成

启动 Excel 2010 应用程序后，在进行下一步的操作前，首先了解一下 Excel 2010 的工作环境。Excel 2010 应用程序窗口如图 5-1 所示，Excel 2010 的窗口主要由标题栏、快速访问工具栏、文件

选项卡、功能区、编辑栏、工作表编辑区和状态栏等部分组成。

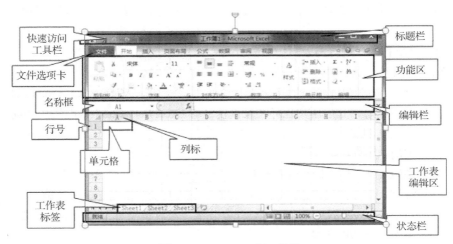

图 5-1　Excel 2010 窗口界面

1. 标题栏

标题栏显示正在编辑的工作表的文件名以及所使用的软件名。默认状态下，Excel 2010 标题栏左侧显示"快速访问工具栏"名称。

2. 快速访问工具栏

快速访问工具栏位于标题栏的左侧，它包含一组独立于功能区上选项卡的命令按钮。默认的快速访问工具栏中包含"保存""撤消"和"恢复"等命令按钮。

单击"快速访问工具栏"右边的下拉箭头，在弹出的菜单中，可以自定义快速访问工具栏中的命令按钮。

3. 文件选项卡

单击"文件"选项卡后，会显示一些基本命令，包括"新建""打开""保存""打印""选项"以及其他一些命令。

4. 功能区

Excel 2010 的功能区由各种选项卡和包含在选项卡下的各种命令按钮组成，默认显示的选项卡有开始、插入、页面布局、公式、数据、审阅和视图。利用它可以轻松地查找以前隐藏在复杂菜单和工具栏中的命令和功能。

每个选项卡下包括多个工具组，例如，"开始"选项卡→包括"剪贴板""字体"和"对齐方式"等工具组，每个工具组中又包含若干个相关的命令按钮。

5. 编辑栏

编辑栏位于功能区下方，工作表编辑区的上方，用于显示和编辑当前活动单元格的名称、数据或公式。编辑栏由名称框、工具按钮和编辑区组成。

名称框用来显示当前单元格的地址和名称。当选择单元格或区域时，名称框中将出现相应的地址名称。使用名称框可以快速转到目标单元格中，例如在名称框中输入"D15"，按"Enter"键即可将活动单元格定位为第 D 列第 15 行。另外在输入公式时从其下拉列表中可以选择常用函数。

编辑栏显示当前单元格的内容，也可以直接在编辑栏中对当前单元格进行输入和编辑操作。

工具按钮有"取消"按钮 ✖ 和"输入"按钮 ✔，分别用于取消和确认输入操作。"插入函数"按钮 *fx*，用于插入函数，也可以在单元格中输入"="来输入公式。

6. 工作表编辑区

工作表编辑区是在 Excel 2010 操作界面中用于输入数据的区域，由单元格组成，用于输入和编辑不同的数据类型。用 Excel 制作表格和编辑数据的所有操作都在这个区域进行。

工作表编辑区显示正在编辑的工作表。工作表由行和列组成。行和列的交叉为单元格。

工作表标签位于编辑区的左下部，显示了当前工作簿中包含的工作表，初始为 Sheet1、Sheet2 和 Sheet3，代表着工作表的名称。当前工作表以白底显示，其他工作表以灰底显示。单击工作表标签，可在同一工作簿的不同工作表之间进行切换。

7. 状态栏

状态栏用于显示当前数据的编辑状态、选定数据统计、页面显示方式以及调整页面显示比例等，如图 5-2 所示。

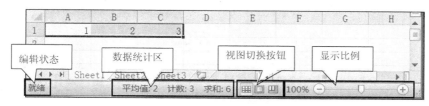

图 5-2　状态栏显示效果

（1）当前数据的编辑状态

在 Excel 2010 的状态栏中显示的 3 种状态如下。

① 对单元格进行任何操作，状态栏会显示"就绪"字样。

② 向单元格中输入数据时，状态栏会显示"输入"字样。

③ 对单元格中的数据进行编辑时，状态栏会显示"编辑"字样。

（2）数据统计区

通过数据统计区，可以快速地了解选定数据的基本信息，默认显示选定数据的"平均值""计数"和"求和"，如图 5-2 所示。

（3）页面显示方式

数据统计区的右侧有 3 个视图切换按钮，分别是"普通""页面布局"和"分页预览"，单击不同按钮可实现不同的视图显示，以黄色为底色的视图按钮表示当前正在使用的视图方式。如图 5-2 所示，表示当前使用的视图方式为"普通"视图。

（4）页面显示比例

"显示比例"、"缩放级别"可以通过单击"100%"，在弹出的选项卡下设置，也可以随着右侧显示比例滑块的拖动而改变。向左拖动滑块，可减小文档显示比例；向右拖动滑块，可增大文档显示比例。

另外，在状态栏上右击，将弹出图 5-3 所示的快捷菜单，从中可以选择常用的 Excel 函数。这样，当在单元格中输入一些数值后，只需用鼠标批量选中这些单元格，状态栏中就会立即以上述快捷菜单中默认的计算方法给出计算结果。

8. 水平分割线和垂直分割线

在垂直滚动条的上方是水平分割线，在水平滚动条的右侧是垂直分割线，如图 5-4 所示。用鼠标按住它们向下或向左拖动，就会把当前活动窗口一分为二，并且被拆分的窗口都各自有独立的滚动条，这在操作内容较多的工作表时非常方便。

图 5-3　状态栏快捷菜单

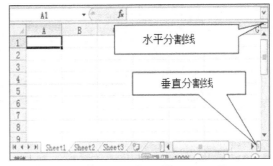

图 5-4　水平分割线和垂直分割线

水平分割线及垂直分割线都可以用鼠标拖动以更改窗口的拆分比例；双击分割线可取消拆分状态，双击水平与垂直分割线的交叉处可同时取消水平和垂直拆分状态；将水平分割线向顶部列标签方向或向底部的水平滚动条方向滚动、将垂直分割线向左侧行标签方向或右侧滚动条方向拖动，到达工作区域的边缘后，也可隐藏分割线。

5.1.4　工作簿、工作表和单元格

工作簿、工作表和单元格是 Excel 2010 中最基本的概念，一个工作簿可由一个或多个工作表组成，每个工作表又由若干个单元格组成。

1. 工作簿

工作簿是 Excel 文件，是存储数据、公式以及各种信息的文件，是 Excel 存储数据的基本单位。只有工作簿才能以文件的形式存入磁盘，其扩展名是.xlsx。

2. 工作表

工作表是组成工作簿的基本单位，是一个由行和列交叉排列的二维表格，也称电子表格。用户可以在工作表上输入数据、编辑数据、设置数据格式、对数据排序和筛选等。

进入 Excel 2010 后，系统默认打开 3 张工作表，缺省名为：Sheet1、Sheet2 和 Sheet3，工作表名显示在工作表标签中。每一个工作表由 16384 列和 1048576 行构成。每列用字母标识，从 A、B、…、Z、AA、AB、…、BA、BB、…一直到 XFD，称作列标。每行用数字标识，从 1～1048576，称作行号。每个行和列交叉部分称为单元格，每个工作表最多可有 1048576×16384 个单元格。

用户可以根据自己的需要在工作簿中插入新工作表、删除不用的工作表、对工作表重命名，可通过单击工作表标签来切换工作表。在某一时刻，用户只能在一张工作表上进行工作。此时的工作表称为活动工作表或当前工作表，其工作表标签以白底显示。

3. 单元格区域

单元格区域是指多个单元格的集合，它是由许多个单元格组合而成的一个范围。单元格区域同单元格一样也使用地址来标识，相邻单元格的标识方法是矩形区域左上角的单元格地址和右下角的单元格地址组成，中间用冒号（：）分隔，例如 B2:C3 表示的单元格区域，如图 5-5 所示。

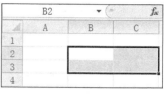

图 5-5　选中 B2:C3 单元格区域

4. 单元格

单元格是工作表中行和列的交叉部分，是工作表最基本的数据单元，也是 Excel 2010 处理数据的最小单位。单元格中可以输入各种数据，如一组数字、一个字符串、一个公式、也可以是一个图形或一个声音等，输入的任何数据都将保存在这些单元格中。

单元格的名称（或称单元格地址）由列标和行号来标识，列标在前，行号在后。例如，第 3 行第 2 列单元格的名称是"B3"，第 5 行第 3 列单元格的名称是"C5"。为了用于不同工作表中的单元格，还可在单元格地址的前面增加工作表名称，如 Sheet1!A1、Sheet2!A2。

在一个工作表中，当前（活动）单元格只有一个。每个单元格内容长度的最大限制是 32767 个字符，但单元格中只能显示 1024 个字符，编辑栏中可显示全部。

总之，Excel 2010 电子表格系统可以打开多个工作簿，而每个工作簿是由若干个相互关联的工作表组成，每一张工作表又由许多单元格中相关的数据组成的，而每一个基本数据元素都存放在每一个单元格中。用户的所有信息都是以工作簿文件的形式保存到磁盘上的。

5.2　Excel 2010 的基本操作

5.2.1　Excel 2010 的启动与退出

1. Excel 2010 的启动

启动 Excel 2010 的方法有如下几种。

方法 1：单击"开始"→"所有程序"→"Microsoft Office"→"Microsoft Excel 2010"。

方法 2：双击桌面上的 Excel 2010 快捷方式图标。

方法 3：双击一个 Excel 2010 工作簿文件。

2. Excel 2010 的退出

与 Office 2010 的其他组件一样，可用多种方法关闭 Excel，常用的有如下几种。

方法 1：单击标题栏中的关闭按钮　X 。

方法 2：单击"文件"→"退出"。

方法 3：双击标题栏最左端的控制菜单图标。

方法 4：单击标题栏最左端的控制菜单图标→"关闭"。

方法 5：按 Alt+F4 组合键。

5.2.2 工作簿的操作

1. 新建空白工作簿

要编辑一个表格，首先要创建它。在 Excel 2010 启动后，就已经自动创建了一个名为"工作簿 1"的空白工作簿，如图 5-6 所示。

图 5-6 自动创建的空白工作簿

在 Excel 2010 中新建空白工作簿有以下几种方法。

方法 1：在启动 Excel 2010 后，系统自动建立一个空白工作簿"工作簿 1"。

方法 2：选择"文件"→"新建"，如图 5-7 所示。在"可用模板"下，双击"空白工作簿"，建立新工作簿；或者单击右边"空白工作簿"→"创建"，建立新空白工作簿。

图 5-7 "新建"任务窗格

2. 根据模板新建工作簿

模板是指一个或多个文件，其中所包含的文档结构，构成了已完成文件的样式和页面布局。通过模板可以快速创建出具有固定格式的文档，以提高工作效率。在 Excel 2010 中，为用户提供了丰富的文档模板，因此，可以根据模板套用来快速创建具有固定格式和布局的文件，具体方法如下。

选择"文件"→"新建"，在"可用模板"下，单击"样本模板"或下方"Office.com 模板"中的某种模板，在出现的新窗口界面中双击需要的模板，如"样本模板"→"销售报表"，结果如图 5-8 所示。

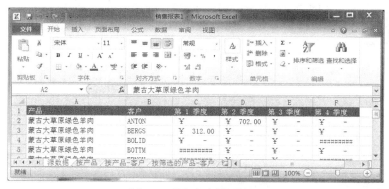

图 5-8　销售报表模板结果

3. 打开工作簿

打开一个已经保存过的工作簿，可以用下面的任意一种方法。

方法 1：使用"文件"选项卡→"打开"命令。

方法 2：在"文件"选项卡→单击"最近所用文件"（在默认状态下显示 25 个最近打开过的文件，用户可以通过"文件"→"选项"→"高级"→"显示"中修改这个数目），打开相应的工作簿。

方法 3：在"计算机"中找到需要打开的工作簿，双击将其打开。

方法 4：在"开始"菜单中"Microsoft Excel 2010"选项的级联菜单中有需要打开的工作簿，只要单击它即可打开。

Excel 2010 允许同时打开多个工作簿。可以在不关闭当前工作簿的情况下打开其他工作簿。可以在不同工作簿之间进行切换，同时对多个工作簿进行操作。

4. 保存工作簿

（1）保存未命名的新工作簿

单击快速访问工具栏上的"保存"按钮 （或者单击"文件"→"保存"或"另存为"），在"另存为"对话框中，确定"保存位置"和"文件名"，然后单击"保存"按钮。

（2）保存已有的工作簿

单击快速访问工具栏上的"保存"按扭 （或者单击"文件"→"保存"）。

（3）自动保存工作簿和设置工作簿的默认保存位置

单击"文件"→"选项"，在"Excel 选项"对话框中，如图 5-9 所示，选择"保存"，在右侧输入自动恢复时间间隔（默认 10 分钟），在"默认文件位置"文本框中输入合适的目录路径，然后单击"确定"。

（4）加密保存工作簿

单击"文件"→"信息"命令→"保护工作簿"按钮→"用密码进行加密"选项，如图 5-10 所示，然后弹出"加密文档"对话框，在"密码"文本框中输入密码，单击"确定"，会弹出"确认密码"对话框，在"重新输入密码"文本框中再次输入密码，单击"确定"按钮。设置完密码后，单击"保存"命令即可。

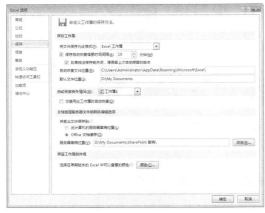

图 5-9 "Excel 选项"对话框   图 5-10 "信息"任务窗格

5. 关闭工作簿

当工作簿操作完成需关闭时，可用以下方法。

方法 1：单击当前工作簿标题栏的"关闭"按钮 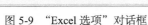。

方法 2：单击"文件"→"关闭"。

方法 3：单击菜单栏最右端的"关闭"按钮 ✕ 。

方法 4：使用退出 Excel 2010 的方法关闭工作簿。

6. 隐藏工作簿

在需要隐藏的工作簿中，单击"视图"选项卡→"窗口"工具组中"隐藏"按钮，即可隐藏该工作簿。

如果想显示已隐藏的工作簿，可单击"取消隐藏"，在"取消隐藏"对话框中，选中需要显示的被隐藏工作簿的名称，单击"确定"按钮即可重新显示该工作簿。

5.2.3 工作表的操作

一个工作簿可能包括多个工作表。工作表的常见操作包括选定和切换、新建、删除、重命名、移动和复制、隐藏及显示等。

1. 工作表的选定和切换

单击工作表标签即可选定需要操作的工作表。当需要从一个工作表切换到另一个工作表时，可单击相应工作表的标签。如果工作簿中包含很多张工作表，而所需工作表标签不可见时，可单击工作表标签左侧的左右滚动按钮 |◀ ◀ ▶ ▶| ，以便显示其他标签。

2. 插入新工作表

Excel 默认打开 3 张工作表，如需更多张工作表时，可使用插入新工作表的方法来添加新工作表，操作方法有如下几种。

方法 1：使用功能区插入工作表：单击"开始"选项卡→"单元格"工具组中的"插入"命令的下拉按钮→"插入工作表"命令，则在当前工作表前插入新工作表。

方法 2：单击按钮插入工作表：在最后一个工作表右侧有"插入工作表按钮 "，单击此按钮，则在最右侧插入新工作表。

方法 3：通过快捷菜单插入新工作表：右击当前工作表标签→"插入"命令，弹出"插入"对话框，然后单击"工作表"图标→"确定"按钮，则在当前工作表前插入新工作表。

3. 删除工作表

删除某一工作表的方法如下。

方法 1：选定要删除的工作表，单击"开始"选项卡→"单元格"工具组中的"删除"命令的下拉按钮→"删除工作表"命令。

方法 2：右击要删除的工作表标签→"删除"。

如果工作表中有数据，在删除工作表时，Excel 会打开一个对话框，在对话框中单击"删除"按钮，将工作表删除；如果单击"取消"按钮，将取消删除工作表的操作。

4. 重命名工作表

工作表的名称（或标题）出现在屏幕底部的工作表标签上。默认情况下，名称为 Sheet1、Sheet2 等，用户可以为工作表指定一个更恰当更直观的名称，以便查询各个工作表的内容。操作方法如下。

方法 1：双击要重命名的工作表标签，工作表名称成反白显示，输入新的工作表名称。

方法 2：右击要重命名的工作表标签→"重命名"，工作表名称成反白显示，输入新的工作表名称。

方法 3：选定要重命名的工作表，单击"开始"选项卡→"单元格"工具组中的"格式"命令→"重命名工作表"，工作表名称成反白显示，输入新的工作表名称。

5. 移动或复制工作表

为了更好地共享和组织数据，常常需要移动或复制工作表。移动或复制工作表既可在同一个工作簿内部进行又可在不同的工作簿之间进行。操作方法如下。

方法 1：通过拖动工作表标签移动或复制工作表

使用鼠标拖动实现移动或复制工作表是最简单也是最常用的方法。使用鼠标拖动的方法适合在同一个工作簿内进行。

如果在当前工作簿中要移动工作表，选中要移动工作表的标签，按住鼠标左键不放进行拖动到目的位置。

如果在当前工作簿中要复制工作表，则在拖动工作表标签的同时按住 Ctrl 键，在目的位置先释放鼠标，再放开 Ctrl 键。所复制的工作表由 Excel 自动命名，名称为原工作表的名称后加一个带括号的编号。

方法 2：通过对话框移动或复制工作表

打开源工作表所在的工作簿和需移动或复制的目标工作簿，选定要移动或复制的工作表，单击"开始"选项卡→"单元格"工具组中的"格式"命令→"移动或复制工作表"命令，弹出"移动或复制工作表"对话框，如图 5-11 所示。

在"移动或复制工作表"对话框中的"工作簿"下拉列表框中，选定需接收工作表的工作簿，在"下列选定工作表之前"下拉列表框中，单击需在其前面插入移动或复制工作表的工作表（如需复制工作表，还需选中"建立副本"复选框），最后单击"确定"按钮。

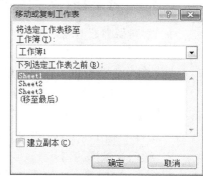

图 5-11　"移动或复制工作表"对话框

也可右击需移动或复制的工作表标签→"移动或复制"，打开"移动或复制工作表"对话框，然后进行相关操作。

6. 隐藏及显示工作表

对于重要的工作表，如果不希望别人看到或防止一些错误操作，可将工作表隐藏起来。

隐藏工作表的操作方法如下。

方法 1：选定需隐藏的工作表，单击"开始"选项卡→"单元格"工具组中的"格式"命令→"隐藏和取消隐藏"→"隐藏工作表"命令，即可隐藏该工作表。

如需显示已隐藏的工作表，单击"开始"选项卡→"单元格"工具组中的"格式"命令→"隐藏和取消隐藏"→"取消隐藏工作表"命令，在"取消隐藏"对话框中，选中需要显示的被隐藏工作表的名称，单击"确定"按钮即可重新显示该工作表。

方法 2：右击需隐藏的工作表标签→"隐藏"，即可隐藏该工作表。

右击任一工作表标签→"取消隐藏"，在"取消隐藏"对话框中，选中需要显示的被隐藏工作表的名称，单击"确定"按钮即可重新显示该工作表。

5.3　数据的输入

数据的输入是制作表格的基础，Excel 所能接收的数据类型，可分为字符型、数值型、日期和时间型、公式与函数等。其中，数字、文字和日期时间等称为常量，指没有以"="开头的单元格数据。

在工作表中输入数据通常有 3 种方法，即单击单元格后直接输入、在编辑栏中输入（先选取单元格，再单击编辑栏进行输入）和双击单元格后在单元格内直接输入。如果要确认在当前单元格中输入的数据，则可以单击编辑栏中的"输入"按钮或按回车键、Tab 键或方向键。如果需取消此次操作，则可以单击编辑栏中的"取消"按钮或按 Esc 键。

Excel 提供了一些数据格式，包括常规、数值、分数、文本、日期、时间、会计和货币等格式，单元格的数据格式决定了数据的显示方式。默认情况下，单元格的数据格式是"常规"格式，此时 Excel 会根据输入的数据形式，套用不同的数据显示格式。例如，如果输入¥25.6，Excel 将套用货币格式。

5.3.1　不同数据类型数据的输入

1. 字符型数据的输入

字符型数据包含汉字、字母、空格及其他可见字符。在默认的"常规"格式下，将作为"文本"来处理。这类数据可在当前单元格中直接输入，Excel 默认字符型数据在单元格中左对齐。

有些字符型数据如邮政编码、电话号码和学号等，还有首字符以"="开头的字符，输入时应在数据前加上一个单引号"'"（英文半角状态）。当输入的数据长度超过单元格宽度时，而右边的单元格又无内容，则扩展到右边列显示，否则将截断显示。

2. 数值型数据的输入

在 Excel 2010 中，数值型数据有数字 0～9、数学中的运算符：+、-、,（千分位号）、/、$、%、(、)、E、e、.（小数点）。在默认的"常规"格式下，将作为"数值"来处理。Excel 默认数值型数据在单元格中右对齐。

输入负数时，需在数前输入一个负号，或将其置于圆括号中，如-7，应输入-7 或（7）。

输入分数时，需在数前输入一个零和一个空格，如 1/3，应输入 0 1/3。

输入小数时，可直接在指定的位置输入小数点即可。当表格中要输入的数据量较大，且都具有相同小数位数时，可利用"自动插入小数点"功能简化输入操作。其设置方法为：单击"文件"

→"选项"→"高级"，选择"自动插入小数点"并输入要保留的小数位数→"确定"。

在数字间可以用千分位号","隔开，如 1,123,456 是一个正确的数字，而 1,234,56 就不是一个正确的数字型数据，Excel 认为它是一个文本（字符型）数据。

单元格中的数字格式决定 Excel 2010 在工作表中显示数字的方式。若使用默认的"常规"数字格式，Excel 2010 会将数字显示为整数、小数或当数字长度超出单元格宽度（"常规"格式的数字长度为 11 位，其中包括小数点、"E"和"+"）时以科学计数法表示。如输入 112233445566 则单元格中显示 1.12233E+11，表示 1.12233×10^{11}，无论在单元格中显示的数字位数如何，Excel 2010 都只保留 15 位的数字精度。如果数字长度超过了 15 位，则会将多余的数字位数转换为 0（零）。

3. 日期和时间数据的输入

Excel 2010 将日期和时间视为数字处理，在默认状态下，日期和时间数据在单元格中右对齐。Excel 2010 内置了一些日期时间的格式，当输入的数据与其格式匹配时，才能识别。

一般情况下，日期分隔符使用"/"或"–"。例如，2017/2/18、2017-2-18、18/Feb/2017 或 18-Feb-2017 都表示 2017 年 2 月 18 日。如果只输入月和日，Excel 2010 就取计算机内部时钟的年份作为默认值。

时间分隔符一般使用冒号":"。例如，输入 8:0:10 或 8:00:10 都表示 8 点零 10 秒。可以只输入时和分，也可以只输入小时数和冒号，还可以输入小时数大于 24 的时间数据。如果要基于 12 小时制输入时间，则在时间后输入一个空格，然后输入 AM 或 PM（也可以是 A 或 P），用来表示上午或下午。否则将基于 24 小时制计算时间。

如果要输入系统日期，则按 Ctrl+;组合键。如果要输入系统时间，则按 Ctrl+Shift+:组合键。如果在单元格中既输入日期又输入时间，则中间必须用空格隔开。

4. 公式的输入

Excel 2010 具有强大的计算功能。公式是电子表格的灵魂和核心。通过使用公式，不仅可以进行各种数值运算，还可以进行逻辑比较运算。当用户输入或修改数据后，公式会自动将有关数据计算一遍，并显示新的结果。

Excel 2010 的公式必须以"="开头，由常量、单元格引用、函数和运算符等组成。

Excel 2010 的公式中使用的运算符包括：算术运算符、比较运算符、文本运算符和引用运算符。

（1）算术运算符：+、-、*、/、%、^（乘方）。例如，输入公式"=2+3^2"，结果为 11。使用算术运算符可以完成基本的数学运算，其计算结果是数值。

（2）比较运算符：=、>、<、>=、<=、<>（不等于）。用于比较两个值，其结果是一个逻辑值，只能是 True 或 False。例如，输入公式"=2<3"，结果为 True。

（3）文本运算符：&。利用"&"可以将两个或多个文本字符串连接起来。例如，输入公式"="山东"&"大学""，结果为：山东大学。文本连接符可以直接连接单元格内的数据，也可以在公式中直接用引号显示连接文本。连接的内容可以是数字，也可以是文本。

（4）单元格引用运算符：:（冒号）、,（逗号）和空格。:（冒号）是区域运算符，表示一个单元格区域。,（逗号）是联合运算符，可将多个引用合并为一个引用。空格是交叉运算符，只处理单元格区域中共有的数据。

公式中运算的次序是：引用运算→%、^→算术运算→文本运算→比较运算。如果要改变次序，可把公式中先要计算的部分括在圆括号内。

在单元格中输入公式：单击要输入公式的单元格，输入"="，再输入公式的内容（在一个公式中，可以包含运算符号、常量、函数和单元格地址等），按回车键或单击编辑栏中的"输入"按钮 ✓ 。例如，在图 5-12 所示的 E3 单元格中输入"=B3+C3+D3"后回车，结果为 254。

图 5-12　公式输入运算

输入结束后，在输入公式的单元格中将显示出计算结果。由于公式中使用了单元格的地址，如果公式所涉及的单元格的值发生变化，结果会马上反映到公式计算的单元格中。

注：① 公式中单元格地址既可直接输入，也可通过单击相应的单元格来得到公式中的单元格地址，运算符必须在英文半角状态下输入。

② 无论任何公式，必须以等号"="开头，否则 Excel 会把输入的公式作为一般文本处理。

5. 单元格地址的引用

单元格地址的引用是把单元格的数据和公式联系起来，标识工作表中单元格或单元格区域，指明公式中使用数据的地址。

Excel 单元格地址的引用包括相对地址引用、绝对地址引用和混合地址引用。默认方式为相对地址引用。

（1）相对地址引用

相对地址引用是指单元格引用时会随公式所在的位置变化而改变，公式的值将会依据更改后的单元格地址的值重新计算。引用形式为单元格的名称形式，即列标在前，行号在后，如 B2。

直接拖动公式（相当于公式的复制）可以很方便地进行相同类型的计算，所以 Excel 一般都使用相对地址来引用单元格的位置。

（2）绝对地址引用

绝对地址引用是指公式中的单元格或单元格区域地址不随着公式位置的改变而发生改变，不论公式的单元格处在什么位置，公式中所引用的单元格位置都是其在工作表中的固定位置。

其引用形式是在相对地址引用的单元格的列标和行号前分别添加"$"冻结符号，表示冻结单元格地址，便可成为绝对地址引用，如$B$2。

（3）混合地址引用

混合地址引用是具有相对列和绝对行或绝对列和相对行的特征，可以在公式中只对行进行绝对地址引用，也可以只对列进行绝对地址引用，从而产生混合地址引用。

混合地址引用通常用于计算一些特殊单元格地址的结果。地址引用形式如$B2（绝对列和相对行）或 B$2（相对列和绝对行）。

（4）三维地址引用

在 Excel 中，不但可以引用同一工作表中的单元格，还能引用不同工作簿中不同工作表的单元格，引用格式为：[工作簿名]+工作表名！+单元格引用。

例如，在工作簿 Book1 中引用工作簿 Book2 的 Sheet1 工作表中的第 3 行第 5 列单元格，可表示为：[Book2] Sheet1!E3。

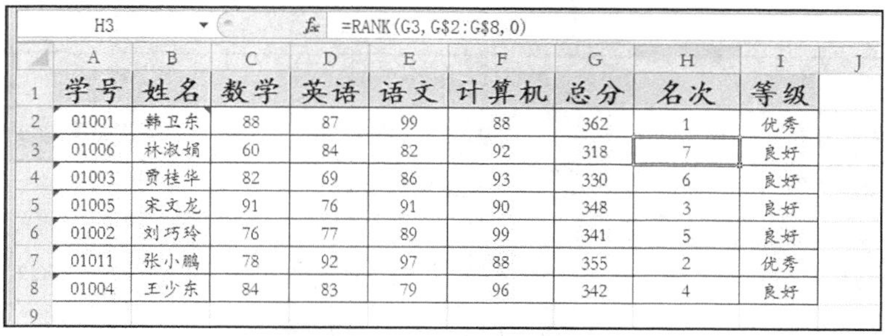

H3 =RANK(G3, G$2:G$8, 0)

	A	B	C	D	E	F	G	H	I	J
1	学号	姓名	数学	英语	语文	计算机	总分	名次	等级	
2	01001	韩卫东	88	87	99	88	362	1	优秀	
3	01006	林淑娟	60	84	82	92	318	7	良好	
4	01003	贾桂华	82	69	86	93	330	6	良好	
5	01005	宋文龙	91	76	91	90	348	3	良好	
6	01002	刘巧玲	76	77	89	99	341	5	良好	
7	01011	张小鹏	78	92	97	88	355	2	优秀	
8	01004	王少东	84	83	79	96	342	4	良好	
9										

图 5-13 “相对地址引用”和“混合地址引用”举例

6. 函数的输入

函数是 Excel 2010 预设好的，用于计算、分析数据的特殊公式，包括常用函数、财务函数、时间与日期函数、统计函数、查找与引用函数等 12 类，几百种函数。Excel 除了自身带有的内置函数外，还允许用户自定义函数。

函数的形式为：函数名（参数 1,参数 2,…）。函数名不区分大小写，圆括号和参数分隔符为英文标点符号。

表 5-1～表 5-5 列出了一些常用的函数，在表中通过举例简单说明了函数的功能。

表 5-1 常用数学函数

函数	意义	函数示例	说明
ABS	返回指定数值的绝对值	=ABS(-2)	-2 的绝对值（2）
INT	求数值型数据的整数部分	=INT(8.9)	将 8.9 向下舍入到最接近的整数（8）
ROUND	按指定的位数对数值进行四舍五入	=ROUND(2.15, 1)	将 2.15 四舍五入到一个小数位（2.2）
SIGN	返回指定数值的符号，正数返回 1，负数返回-1	=SIGN(10)	正数的符号（1）
PRODUCT	计算所有参数的乘积	=PRODUCT(A2:A4)	计算单元格 A2 至 A4 中数字的乘积
SUM	对指定单元格区域中的单元格求和	=SUM(A2:A4)	将单元格 A2 至 A4 中的数字相加
SUMIF	按指定条件对若干单元格求和	=SUMIF(B2:B25,">5")	对 B2:B25 区域中大于 5 的数值相加

表 5-2 常用统计函数

函数	意义	函数示例	说明
AVERAGE	返回其参数的平均值	=AVERAGE(A2:A6)	单元格区域 A2 到 A6 中数字的平均值
COUNT	计算参数列表中数字的个数	=COUNT(A2:A8)	计算单元格区域 A2 到 A8 中包含数字的单元格的个数
COUNTA	计算参数列表中值的个数	=COUNTA(A2:A8)	计算单元格区域 A2 到 A8 中非空单元格的个数
COUNTIF	计算区域内符合给定条件的单元格的数量	=COUNTIF(B2:B5,">55")	单元格区域 B2 到 B5 中值大于 55 的单元格的个数
FREQUENCY	以垂直数组的形式返回频率分布	=FREQUENCY(A2:A10, B2:B4)	
MAX	返回参数列表中的最大值	=MAX(A2:A6)	A2:A6 一组数字中的最大值
MIN	返回参数列表中的最小值	=MIN(A2:A6)	A2:A6 一组数据中的最小值
RANK.EQ	返回一列数字的数字排位	=RANK.EQ(A3,A2:A6,1)	A3 在 A2:A6 中的升序排位

表 5-3 常用文本函数

函数	意义	函数示例	说明
LEFT	返回文本值中最左边的字符	=LEFT(" First ",4)	字符串的前四个字符（Firs）
LEN	返回文本字符串中的字符个数	=LEN(" First ")	字符串的长度（5）
MID	从文本字符串中的指定位置起返回特定个数的字符	=MID(" First ",1,3)	字符串从第一个字符开始的 3 个字符（Fir）
RIGHT	返回文本值中最右边的字符	=RIGHT(" First Quarter Earnings ",5)	字符串的最后 5 个字符（nings）
TRIM	删除文本中的首尾空格	=TRIM(" First Quarter Earnings ")	删除公式中文本的前导空格和尾部空格（First Quarter Earnings）

表 5-4 常用日期和时间函数

函数	意义	函数示例	说明
DATE	生成日期	=DATE(2015,7,8)	结果为 2008-7-8
DAY	获取日期的天数	=DAY(DATE(2008-4-15))	上述日期的天数（15）
MONTH	获取日期的月份	=MONTH(DATE(2008-4-15))	上述日期的月份（4）
NOW	获取系统当前日期和时间	=NOW()	
TIME	返回特定时间的序列号	=TIME(12,0,0)	一天的小数部分（12 除以 24）(0.5)
TODAY	返回系统日期	=TODAY()	
YEAR	获取日期的年份	=YEAR(DATE(2008-4-15))	日期的年份（2008）

表 5-5 常用逻辑函数

函数	意义	函数示例	说明
AND	如果其所有参数均为 TRUE,则返回 TRUE	=AND(TRUE, TRUE)	所有参数均为 TRUE
IF	根据条件真假返回不同值	=IF(20>10,"大于 10","不大于 10")	将返回"大于 10"
NOT	对其参数的逻辑求反	=NOT(FALSE)	对 FALSE 求反（TRUE）
OR	如果任一参数为 TRUE，则返回 TRUE	=OR(1+1=1,2+2=5)	所有参数的逻辑值为 FALSE (FALSE)

函数的输入有以下方法。

方法 1：在单元格中直接输入函数

单击要输入函数的单元格，依次输入"="、函数名、左括号、具体参数和右括号，如输入"=SUM(B3,C3)"，再单击编辑栏中的输入按钮 ✓ 或按回车键。

方法 2：通过对话框插入函数

选定要输入函数的单元格，单击"公式"选项卡→"函数库"工具组中的"插入函数"命令（或单击编辑栏中的"粘贴函数"按钮 *fx*），在打开的"插入函数"对话框中（见图 5-14）选择所需函数（也可通过"或选择类别"选择所需要的函数类别），单击"确定"按钮，然后打开"函数参数"对话框，给函数添加相应的参数，单击"确定"后计算结果将显示在被选定的单元格中。

给函数添加参数的方法：在函数选项板的文本框中，可以直接输入单元格区域引用，也可以在工作表中用鼠标选定区域，即单击"折叠按钮" ，将其折叠，使屏幕上出现工作表，然后选定单元格区域，再单击"折叠按钮" ，这时参与计算的参数就会显示在文本框中。

图 5-14 "插入函数"对话框

方法 3：在功能区中选择函数

选定要输入函数的单元格，单击"公式"选项卡→"函数库"工具组中所需的函数类别按钮（如"数学和三角函数"按钮）→函数列表中单击所需函数。若函数没有出现在列表中，可单击"插入函数"。

在输入公式或函数计算时，常会出现错误信息提示，如表 5-6 所示。

表 5-6 出错信息表

出错信息	可能的原因
######	公式产生的结果太大，单元格容纳不下，或者单元格包含负的日期或时间值
# DIV/0!	当一个数除以零（0）或不包含任何值的单元格
# NAME?	函数名拼写错误或引用了错误的单元格地址或单元格区域
# N/A	函数或公式中没有可用数值
# REF!	单元格引用无效
# VALUE!	公式中数据类型不匹配
# NUM!	函数中使用了非法数字参数
# NULL!	当指定两个不相交的区域的交集时，Excel 将显示此错误

注：如果临时选中一些单元格中的数值，希望知道它们的和或平均值，又不想占用某个单元格存放公式及结果，可以利用 Excel 中快速计算功能。Excel 2010 默认可以对选中的数值单元格的数据求和，并将结果显示在状态栏中，如图 5-15 所示。如果希望进行其他计算，右击状态栏，在弹出的快捷菜单中选择相应的命令即可。

下面介绍几个常用函数的使用方法。

（1）求和函数 SUM

函数说明：SUM 将指定范围的所有数字相加。每个参数都可以是区域、单元格引用、数组、常量、公式或另一个函数的结果。例如，SUM(A1:A5)将单元格 A1 至 A5 中的所有数字相加。再如，SUM(A1,A3,A5)将单元格 A1、A3 和 A5 中的数字相加。

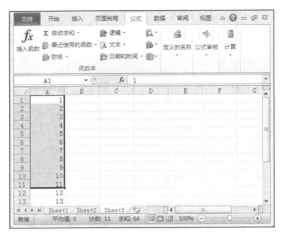

图 5-15　快捷计算

语法：SUM(number1,[number2],...])

SUM 函数语法具有下列参数。

- number1：必需。要相加的第一个数值参数。
- number2, …：可选。要相加的 2 到 255 个数值参数。

如图 5-16 所示，同样是计算总分，可以单击单元格 H3，输入"=SUM(D3:G3)"（也可以直接单击"公式"选项卡→"函数库"工具组中"自动求和"按钮 Σ；或者单击"开始"选项卡→"编辑"工具组中"自动求和"按钮 Σ），然后回车即得到结果 362。

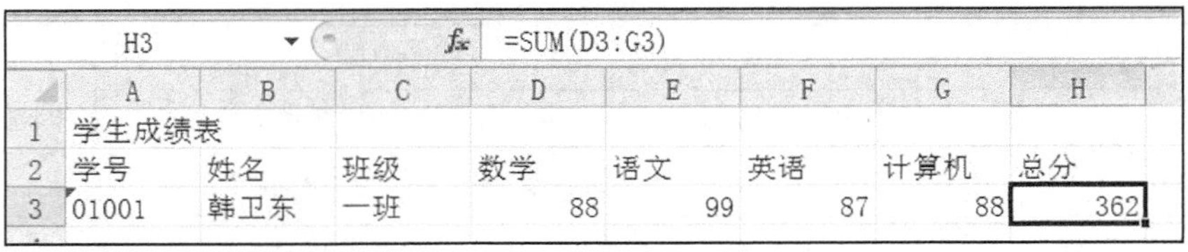

	A	B	C	D	E	F	G	H
	H3				fx	=SUM(D3:G3)		
1	学生成绩表							
2	学号	姓名	班级	数学	语文	英语	计算机	总分
3	01001	韩卫东	一班	88	99	87	88	362

图 5-16　使用求和函数

或者单击"公式"选项卡→"插入函数"按钮，在插入函数对话框（图 5-14）中选择"SUM"，单击"确定"按钮，出现函数参数对话框，设置相关参数，单击"确定"按钮，得到结果。

（2）根据指定条件求和函数 SUMIF

函数说明：使用 SUMIF 函数可以对指定区域中符合指定条件的值求和。例如，假设在含有数字的某一列中，需要让大于 5 的数值相加，请使用以下公式：=SUMIF(B2:B25,">5")。

语法：SUMIF(range, criteria, [sum_range])

SUMIF 函数语法具有以下参数。

- range：必需。用于条件计算的单元格区域。每个区域中的单元格都必须是数字或名称、数组或包含数字的引用。空值和文本值将被忽略。
- criteria：必需。用于确定对哪些单元格求和的条件，其形式可以为数字、表达式、单元格引用、文本或函数。例如，条件可以表示为 32、">32"、B5、"32"、"苹果" 或 TODAY()。
- sum_range：可选。需要求和的实际单元格（对未在 range 参数中指定的单元格求和）。如果 sum_range 参数被省略，Excel 会对在 range 参数中指定的单元格（即应用条件的单元格）求和。

要点：任何文本条件或任何含有逻辑或数学符号的条件都必须使用双引号（"）括起来。如果条件为数字，则无需使用双引号。

如图 5-17 所示，同样是计算指定条件的总分，可以单击单元格 H2，输入 "=SUMIF(D2:G2, ">50")"（也可以单击"公式"选项卡→"函数库"工具组→"数学和三角函数"→SUMIF，出现函数参数对话框，设置相关参数，单击"确定"按钮，得到结果），然后回车即得到结果 261。

	A	B	C	D	E	F	G	H
	学号	姓名	班级	数学	语文	英语	计算机	
2	01001	张小含	一班	95	67	50	99	261

H2　fx =SUMIF(D2:G2,">50")

图 5-17　使用根据指定条件求和函数

（3）求平均值函数 AVERAGE

函数说明：返回参数的平均值（算术平均值）。例如，如果 A1:A20 包含数字，则公式 =AVERAGE(A1:A20) 将返回这些数字的平均值。

语法：AVERAGE(number1, [number2], ...)

AVERAGE 函数语法具有下列参数。

- number1：必需。要计算平均值的第一个单元格引用。例如，显示在第 B 列和第 3 行交叉处的单元格，其引用形式为 "B3"。）或单元格区域。
- number2, ...：可选。要计算平均值的其他单元格引用或单元格区域，最多可包含 255 个。

如图 5-18 所示，要计算表中 D3:G3 区域中 4 个数的平均分，可以单击单元格 I3，输入 "=AVERAGE(D3:G3)"，然后回车即得到结果 90.5。

也可以直接单击"公式"选项卡→"函数库"工具组中"自动求和"按钮 Σ 下方的箭头 ▼ →"平均值"。

或者单击"开始"选项卡→"编辑"工具组中"自动求和"按钮 Σ 右边的箭头→"平均值"。

I3　fx =AVERAGE(D3:G3)

	A	B	C	D	E	F	G	H	I
1	学生成绩表								
2	学号	姓名	班级	数学	语文	英语	计算机	总分	平均分
3	01001	韩卫东	一班	88	99	87	88	362	90.5
4									

图 5-18　使用求平均值函数

或者单击"公式"选项卡→"插入函数"按钮，在插入函数对话框中选择"AVERAGE"，单击"确定"，出现函数参数对话框，设置相关参数，单击"确定"按钮，得到结果。

（4）计数函数 COUNT

函数说明：COUNT 函数计算包含数字的单元格以及参数列表中数字的个数。使用函数 COUNT 可以获取区域或数字数组中数字输入项的个数。例如，输入以下公式可以计算区域 A1:A20 中数字的个数：=COUNT(A1:A20)，在此示例中，如果该区域中有五个单元格包含数字，则结果为 5。

语法：COUNT(value1, [value2], ...)

COUNT 函数语法具有下列参数。

- value1：必需。要计算其中数字的个数的第一个项、单元格引用或区域。
- value2, ...：可选。要计算其中数字的个数的其他项、单元格引用或区域，最多可包含 255 个。

如图 5-19 所示，在 G5 中计算 D3 至 G4 之间数值型数据的个数，可以单击单元格 G5，输入"=COUNT(D3:G4)"，然后回车即得到结果 8。

也可单击"公式"选项卡→"最近使用的函数"按钮，在列表中选择"COUNT 函数"。

也可以直接单击"公式"选项卡→"函数库"工具组中"自动求和"按钮 **Σ** 下方的箭头 ▾ →"计数"。

或者单击"开始"选项卡→"编辑"工具组中"自动求和"按钮 **Σ** 右边的箭头→"计数"。

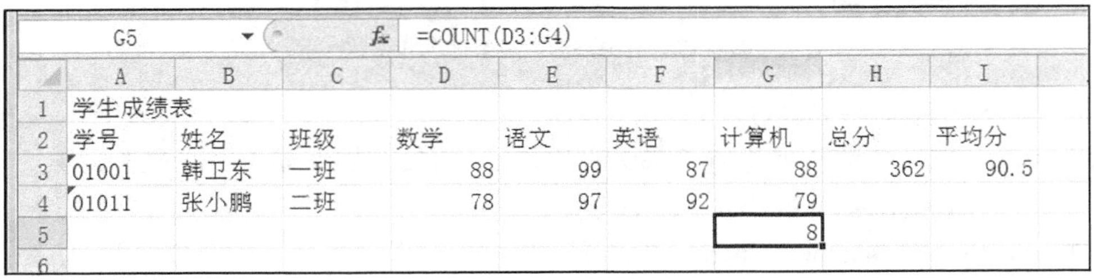

图 5-19　使用计数函数

或者单击"公式"选项卡→"插入函数"按钮，在插入函数对话框中选择"COUNT"，单击"确定"按钮，出现函数参数对话框，设置相关参数，单击"确定"按钮，得到结果。

（5）计算非空单元格个数函数 COUNTA

函数说明：COUNTA 函数功能是返回参数列表中非空的单元格个数。利用函数 COUNTA 可以计算单元格区域或数组中包含数据的单元格个数。

语法：COUNTA(value1, [value2], ...)

COUNTA 函数语法具有下列参数。

- value1：必需。表示要计数的值的第一个参数。
- value2,…：可选。表示要计数的值的其他参数，最多可包含 255 个参数。

在图 5-20 中，在 H2 中计算单元格区域 A2 到 G2 中非空单元格的个数，在 H2 中输入"=COUNTA(A2:G2)"，然后回车即可。

或通过"公式"选项卡→"插入函数"按钮，在对话框中选择 COUNTA 函数。

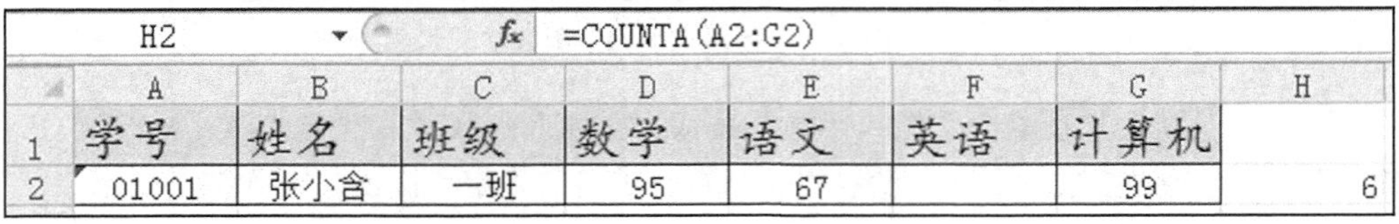

图 5-20　使用 COUNTA 函数

（6）条件函数 IF

函数说明：如果指定条件的计算结果为 TRUE，IF 函数将返回某个值；如果该条件的计算结果为 FALSE，则返回另一个值。例如，如果 A1 大于 10，公式"=IF(A1>10,"大于 10","不大于 10")"将返回"大于 10"，如果 A1 小于等于 10，则返回"不大于 10"。

语法：IF(logical_test, [value_if_true], [value_if_false])

IF 函数语法具有下列参数。

- logical_test：必需。计算结果可能为 TRUE 或 FALSE 的任意值或表达式。例如，A10=100 就是一个逻辑表达式；如果单元格 A10 中的值等于 100，表达式的计算结果为 TRUE；否则为 FALSE。此参数可使用任何比较运算符。

- value_if_true：可选。logical_test 参数的计算结果为 TRUE 时所要返回的值。例如，如果此参数的值为文本字符串"预算内"，并且 logical_test 参数的计算结果为 TRUE，则 IF 函数返回文本"预算内"。

- value_if_false：可选。logical_test 参数的计算结果为 FALSE 时所要返回的值。例如，如果此参数的值为文本字符串"超出预算"，并且 logical_test 参数的计算结果为 FALSE，则 IF 函数返回文本"超出预算"。

在图 5-21 中，要根据学生总分划分等级，如果总分大于 350 则在等级列显示"优秀"，如果不大于 350 则显示"良好"。可以单击单元格 J3，输入"=IF(H3>350,"优秀","良好")"，然后回车即可。也可单击"公式"选项卡→"最近使用的函数"按钮，在列表中选择"IF"。

	A	B	C	D	E	F	G	H	I	J
	J3			f_x	=IF(H3>350,"优秀","良好")					
1	学生成绩表									
2	学号	姓名	班级	数学	语文	英语	计算机	总分	平均分	等级
3	01001	韩卫东	一班	88	99	87	88	362	90.5	优秀
4	01011	张小鹏	二班	78	97	92	79	346	86.5	良好

图 5-21　使用条件函数

或者单击"公式"选项卡→"插入函数"按钮，在插入函数对话框（见图 5-14）中选择"IF"，单击"确定"按钮，出现函数参数对话框，设置相关参数，如图 5-22 所示，单击"确定"按钮，得到结果。

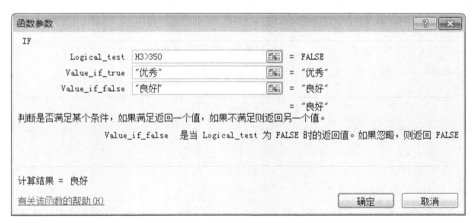

图 5-22　IF 函数参数设置

IF 函数是可以嵌套使用的。例图 5-23 中，根据平均分划分等级，对应关系为：平均分 ≥ 90 为"优秀"，80 ≤ 平均分 < 90 为"良好"，70 ≤ 平均分 < 80 为"中等"，60 ≤ 平均分 < 70 为"及格"，平均分 < 60 为"不及格"。则函数可表示为：

=IF(I3>=90,"优秀",IF(I3>=80,"良好",IF(I3>=70,"中等",IF(I3>=60,"及格","不及格"))))。

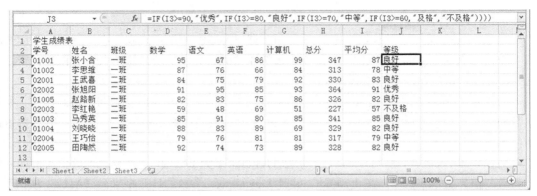

图 5-23　IF 嵌套举例

（7）条件计算函数 COUNTIF

函数说明：COUNTIF 函数对区域中满足单个指定条件的单元格进行计数。例如，可以对以某一字母开头的所有单元格进行计数，也可以对大于或小于某一指定数字的所有单元格进行计数。

语法：COUNTIF(range, criteria)

COUNTIF 函数语法具有下列参数。

- range：必需。要对其进行计数的一个或多个单元格，其中包括数字或名称、数组或包含数字的引用。空值和文本值将被忽略。

- criteria：必需。用于定义将对哪些单元格进行计数的数字、表达式、单元格引用或文本字符串。

例如，在单元格 K2 中统计图 5-23 中等级为"良好"的学生人数，可以单击单元格 K2，输入"=COUNTIF(J3:J12,"良好")"，然后回车即得到结果 6。

或者单击"公式"选项卡→"插入函数"按钮，在插入函数对话框中的"或选择类别"下拉列表中选择"统计"，在"选择函数"列表中找到"COUNTIF"，如图 5-24 所示，单击"确定"，出现函数参数对话框，设置相关参数，如图 5-25 所示，单击"确定"按钮，得到结果。

图 5-24　插入"COUNTIF"函数

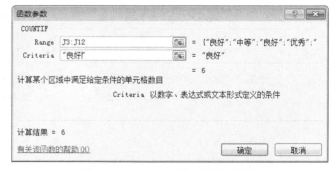

图 5-25　"COUNTIF"函数参数设置

（8）频率分布统计函数 FREQUENCY

函数说明：计算数值在某个区域内的出现频率，然后返回一个垂直数组。例如，使用函数 FREQUENCY 可以在分数区域内计算测验分数的个数。由于函数 FREQUENCY 返回一个数组，所以它必须以数组公式的形式输入。

语法：FREQUENCY(data_array, bins_array)

FREQUENCY 函数语法具有下列参数。

- data_array：必需。一个值数组或对一组数值的引用，要为它计算频率。如果 data_array 中不包含任何数值，函数 FREQUENCY 将返回一个零数组。

- bins_array：必需。一个区间数组或对区间的引用，该区间用于对 data_array 中的数值进行分组。如果 bins_array 中不包含任何数值，函数 FREQUENCY 返回的值与 data_array 中的元素个数相等。

例如，在图 5-23 中的"学生成绩表"中统计语文成绩≤59，59 < 语文≤69，69 < 语文≤79，79 < 语文≤89，语文 > 89 的学生人数，具体步骤如下。

① 在一个空白区域（如 F14:F17）输入区间分割数据（59，69，79，89）。

② 选择作为统计结果的数组输出区域，如 G14:G18。

③ 输入函数"=FREQUENCY(E3:E12,F14:F17)"。

④ 按 Ctrl+Shift+Enter 组合键，执行后的结果如图 5-26 所示。

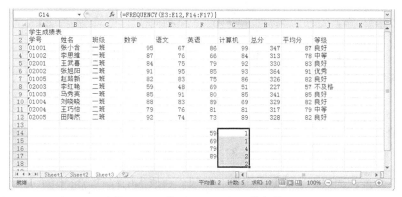

图 5-26　函数 FREQUENCY 执行结果

或者单击"公式"选项卡→"插入函数"按钮，在插入函数对话框中的"或选择类别"下拉列表中选择"统计"，在"选择函数"列表中找到"FREQUENCY"，单击"确定"，出现函数参数对话框，设置相关参数，如图 5-27 所示，按 Ctrl+Shift 组合键的同时单击"确定"，得到结果。

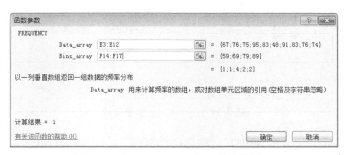

图 5-27　"FREQUENCY"函数参数设置

注：在 Excel 中输入一般的公式或函数后，通常都是按 Enter 键表示确认，但对于含有数组参数的公式或函数（如 FREQUENCY 函数），则必须按 Ctrl+Shift+Enter 组合键。

（9）统计排位函数 RANK.EQ

函数说明：返回一个数字在数字列表中的排位。其大小与列表中的其他值相关。如果多个值具有相同的排位，则返回该组数值的最高排位。

语法：RANK.EQ(number,ref,[order])

RANK.EQ 函数语法具有下列参数。

- number：必需。需要找到排位的数字。
- ref：必需。数字列表数组或对数字列表的引用。Ref 中的非数值型值将被忽略。
- order：可选。一数字，指明数字排位的方式。如果 order 为 0（零）或省略，Excel 对数字的排位是基于 ref 为按照降序排列的列表。如果 order 不为零，Excel 对数字的排位是基于 ref 为按照升序排列的列表。

例如，在图 5-24 中的“学生成绩表”中按照总分进行排名，具体操作如下。

① 在 K3 中输入函数=RANK.EQ(H3,$H$3:$H$12)，按回车键后，该单元格显示排名 2。

② 选中 K3 单元格，用鼠标拖动 K3 单元格右下角的填充柄，即可将 K2 单元格的函数复制到对应的其他单元格，填充后效果如图 5-28 所示。

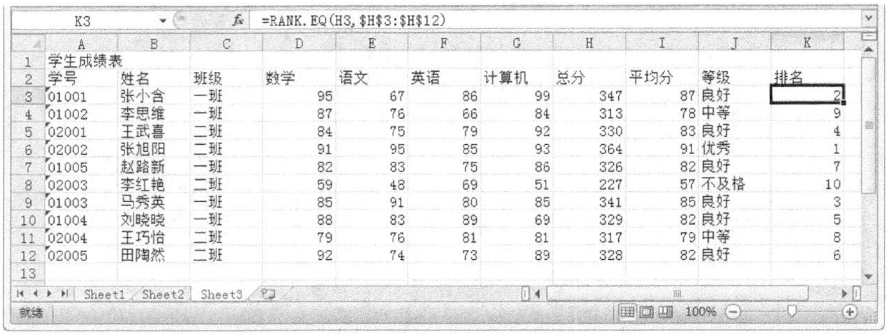

	A	B	C	D	E	F	G	H	I	J	K
1	学生成绩表										
2	学号	姓名	班级	数学	语文	英语	计算机	总分	平均分	等级	排名
3	01001	张小含	一班	95	67	86	99	347	87	良好	2
4	01002	李思维	一班	87	76	66	84	313	78	中等	9
5	02001	王武喜	二班	84	75	79	92	330	83	良好	4
6	02002	张旭阳	二班	91	95	85	93	364	91	优秀	1
7	01005	赵路新	一班	82	83	75	86	326	82	良好	7
8	02003	李红艳	二班	59	48	69	51	227	57	不及格	10
9	01003	马秀英	一班	85	91	80	85	341	85	良好	3
10	01004	刘晓晓	一班	88	83	89	69	329	82	良好	5
11	02004	王巧怡	二班	79	76	81	81	317	79	中等	8
12	02005	田陶然	二班	92	74	73	89	328	82	良好	6

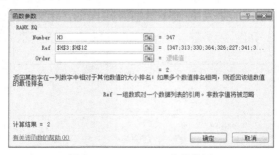

图 5-28 RANK.EQ 函数显示结果

或者单击“公式”选项卡→“插入函数”按钮，在插入函数对话框中的“或选择类别”下拉列表中选择“统计”，在“选择函数”列表中找到“RANK.EQ”，单击“确定”按钮，出现函数参数对话框，设置相关参数，如图 5-29 所示，单击“确定”按钮，得到结果。

图 5-29 RANK.EQ 参数设置

注：设置 Ref 参数时，选择 H3:H12，然后按功能键 F4，直接给行列号添加上$绝对地址引用符号。

（10）四舍五入函数 Round

函数说明：将某个数字四舍五入为指定的位数。例如，如果单元格 A1 含有 23.7825 并且希望将该数字四舍五入为小数点后两位，则可以使用以下公式：

=ROUND(A1, 2)，此函数的结果为 23.78。

语法：ROUND(number, num_digits)

ROUND 函数语法具有下列参数。

- number：必需。要四舍五入的目标对象。
- num_digits：必需。位数，按此位数对 number 参数进行四舍五入。

也可采用单击"公式"选项卡→"函数库"工具组中的"数学与三角函数"；在下拉列表中选择"ROUND"函数，弹出函数参数设置对话框，输入参数值，单击"确定"按钮。

（11）求最大值函数 MAX

函数说明：返回一组值中的最大值。

语法：MAX(number1, [number2], ...)

MAX 函数语法具有下列参数。

- number1, number2, ...：number1 是必需的，后续数值是可选的。

如图 5-30 所示，其效果为在 G1 中显示 A1:F1 中的最大值。

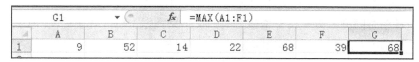

图 5-30　MAX 函数举例

（12）求最小值函数 MIN

函数说明：返回一组值中的最小值。

语法：MIN(number1, [number2], ...)

MIN 函数语法具有下列参数。

- number1, number2, ...：number1 是必需的，后续数值是可选的。

如图 5-31 所示，其效果为在 G1 中显示 A1:F1 的最小值。

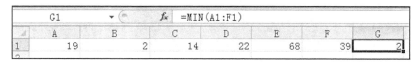

图 5-31　MIN 函数举例

5.3.2　快速输入数据

表格处理过程中，经常会遇到要输入大量的、连续性的、有规律的数据，如序号、连续的日期、连续的数值等，如果人工输入，则这些机械性操作既麻烦又容易出错，效率非常低。使用 Excel 的自动填充功能，可以极大地提高工作效率，实现快速输入。

快速输入数据主要包括两个方面的内容：一是在多个单元格中同时输入相同的内容；二是使用自动填充数据功能快速输入有规律的数据。

1. 在多个单元格中同时输入相同内容

选择要输入相同内容的多个单元格区域（选择不同区域时按 Ctrl 键），然后输入内容，再按下 Ctrl+Enter 组合键，Excel 自动将输入数据复制到选定区域的每个单元格中。

2. 使用填充柄填充

在制作表格时，经常会遇到要输入的数据具有某种规律，例如日期时间、数据成等差数列或等比数列、数据的计算方法一致等。此时，采用 Excel 2010 提供的"自动填充"功能，可以快捷、准确地输入和计算。

Excel 2010 的自动填充功能，可以自动填充一些有规律的数据。如填充相同数据，填充数据的等比数列、等差数列和日期时间序列等，还可以输入自定义序列。

（1）拖动鼠标左键实现自动填充

自动填充是根据初值决定以后的填充项，方法为：将鼠标移到初值所在的单元格右下角填充柄上，当鼠标指针变成黑色"+"形状时，按住鼠标左键拖动到所需的位置，松开鼠标即可完成自动填充。

① 初值为纯数字型数据或文字型数据时，拖动填充柄在相应单元格中填充相同数据（即复制填充）。若拖动填充柄的同时按住 Ctrl 键，可使数字型数据自动增 1。

② 初值为文字型数据和数字型数据混合体，填充时文字不变，数字递增。如初值为 A1，则填充值为 A2、A3、A4 等。

③ 初值为 Excel 预设自定义序列中的数据，则按预设序列填充。

④ 初值为日期时间型数据及具有增减可能的文字型数据，则自动增 1。若拖动填充柄的同时按住 Ctrl 键，则在相应单元格中填充相同数据。

⑤ 输入任意等差、等比数列。

先选定待填充数据区的起始单元格，输入序列的初始值，再选定相邻的另一单元格，输入序列的第二个数值。这两个单元格中数值的差额将决定该序列的增长步长。选定包含初始值和第二个数值的单元格，用鼠标拖动填充柄经过待填充区域。如果要按升序排列，则从上向下或从左到右填充。如果要按降序排列，则从下向上或从右到左填充。如果要指定序列类型，则先按住鼠标右键，再拖动填充柄，在到达填充区域的最后单元格时松开鼠标右键，在弹出的快捷菜单中单击相应的命令。

也可以在待填充数据区的起始单元格输入起始值（如 1），然后选择待填充区域（如向右选择）通过"开始"选项卡→"编辑"工具组的填充按钮 ![] →"系列"命令，打开"序列"对话框产生一个序列，如图 5-32 所示。在对话框的"序列产生在"区域选择"行"，选择的序列类型为"等比数列"，然后在"步长值"中输入 2，"终止值"中键入 256，最后单击"确定"按钮，就会得到一个等比数列的结果。

图 5-32 "序列"对话框

（2）拖动鼠标右键实现自动填充

使用鼠标右键拖动填充柄，可以获得非常灵活的填充效果。

单击用来填充的原单元格，按住鼠标右键拖动填充柄，拖动经过若干单元格后松开鼠标右键，会弹出图 5-33 所示的快捷菜单，该菜单中列出了多种填充方式。

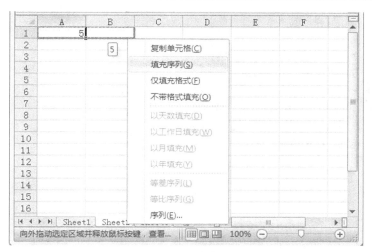

图 5-33　右键拖动填充柄出现的快捷菜单

① 复制单元格：简单地复制原单元格内容。

② 填充序列：按一定规律填充。如原来单元格是数字，则自动加 1；原来为 Excel 预设自定义序列中的数据，则按预设序列填充；如果为其他普通文本，则此命令为灰色不可用。

③ 仅填充格式：被填充的单元格中，不会出现原单元格中的数据，仅复制原单元格总的格式到目标单元格中。

④ 不带格式填充：被填充的单元格中仅填充数据，而原单元格中各种格式设置不会被复制。

⑤ 等差序列、等比序列：要求事先选定两个以上的带数据的单元格，然后用右键拖动填充柄后再选择"等差序列"或"等比序列"。

⑥ 序列：当原单元格中内容为数值时，用鼠标右键拖动填充柄后选择"序列"命令后，可打开"序列"对话框，然后可选择多种序列填充方式。

（3）使用填充命令填充数据

通过"开始"选项卡→"编辑"工具组的"填充"命令按钮，会出现下拉列表如图 5-34 所示，在该列表中选择"向下""向右""向上"和"向左"命令，可将内容填充到不同位置的单元格，如果选择"系列"命令，则打开"序列"对话框。

（4）创建自定义序列

用户可以通过工作表中现有的数据项或输入序列的方式创建自定义序列，并可以保存起来，供以后使用。

图 5-34　"填充"按钮下拉列表

方法 1：利用现有数据创建自定义序列。

如果已经输入了将要用作填充序列的数据清单，则可以先选定工作表中相应的数据区域，单击"文件"→"选项"→"高级"，单击"编辑自定义列表"按钮（在较靠下区域），弹出"自定义序列"对话框，单击"导入"按钮，即可使用现有数据创建自定义序列，如图 5-35 所示。

方法 2：利用输入序列方式创建自定义序列。

选择图 5-35 中"自定义序列"列表框中的"新序列"选项，然后在"输入序列"编辑列表框中，从第一个序列元素开始输入新的序列。在输入每个元素后，按回车键。整个序列输入完毕后，单击"添加"按钮，然后单击"确定"按钮。

图 5-35　利用现有数据创建自定义序列示例

（5）公式及函数的填充

在图 5-36 中，H3 由函数"=SUM(D3：G3)"求得，这时拖动 H3 的填充柄至 H9，则在其他单元格中自动填充了相应的函数，H4 对应函数"=SUM(D4：G4)"，…，H9 对应函数"=SUM(D6：G9)"，并求得了结果。

	H3		f_x	=SUM(D3:G3)						
	A	B	C	D	E	F	G	H	I	J
1	学生成绩表									
2	学号	姓名	班级	数学	语文	英语	计算机	总分	平均分	等级
3	01001	韩卫东	一班	88	99	87	88	362	90.5	优秀
4	01011	张小鹏	二班	78	97	92	79	346	86.5	良好
5	01002	刘巧玲	三班	76	89	77	99	341		
6	01003	贾桂华	一班	82	86	69	93	330		
7	01004	王少东	二班	84	79	83	95	341		
8	01005	宋文龙	三班	91	91	76	90	348		
9	01006	林淑娟	一班	80	82	84	92	338		

图 5-36　填充函数

5.3.3　批注

批注是对一些复杂的公式或者某些特殊单元格中的数据添加的相应注释。用户在以后通过查看这些注释可以快速清楚地了解和掌握相应的公式和单元格数据。

1. 插入批注

选中要插入批注的单元格，单击"审阅"选项卡→"批注"工具组中"新建批注"按钮，在出现的文本框中输入批注内容，然后单击工作表中的任何地方。输入了批注的单元格右上角显示一个小红三角，同时，不再显示批注内容。

2. 查看批注

将鼠标指向含有批注的单元格，即可显示批注内容。

查看工作簿中的所有批注：单击"审阅"选项卡，在"批注"工具组单击"下一条"按钮和"上一条"按钮即可查看所有批注。

3. 编辑批注

选中要编辑批注的单元格，单击"审阅"选项卡→"批注"工具组"编辑批注"按钮。

4. 复制批注

选中含有批注的单元格，单击"开始"选项卡→"剪贴板"工具组的"复制"按钮 🖻 →单击目标单元格→该工具组中"粘贴"按钮的向下箭头→"选择性粘贴"，弹出"选择性粘贴"对话框，单击"批注"→"确定"。

5. 删除批注

选中要删除批注的单元格，单击"审阅"选项卡→"批注"工具组"删除"按钮，即可删除批注。也可单击"开始"选项卡→"编辑"工具组的擦除按钮 ⧉ ·→下拉列表中"清除批注"。

注：插入批注、删除批注和编辑批注都可以通过右击相关单元格出现的快捷菜单完成。

5.3.4　名称的简单使用

Excel 中有一个特别好的工具就是定义名称，顾名思义，就是为一个区域、常量值、或者数组定义一个名称，这样的话，在之后的编写公式时可以很方便地用所定义的名称进行编写。

下面通过具体实例来讲述名称的定义及使用。

操作数据如图 5-37 所示。要求如下。

（1）定义名称：将（C2:C16）区域定义为"班级"、将（D2:D16）区域定义为"成绩"。

（2）使用名称：使用名称进行计算，在（G3:G5）单元格区域，用 SUMIF 函数计算各班级成绩总和。

	A	B	C	D	E	F	G
1	学号	姓名	班级	成绩		成绩统计	
2	02003	李红艳	二班	59		班级	成绩总和
3	03003	马洪涛	三班	68		一班	
4	03004	田海霞	三班	74		二班	
5	02004	王巧怡	二班	79		三班	
6	03005	张乐乐	三班	82			
7	01005	赵路新	一班	82			
8	02001	王武喜	二班	84			
9	01003	马秀英	一班	85			
10	03002	王乐晓	三班	87			
11	01002	李思维	一班	87			
12	01004	刘晓晓	一班	88			
13	02002	张旭阳	二班	91			
14	02005	田陶然	二班	92			
15	01001	张小含	一班	95			
16	03001	李欣然	三班	96			

图 5-37　"名称"使用举例数据

具体操作如下。

（1）定义名称：选择（C2:C16）区域，然后单击"公式"选项卡→"定义名称"工具组中的"定义名称"按钮，弹出图 5-38 所示的"新建名称"对话框，在对话框的"名称"文本框中输入"班级"，单击"确定"。用同种方法将（D2:D16）区域定义为"成绩"。

（2）使用名称：选中 G3 单元格，然后单击"公式"选项卡→"插入函数"按钮，找到 SUMIF 函数，打开 SUMIF 函数参数设置对话框，并在第一个参数中输入"班级"（定义的

图 5-38　"新建名称"对话框

名称），在第二个参数中输入 F3，在第三个参数中输入"成绩"（定义的名称），如图 5-39 所示，然后单击"确定"按钮。

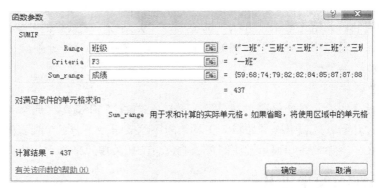

图 5-39　使用"名称"设置 SUMIF 函数参数

然后选中 G3 单元格，拖到填充柄至 G8，完成数据填充，结果如图 5-40 所示。

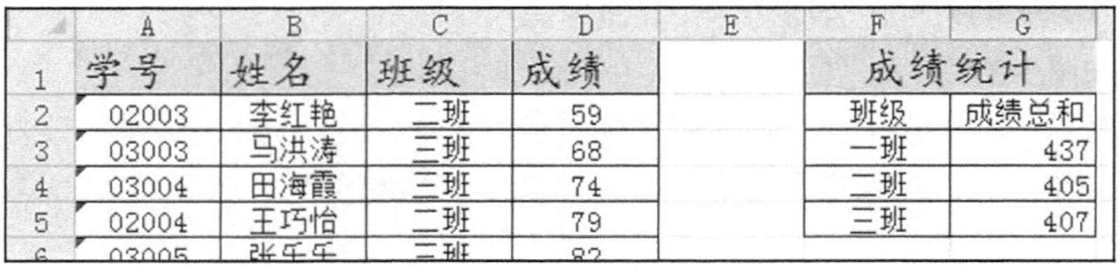

图 5-40　使用"名称"完成 SUMIF 函数计算

5.4　编辑工作表

工作表的内容输入之后，很难直接达到要求，往往需要进一步的编辑。编辑工作表应包括两部分内容，其一是对工作表中的数据进行编辑，例如，数据的修改、移动、复制、插入、删除、查找或替换单元格内容、清除单元格内容及格式等；其二是对表格进行编辑，如插入或删除行、列、单元格或单元格区域等基本操作。

5.4.1　选定单元格

在编辑工作表之前，首先应该选定要编辑的单元格或单元格区域，有时还需要选中多个不相邻的单元格组成的区域，对多个单元格同时进行操作。

1．选定一个单元格
将鼠标指向这个单元格并单击鼠标左键。

2．选定单元格区域
选定一个单元格区域：单击区域左上角的单元格，按住鼠标左键并拖动鼠标到要选定区域右下角的单元格。

选定不相邻的单元格区域：先选定第一个单元格或单元格区域，按住 Ctrl 键再选定其他单元格或单元格区域。

较大的单元格区域：单击区域左上角的单元格，按住 Shift 键，再单击该区域右下角的最后一个单元格。

3. 选定行或列

选定一行或一列：单击行号或列标。

选定相邻的行或列：选定一行或一列后，按住 Shift 键，再单击所要选择的相邻的行号或列标（也可以直接拖动行号或列标来选择）。

选定不相邻的行或列：先选定其中的一行或一列，然后按住 Ctrl 键，再单击其他的行号或列标。

4. 选定整个工作表

单击工作表的行号或列标（左上角）交叉处的"全选"按钮或按 Ctrl+A 组合键。

5.4.2　移动和复制单元格数据

1. 通过鼠标移动、复制

（1）选定要移动数据的单元格或单元格区域，将鼠标置于选定单元格或单元格区域的边缘处，当鼠标指针变成✛形状时，按住鼠标左键并拖动，即可移动单元格数据。

（2）按住 Ctrl 键，鼠标指针变成形状时，拖动鼠标进行移动，完成单元格数据的复制。

（3）按住 Shift+Ctrl 组合键，再进行拖动操作，则将选中单元格内容插入到已有单元格中。

（4）按住 Alt 键可将选中区域中的内容拖动到其他工作表中。

2. 通过命令移动、复制

选定要进行移动或复制的单元格或单元格区域，单击"开始"选项卡→"编辑"工具组→"复制"或"剪切"按钮；或单击鼠标右键，在弹出的快捷菜单中选择"复制"或"剪切"命令。

然后选定要粘贴到的单元格或单元格区域左上角的单元格，单击"编辑"工具组中的"粘贴"按钮可完成复制或移动操作。

3. 选择性粘贴

除了复制整个单元格外，Excel 还可以选择单元格中的特定内容进行复制，具体操作步骤如下。

（1）选定需要复制的单元格。

（2）单击"开始"选项卡→"编辑"工具组→"复制"按钮。

（3）选定粘贴区域左上角的单元格。

（4）单击"编辑"工具组→"粘贴"按钮下方的下拉列表按钮，打开下拉列表，如图 5-41 所示。在此列表中可以选择粘贴方式，或者单击"选择性粘贴"按钮，打开"选择性粘贴"对话框，如图 5-42 所示。

图 5-41　"粘贴"下拉列表

图 5-42　"选择性粘贴"对话框

（5）在图 5-42 所示的对话框中，选择"粘贴"选项组中所需的选项，再单击"确定"按钮。

5.4.3 编辑行、列和单元格

1．插入操作

（1）插入行或列

单击要插入行（或列）的任意单元格或单击行号（或列标），单击"开始"选项卡→"单元格"工具组中"插入"下边小箭头→"插入工作表行"（或"插入工作表列"）即可。

若在工作表中插入若干行（或若干列），可先选定若干行或列，然后进行相同操作。

（2）插入单元格或单元格区域

选中要插入单元格或单元格区域，单击"开始"选项卡→"单元格"工具组中"插入"下边小箭头→"插入单元格"，打开"插入"对话框，如图 5-43 所示。在对话框中根据需要选择其中的一项→"确定"。

图 5-43 "插入"对话框

2．删除和清除操作

删除操作是指将选定的单元格（行或列）从工作表中移走，并自动调整周围的单元格（行或列）填补删除后的空缺。

清除操作是指将选定单元格（行或列）中的内容、格式或批注等从工作表中删除，单元格（行或列）仍保留在工作表中。

（1）删除行或列

选中要删除的行或列，单击"开始"选项卡→"单元格"工具组中"删除"下边小箭头→"删除工作表行"（或"删除工作表列"）即可。

（2）删除单元格或单元格区域

选中要删除的单元格或单元格区域，单击"开始"选项卡→"单元格"工具组中"删除"下边小箭头→"删除单元格"，打开"删除"对话框，如图 5-44 所示。在对话框中根据需要选择其中的一项→"确定"。

（3）清除行、列或单元格

选中要清除的行、列、单元格或单元格区域，单击"开始"选项卡→"编辑"工具组中"清除"按钮，出现如图 5-45 所示的下拉列表，然后选择相应命令即可。

图 5-44 "删除"对话框

图 5-45 "清除"下拉列表

注：当选中相关行、列和单元格后，单击鼠标右键，在快捷菜单中可以完成插入和删除相关操作。

5.4.4　工作表的表格功能

在 Excel 中创建表格后，即可对该表格中的数据进行管理和分析，而不影响该表格外部的数据。例如，可以筛选表格列、排序和添加汇总行等。具体操作步骤如下。

（1）选择要指定表格的数据区域，选择"插入"选项卡下"表格"组中的"表格"命令，打开图 5-46 所示的"创建表"对话框。

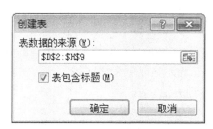

图 5-46　"创建表"对话框

（2）单击此对话框中"表数据的来源"文本框右侧的按钮，在工作表中选择要创建列表的数据区。如果选择的区域包含要显示为表格标题的数据，则选中"表包含标题"复选框，再单击"确定"按钮。

（3）所选择的数据区域使用表格标识符突出显示，此时可以使用"表格工具"，在功能区中增加了"设计"选项卡，使用"设计"选项卡中的各个工具可以对表格进行编辑。

（4）创建表格后，将使用蓝色边框标识表格。系统将自动为表格中的每一列启用自动筛选下拉列表，如图 5-47 所示。如果选中"表格样式选项"组中的"汇总行"复选框，则将在插入行下显示汇总行。当选择表格以外的单元格、行或列时，表格处于非活动状态。此时，对表格以外的数据进行的操作不会影响表格中的数据。

创建表格之后，若要停止处理表格数据而又不丢失所应用的任何表格样式格式，可以将表格转换为工作表上的常规数据区域，方法如下。

选择"表格工具""设计"选项卡下"工具"组的"转换为区域"按钮，此时弹出询问是否将表格转换为区域的对话框，单击"是"按钮，则将表格转换为区域，此时行标题不再包括排序和筛选箭头。

学生成绩表										
学号	姓名	班级	数学	语文	英语	计算机	总分	平均分	等级	排名
01001	张小含	一班	95	67	86	99	347	86.75	良好	2
01004	刘晓晓	一班	88	83	89	69	329	82.25	良好	5
01002	李思维	一班	87	76	66	84	313	78.25	中等	9
01003	马秀英	一班	85	91	80	85	341	85.25	良好	3
01005	赵路新	一班	82	83	75	86	326	81.50	良好	7
02005	田陶然	二班	92	74	73	89	328	82.00	良好	6
02002	张旭阳	二班	91	95	85	93	364	91.00	优秀	1
02001	王武喜	二班	84	75	79	92	330	82.50	良好	4
02004	王巧怡	二班	79	76	81	81	317	79.25	中等	8
02003	李红艳	二班	59	48	69	51	227	56.75	不及格	10

图 5-47　插入表格后的窗口

5.5 格式化工作表

当建立完一个工作表后，工作表可能不太美观。为了使表格的外观更加美观和适合用户的需要，需要格式化这个工作表。所谓格式化工作表，就是对工作表做进一步的格式设置。

5.5.1 设置数据的格式

单元格的数据格式包括：数字、对齐、字体、边框、填充和保护。如果要设置数据的格式，首先要选定进行格式化的行、列、单元格或单元格区域，然后才能进行相应的格式化操作。Excel 2010 设置数据的格式通常使用下列方法。

1. 应用对话框设置格式

选定要进行格式化的行、列、单元格或单元格区域，单击"开始"选项卡→"单元格"工具组中"格式"→"设置单元格格式"（或右击→"设置单元格格式"），出现如图 5-48 所示的"设置单元格格式"对话框。

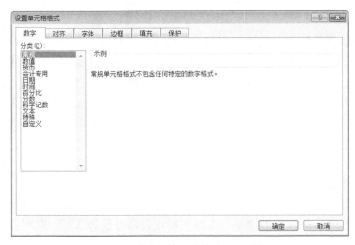

图 5-48 "设置单元格格式"对话框

在"数字"选项卡下，可对各种类型的数据进行相应的显示格式的设置；在"分类"列表框中有十几种类别的数据，选定某一类数据后，将在右侧显示出该类别数据不同的数据格式列表及有关的设置选项。

在"对齐"选项卡下，可对单元格中的数据进行水平对齐、垂直对齐及方向的格式设置。

在"字体"选项卡下，可对字体、字形、字号和颜色等进行格式定义。

在"边框"选项卡下，可对单元格的边框、边框类型和颜色等进行格式定义。

在"填充"选项卡下，可对单元格填充颜色和图案等进行定义。

在"保护"选项卡下，可进行单元格的保护设置。

注：使表格标题居中的操作为：选定表格标题所在行的单元格区域（选定区域同下面的表格一样宽），然后单击"开始"选项卡→"对齐方式"工具组中的"合并后居中"按钮。

如图 5-49 所示的表格进行以下格式化。

	A	B	C	D	E	F	G	H	I	J	K
1	学生成绩表										
2	学号	姓名	班级	数学	语文	英语	计算机	总分	平均分	等级	排名
3	01001	张小含	一班	95	67	86	99	347	86.75	良好	2
4	01002	李思维	一班	87	76	66	84	313	78.25	中等	9
5	02001	王武喜	二班	84	75	79	92	330	82.5	良好	4
6	02002	张旭阳	二班	91	95	85	93	364	91	优秀	1
7	01005	赵路新	一班	82	83	75	86	326	81.5	良好	7
8	02003	李红艳	二班	59	48	69	51	227	56.75	不及格	10
9	01003	马秀英	一班	85	91	80	85	341	85.25	良好	3
10	01004	刘晓晓	一班	88	83	89	69	329	82.25	良好	5
11	02004	王巧怡	二班	79	76	81	81	317	79.25	中等	8
12	02005	田陶然	二班	92	74	73	89	328	82	良好	6

图 5-49　学生成绩表-原始表格

（1）"学生工作表"作为表格标题居中，设置为"隶书""粗体""20 号字"。

选定 A1:K1，然后单击"开始"选项卡→"对齐方式"工具组中的"合并后居中"按钮；再打开"设置单元格格式"对话框中的"字体"选项卡，设置字体格式，如图 5-50 所示，单击"确定"按钮。

图 5-50　"字体"选项卡

（2）将标题行（A2:K2）设置为"楷体"，"16 号字"，水平居中并设置底纹。

选择 A2:K2，首先利用"字体"选项卡设置字体格式（"楷体"，"16 号字"）；然后打开"对齐"选项卡，设置"水平对齐"为居中，如图 5-51 所示，单击"确定"按钮。

图 5-51　"对齐"选项卡

　　然后打开"填充"选项卡，如图 5-52 所示，选择一种填充颜色，如第二行第一个"白色、背景 1，深度 15%"，单击"确定"按钮。

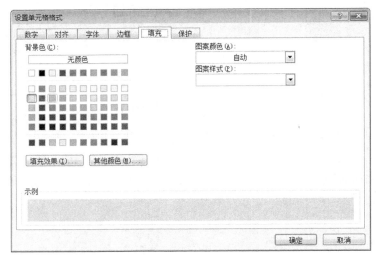

图 5-52　"填充"选项卡

（3）数据行设置为水平居中，垂直居中。

　　选择 A3:K12，打开"对齐"选项卡，设置"水平对齐"为居中，设置"垂直对齐"为居中，单击"确定"按钮。

（4）设置平均分列的单元格精确到小数点后两位。

　　选择 I3:I12，打开"数字"选项卡，在"分类"列表中选择"数值"类别，在"小数位数"中设置"2"，如图 5-53 所示，单击"确定"按钮。

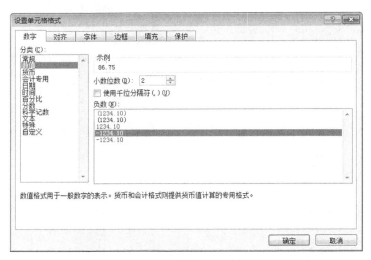

图 5-53　"数字"选项卡

　　注：在很多时候，某些数字需要用货币格式表示，则选择"分类"中的"货币"类别，然后选择相应的货币符号。

（5）对数据区添加内外边框。要求：线条颜色为红色，强调文字颜色 2；线条样式：外框线为双线，内框线为单细线。

选择 A2:K12，打开"边框"选项卡，在"颜色"部分单击下拉箭头，显示颜色选项，选择"主题颜色"中第六个"红色，强调文字颜色 2"，如图 5-54 所示；在"样式"部分选择"双线"（第二列最后一个），然后在"预置"部分单击"外边框"；在"样式"部分选择"单线"（第一列最后一个），然后在"预置"部分单击"内部"按钮，如图 5-55 所示，单击"确定"按钮。

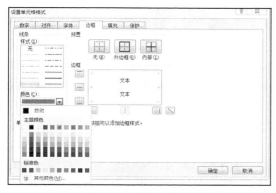

图 5-54　选择边框颜色　　　　　　　　　图 5-55　选择边框样式

表格最后格式效果如图 5-56 所示。

	A	B	C	D	E	F	G	H	I	J	K
1					学生成绩表						
2	学号	姓名	班级	数学	语文	英语	计算机	总分	平均分	等级	排名
3	01001	张小含	一班	95	67	86	99	347	86.75	良好	2
4	01002	李思维	一班	87	76	66	84	313	78.25	中等	9
5	02001	王武喜	二班	84	75	79	92	330	82.50	良好	4
6	02002	张旭阳	二班	91	95	85	93	364	91.00	优秀	1
7	01005	赵路新	一班	82	83	75	86	326	81.50	良好	7
8	02003	李红艳	二班	59	48	69	51	227	56.75	不及格	10
9	01003	马秀英	一班	85	91	80	85	341	85.25	良好	3
10	01004	刘晓晓	一班	88	83	89	69	329	82.25	良好	5
11	02004	王巧怡	二班	79	76	81	81	317	79.25	中等	8
12	02005	田陶然	二班	92	74	73	89	328	82.00	良好	6

图 5-56　设置格式后的表格

2. 设置数据格式的其他方法

（1）使用"开始"选项卡

选定要进行格式化的行、列、单元格或单元格区域，然后依次单击"开始"选项卡下"字体"工具组、"对齐方式"工具组和"数字"工具组中的相应按钮即可。

如对图 5-56 所示的标题文字"学生成绩表"设置为：华文中宋 24 号、字体颜色：白色，背景 1；填充颜色：蓝色，强调文字颜色 1，则可进行如下操作。

① 选中"学生成绩表"，然后在"开始"选项卡→"字体"工具组中的"字体"下选择"华文中宋"，在"字号"下选择"24"。

② 在"字体颜色 A ·"下选择"白色，背景 1"（主题颜色第一个），在"填充颜色 ◇ ·"下选择"蓝色，强调文字颜色 1"（主题颜色第 5 个），效果如图 5-57 所示。

图 5-57　用"开始"选项卡设置字体效果

（2）使用"格式刷"

用"开始"选项卡下"剪贴板"工具组中的"格式刷"按钮可以快速地复制单元格的格式信息，操作方法与 Word 2010 相同。

3. 关于"对齐"选项卡的几点注意事项

（1）方向

在"方向"选项组中可以通过鼠标的拖动或直接输入角度值，将选定的单元格内容完成从 -90°～+90° 的旋转，这样可将表格内容由水平显示转换为各个角度的显示。

（2）文本控制

① 选中"自动换行"复选框后，被设置的单元格就具备了自动换行功能，当输入的内容超过单元格宽度时，会自动换行。

在向单元格输入内容的过程中，也可以进行强制换行，当需要强制换行时，只需按 Alt+Enter 组合键，则输入的内容就会从下一行开始显示，而不管是否达到单元格的最大宽度。

② 如果单元格中的内容超过单元格宽度，选中"缩小字体填充"复选框后，单元格中的内容会自动缩小字体并被单元格容纳。

③ 选中需要合并的单元格后，选中"合并单元格"复选框，可以实现单元格合并。

（3）单元格的合并居中和跨行居中

对于一个电子表格的表头文字，通常需要居中显示，如图 5-56 所示。

一般可以采用两种方法。

① 将这行的单元格选中后，单击"开始"选项卡→"对齐方式"工具组中的"合并后居中"按钮，进行合并居中设置。

② 将这行的单元格选中后，在"对齐"选项卡的"水平对齐"下拉列表中选择"跨行居中"。

这两种方法都可以使表头文字居中显示，但第一种方法对单元格做了合并的处理，而第二种方法虽然表头文字居中，但单元格并没有合并。

5.5.2 调整列宽和行高

当用 Excel 创建一个新工作表后，其列宽和行高是系统默认的固定值。若不能满足要求，可对工作表中的单元格进行列宽和行高的调整。比如，上例中经过字体大小修改后，发现单元格明显比以前拥挤了，如果设置更大的字体，显然会更加拥挤。为了解决这个问题，就需要调整列宽和行高。

1. 调整列宽

调整列宽的方法主要有以下几种。

方法 1：拖动列标的右边框线设置所需的列宽。

方法 2：双击列标右边的边界，使列宽适合单元格中的内容。

方法 3：选定要调整列，单击"开始"选项卡→"单元格"工具组中的"格式"按钮→"列宽"，在"列宽"对话框中输入列宽的值→"确定"，如图 5-58 所示。单击"格式"按钮有"列宽"、"自动调整列宽"和"默认列宽"三个选择。

2. 改变行高

改变行高的方法主要有以下几种。

方法 1：拖动行号的下边框线调整行高。

方法 2：双击行号下方的边界，使行高适合单元格中的内容。

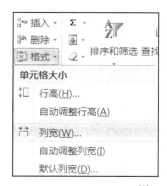

图 5-58　调整列宽

方法 3：选定要调整行，单击"开始"选项卡→"单元格"工具组中的"格式"按钮→"行高"，在"行高"对话框中输入行高的值→"确定"。单击"格式"按钮，有"行高"和"自动调整行高"两个选择。

5.5.3　自动套用格式和条件格式

1.　自动套用表格格式

Excel 提供了多种已经设置好的表格格式，设置的格式包括边框和底纹、文字格式和文字的对齐方式等。套用表格格式后列标题将自动出现筛选标记，方便对数据区域的数据进行筛选。还可以利用"表格工具"下的"设计"选项卡对表格格式进行重新设计。

使用自动套用格式的步骤如下。

（1）选择要自动套用表格格式的单元格区域。

（2）选择"开始"选项卡→"样式"工具组中的"套用表格格式"命令，在弹出的样式列表框中选择需要的样式，如图 5-59 所示。

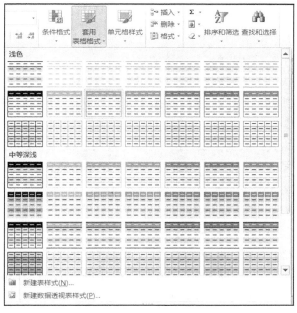

图 5-59　"套用表格样式"列表

（3）弹出"套用表格式"对话框，如图5-60所示，在"表数据来源"文本框中选择套用表格样式的区域，单击"确定"按钮。

（4）选择已经设置了表格格式的单元格区域，功能区将显示"表格工具"选项卡，用户可以利用"表格工具"下方的"设计"选项卡对表格进行进一步操作。

若要删除自动套用格式，则先选择要删除自动套用格式的区域，可以单击"表格工具"下方的"设计"选项卡→"工具"工具组中"转换为区域"，在弹出对话框中单击"是"即可。

图5-60 "套用表格式"对话框

2．套用单元格格式

可以为工作表的单元格套用格式，设置后的单元格格式包括文字格式、数字格式和底纹效果等。

选择需要应用单元格格式的单元格区域，单击"开始"选项卡→"样式"工具组中的"单元格样式"命令，在弹出的样式列表框中选择需要的样式。

3．条件格式

在工作表中有时为了突出显示满足设定条件的数据，可以设置单元格的条件格式，Excel 2010提供的条件格式比 Excel 2003 更加丰富，如可以使用数据柱线、颜色刻度和图标集来直观地显示数据。

条件格式根据条件更改单元格区域的外观。如果条件成立，则根据该条件设置单元格区域的格式；如果条件不成立，则不设置单元格区域的格式。

（1）使用突出显示单元格规则

突出显示单元格规则是指将满足设置条件的单元格区域应用相应的格式，达到快速突出显示目标单元格的效果，具体操作方法如下。

选择需要设置条件格式的数据区域，在"开始"选项卡→"样式"工具组中的"条件格式"按钮→"突出显示单元格规则"命令，在下一级菜单中单击需要的条件命令，如"大于"；弹出"大于"对话框，在文本框中输入大于的值，在"设置为"右侧的下拉列表中选择突出显示的格式，单击"确定"按钮，所有满足条件的单元格均设置为指定的格式，如图5-61和图5-62所示。

若所需规则未在列表中出现，如"小于等于"，则选择"其他规则"，则弹出"新建格式规则"对话框，如图5-63所示，在"编辑规则说明"中编辑条件和格式。如设置条件为"单元格值""小于或等于""50"，然后单击"格式"按钮，弹出"设置单元格格式"对话框，如图5-64所示，进行相应格式设置。

图 5-61 "突出显示规则"列表

图 5-62 "大于"对话框

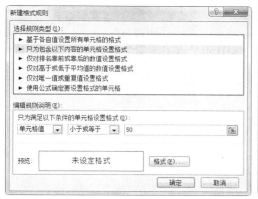

图 5-63 "新建格式规则"对话框

图 5-64 "设置单元格格式"对话框

（2）使用项目选取规则

用户可以使用项目选取规则在工作表中设置最大或最小值的个数，然后用条件格式的方式显示出来。具体操作方法如下。

选择数据区域，在"开始"选项卡→"样式"工具组中的"条件格式"按钮→"项目选取规则"命令，在下一级菜单中单击需要的条件命令，如图 5-65 所示，在弹出对话框中进行条件和格式设置。如要求将"单元格数值最大的 5 项的单元格格式设置为"绿填充色深绿色文本"，则选择"值最大的 10 项"，弹出图 5-66 所示的"10 个最大的项"对话框，更改上下控件中的数值为 5，然后设置为"绿填充色深绿色文本"。

（3）使用数据条设置条件格式

使用数据条可以查看某个单元格相对于其他单元格的值。数据条的长度代表单元格的值，数据条越长，表示值越高；数据条越短，表示值越低。对于分析大量数据中的较高值与较低值时，数据条尤其适用。具体操作方法如下。

选择数据区域，在"开始"选项卡→"样式"工具组中的"条件格式"按钮→"数据条"命令，在下一级菜单中选择数据条样式。

图 5-65 "条件格式"→"项目选择规则"列表

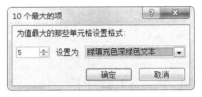

图 5-66 "10 个最大项"对话框

（4）清除管理规则

如果不需要用条件格式显示数据值，用户可以清除格式，具体操作方法如下。

选择数据区域，在"开始"选项卡→"样式"工具组中的"条件格式"按钮→"清除规则"命令→"清除所选单元格规则"。

5.5.4 设置数据的有效性

数据有效性是对单元格或单元格区域输入的数据从内容到数量上的限制。对于符合条件的数据，允许输入；对于不符合条件的数据，则禁止输入。这样就可以依靠系统检查数据的正确有效性，避免错误的数据录入。

1. 数值范围的设置

对单元格内数值进行输入时，可以设定数值的范围。如图 5-67 的表格中，对于数学、语文、英语和计算机的成绩一般要求输入 0～100 内的整数，为了避免输入错误，可以对 D3:G12 区域设置数据的有效性。操作如下。

	A	B	C	D	E	F	G	H	I	J
1	学生成绩表									
2	学号	姓名	班级	数学	语文	英语	计算机	总分	平均分	等级
3	01001	张小合	一班							
4	01002	李思维	一班							
5	02001	王武喜	二班							
6	02002	张旭阳	二班							
7	01005	赵路新	一班							
8	02003	李红艳	二班							
9	01003	马秀英	一班							
10	01004	刘晓晓	一班							
11	02004	王巧怡	二班							
12	02005	田陶然	二班							

图 5-67 数据有效性数据表格

选中 D3:G12 区域，然后单击"数据"选项卡→"数据工具"工具组中的"数据有效性"→"数据有效性"，弹出"数据有效性"对话框，在"有效性条件"中设置："允许"为"整数"，"数据"为"介于""最小值""0""最大值""100"，如图 5-68 所示，单击"确定"按钮。

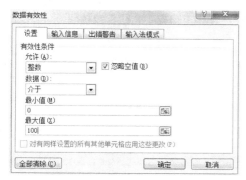

图 5-68　"数据有效性"对话框

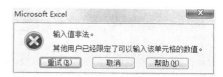

图 5-69　数据输入错误时显示对话框

当在此区域内输入小于 0 或大于 100 的数据时，会显示如图 5-69 所示的对话框。

另外，可以通过图 5-68 所示的"输入信息"选项卡设置用户输入时的提示信息，也可以通过图中的"出错警告"选项卡设置当用户输入错误时的警告信息。

2. 文本长度的设置

对单元格文本数据输入时，可以设置文本的长度。如对图 5-67 所示的表格中学号列设置文本长度为 5，则选中 A3:A12 区域，然后单击"数据"选项卡→"数据工具"工具组中的"数据有效性"→"数据有效性"，弹出"数据有效性"对话框，在"有效性条件"中设置："允许"选择"文本长度"，"数据"为"等于""5"，如图 5-70 所示，单击"确定"按钮。

3. 下拉列表的设置

在单元格输入数据时，可以使用下拉列表来完成

图 5-70　文本长度设置

数据的输入，用户只需单击下拉列表，完成选择即可。下面举例介绍一下设置方法。先把图 5-67 所示的表格中的班级列的数据删除，如图 5-71 所示，然后对 C3:C12 区域设置下拉列表，下拉选项为"一班，二班，三班"。

	A	B	C	D	E	F	G	H	I	J
1					学生成绩表					
2	学号	姓名	班级	数学	语文	英语	计算机	总分	平均分	等级
3	01001	张小含								
4	01002	李思维								
5	02001	王武喜								
6	02002	张旭阳								
7	01005	赵路新								
8	02003	李红艳								
9	01003	马秀英								
10	01004	刘晓晓								
11	02004	王巧怡								
12	02005	田陶然								

图 5-71　设置下拉列表原始数据

具体操作步骤如下。

选中 C3:C12，然后单击"数据"选项卡→"数据工具"工具组中的"数据有效性"→"数据有效性"，弹出"数据有效性"对话框，在"有效性条件"中设置："允许"选择"序列"，根据需要设置是否"忽略空值"，在下面的"来源"文本框中输入待选的列表项，各数值间以半角逗

号分隔，不需要加引号，则本例中"来源"为"一班,二班,三班"，如图 5-72 所示，再单击"确定"按钮。

返回工作表，刚才选择的区域中已经有下拉箭头了，单击这个箭头或按 Alt 键可弹出下拉列表，效果如图 5-73 所示。通过下拉列表完成数据填充即可。

图 5-72 设置数据有效性的下拉列表对话框   图 5-73 数据有效性的下拉列表效果

5.6 数据清单

通过前面的操作，已经把一个基础的工作表建立起来了。有时，还需要对工作表中数据进行如排序、筛选、分类汇总、统计和查询等操作。Excel 数据清单也称 Excel 数据库，已经具备了一些数据库的功能，用户只需要在原表的基础上简单操作就可得到需要的结果。

5.6.1 数据清单

1. 数据清单的概念

数据清单类似于数据库的二维表，行表示记录，列表示字段。数据清单的第一行必须为文本类型，是相应列的名称，下面是连续的数据区域，每一列包含相同类型的数据，如图 5-74 所示。

姓名	性别	工作日期	职称	工资
张夕玉	女	1985-8-1	教授	5668
郭叶阳	男	1986-8-1	教授	5668
唐晓晓	女	1990-1-1	副教授	4328
赵新亮	男	1991-2-1	副教授	4328
宋大宇	男	1987-1-1	副教授	4328
武林风	男	1993-2-1	教授	5668
王小祥	女	2000-8-1	讲师	3606

图 5-74 "数据清单"举例

2. 数据清单与数据库的关系

数据库是按照一定的层次关系组织在一起的数据集合，而数据清单是通过定义行、列结构将数据组织起来形成的一个二维表。在 Excel 中将数据清单当作数据库来使用，数据清单形成的二维表属于关系型数据库。因此可以简单地认为，一个工作表中数据清单就是一个数据库。在一个工作簿中可以存放多个数据库，而一个数据库只能存储在一个工作表中。

3. 数据清单的规则

（1）一个数据清单占用一个工作表。

（2）数据清单是连续的数据区域，不能出现空行和空列。

（3）每一列为相同类型的数据。

（4）要将关键数据置于数据清单的顶部或底部，避免数据被隐藏。

（5）要全部显示行和列，避免有行或列的隐藏。

（6）数据清单要独立，即工作表中的数据清单与其他数据之间至少要空一列或空一行。

（7）不要在单元格中输入空格。

4．创建数据清单

创建一个数据清单就是要建立一个数据库，首先要定义字段个数和字段名，即数据库结构，然后再创建数据库工作表。

根据图 5-74 所示的数据，创建一个"职工信息表"数据清单的步骤如下。

（1）打开一个空白工作表，将工作表名称改为"职工信息表"，在工作表的第一行输入字段名，即建立好了数据库结构。

（2）输入数据库记录。记录的输入方法可以在单元格中直接输入，也可以通过记录单输入。

默认情况下，"记录单"命令按钮不显示在功能区中，可将其添加到"快速访问工具栏"中以方便使用，具体步骤如下。

① 单击"快速访问工具栏"右侧的"自定义快速访问工具栏"下拉按钮，显示下拉列表如图 5-75 所示，然后选择"其他命令"，弹出"Excel 选项"对话框。

图 5-75　下拉列表　　　　　　　　　图 5-76　"Excel 选项"对话框

② 在"Excel 选项"对话框的左侧窗格中选择"快速访问工具栏"，从"从下列位置选择命令"下拉列表中选择"所有命令"，然后在打开的下拉列表中找到"记录单"，单击"添加"按钮，如图 5-76 所示，再单击"确定"按钮，则"记录单"命令添加到"快速访问工具栏"。

5．使用记录单添加输入数据

（1）单击字段名下紧挨着的单元格，单击"快速访问工具栏"中的"记录单"命令，打开图 5-77 所示的"职工信息表"记录单。

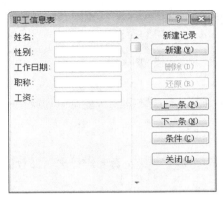

图 5-77 "职工信息表"记录单

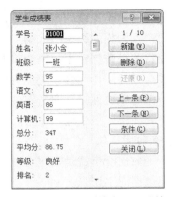

图 5-78 "学生成绩表"记录单

（2）用鼠标单击字段名右边的文本框，输入相应的字段值。

（3）按 Enter 键，准备输入下一条记录。

（4）重复（2）和（3），直到数据库所有记录输入完毕。

已有的工作表也可用记录单的形式显示和编辑。原工作表中每一列要有相应的列名（即字段名），然后单击工作表数据区的任意单元格，单击"记录单"命令，即会出现相应记录单窗口，图 5-78 所示为学生成绩表的记录单。

6. 数据清单的编辑

数据清单建立后，可继续对其进行编辑，包括对数据库结构的编辑（增加或删除字段）和数据库记录的编辑（修改、增加与删除等操作）。

数据库结构的编辑可通过插入列、删除列的方法实现；而编辑数据库记录可直接在数据清单中编辑相应的单元格，也可通过记录单对话框完成对记录的编辑。

5.6.2 数据的排序

排序就是根据数据清单中的一列或多列数据的大小重新排列记录的顺序。这里的一列或多列称为排序的关键字段（字段名就是排序的关键字）。排序有升序和降序两种，升序是从小到大，降序是从大到小。可进行排序的数据类型有：数值、文字、逻辑值和日期等。

1. 按一个关键字段排序

按一个关键字段排序是最简单的排序，是指按工作表中一列单元格中的数据进行排序。具体方法有下列几种。

方法 1：通过排序按钮排序。

（1）先单击数据清单中关键字段所在列的任意一个单元格，然后单击"开始"选项卡→"编辑"工具组中的"排序和筛选"按钮→下拉列表中"升序"按钮或"降序"按钮即可。

（2）先单击数据清单中关键字段所在列的任意一个单元格，然后单击"数据"选项卡→"排序和筛选"工具组中的"升序"按钮或"降序"按钮。

方法 2：通过对话框排序。

先单击数据清单中任意一个单元格，然后单击"开始"选项卡→"编辑"工具组中的"排序和筛选"按钮→"自定义排序"按钮，打开"排序"对话框，如图 5-79 所示，在"列"中的"主要关键字"中设置需要排序的字段，然后再设置"排序依据"和"次序"，最后单击"确定"按钮。

图 5-79　"排序"对话框

2. 按多个关键字段排序

在 Excel 中，可以将数据表格按多个关键字段进行排序。即先按一个关键字段（即主要关键字）进行排序，然后将此关键字相同的记录再按第二个关键字（次要关键字）进行排序，依次类推。操作步骤如下。

（1）先单击数据清单中任意一个单元格。

（2）单击"开始"选项卡→"编辑"工具组中的"排序和筛选"按钮→"自定义排序"命令，打开"排序"对话框。

（3）在"列"中的"主要关键字"中设置需要排序的字段，然后再设置"排序依据"和"次序"。

（4）单击"添加条件"按钮，增加"次要关键字"项，如图 5-80 所示，然后再设置"次要关键字"字段、"排序依据"和"次序"。

图 5-80　增加"次要关键字"后的排序对话框

（5）如果还需添加排序关键字，再单击"添加条件"按钮，进行相关设置。

（6）当添加并设置完所有关键字后，单击"确定"按钮，完成排序操作。

单击"数据"选项卡→"排序和筛选"工具组中的"排序"按钮，也可打开"排序"对话框。

3. 按自定义序列排序

在实际应用中，有时需要按特定的顺序排序，特别是在对一些汉字信息排列时，可能会有这样的要求。如对图 5-74 所示数据清单的职称列进行降序排序时，Excel 会给出的排序数字为"教授-讲师-副教授"，如果用户需要按照"教师-副教授-讲师"的顺序排列，这时就要用自定义排序功能了。具体步骤如下。

（1）选中工作表数据区任一单元格，单击"开始"选项卡→"编辑"工具组中的"排序和筛选"按钮→"自定义排序"命令，打开"排序"对话框，如图5-79所示。

（2）在"列"中的"主要关键字"下拉列表中选择"职称"，在"次序"下拉列表中选择自定义序列，然后弹出"自定义序列"对话框，在"输入序列"中输入"教授"→回车→输入"副教授"→回车→输入"讲师"→回车，如图5-81所示，再单击"添加"按钮（即添加自定义序列），单击"确定"，返回"排序"对话框，如图5-82所示，在"次序"处显示"教授，副教授，讲师"。

图5-81 "自定义序列"对话框

图5-82 "排序"对话框

（3）在图5-82中单击"确定"按钮，则定义排序完成，结果如图5-83所示。

	A	B	C	D	E
1	姓名	性别	工作日期	职称	工资
2	张夕玉	女	1985-8-1	教授	5668
3	郭叶阳	男	1986-8-1	教授	5668
4	武林风	男	1993-2-1	教授	5668
5	唐晓晓	女	1990-1-1	副教授	4328
6	赵新亮	男	1991-2-1	副教授	4328
7	宋大宇	男	1987-1-1	副教授	4328
8	王小祥	女	2000-8-1	讲师	3606

图5-83 自定义排序结果

4. 按行排序

有时，需要根据行的内容进行排序，从而使列的次序改变，而行的顺序不变。操作方法如下。

先选中所需排序的单元格区域，然后打开"排序"对话框，单击"选项"按钮，弹出"排序选项"对话框，如图5-84所示，选择"按行排序"→"确定"按钮，返回"排序"对话框，如图5-85所示，设置"行"中的"主要关键字"字段、"排序依据"和"次序"，单击"确定"按钮。

图5-84 "排序选项"对话框

图5-85 以行排序的"排序"对话框

5.6.3　数据的筛选

筛选是根据指定的条件，从数据清单中找出并显示满足条件的记录，不满足条件的记录被隐藏（并非删除），这样方便用户在大型工作表中查看数据。Excel 2010 提供了两种筛选清单的方法：自动筛选和高级筛选。

1．自动筛选

自动筛选是一种快速的筛选方法，可以通过它快速地访问大量的数据，并从中选出满足条件的记录显示出来。

（1）筛选方法

单击数据清单中的任意单元格，单击"开始"选项卡→"编辑"工具组中的"排序和筛选"按钮→"筛选"命令（或者单击"数据"选项卡→"排序和筛选"工具组中的"筛选"按钮），此时，数据清单中的每个字段名（列标题）右侧出现一个下拉按钮（筛选控制按钮），表格进入筛选状态，如图 5-86 所示。

图 5-86　自动筛选

单击筛选字段名右侧的筛选控制按钮（如数学），在弹出的列表（见图 5-87）中设置筛选选项，在该列表的底部列出了当前字段所有的数据，可通过清除"（全选）"复选框，然后选择其中要作为筛选的依据值，然后单击"确定"按钮。

若要进行更复杂的筛选，可以在弹出的列表中选择"数字筛选"命令，在下级菜单（见图 5-88）中单击条件或"自定义筛选"命令，弹出"自定义自动筛选方式"对话框（见图 5-89），设置筛选的条件，单击"确定"。

图 5-87　"筛选"下拉列表　　　图 5-88　"数字筛选"　　图 5-89　"自定义自动筛选方式"对话框

下级菜单

如果要使用基于另一列中数值的附加条件，则在另一列中重复上述步骤。若对某一字段进行了自动筛选，则该字段名后面的按钮显示 ↓。

注意事项如下。

① 筛选字段如果是文本型的，则"数字筛选"命令会变更为"文本筛选"命令。如图 5-90 所示的表格中筛选出"姓名"中含有"张"的学生信息，操作步骤如下。

	A	B	C	D	E	F	G	H	I	J	K
1					学生成绩表						
2	学号	姓名	班级	数学	语文	英语	计算机	总分	平均分	等级	排名
3	01001	张小含	一班	95	67	86	99	347	86.75	良好	2
4	01002	李思维	一班	87	76	66	84	313	78.25	中等	9
5	01003	马秀英	一班	85	91	80	85	341	85.25	良好	3
6	01004	刘晓晓	一班	88	83	89	69	329	82.25	良好	5
7	01005	赵路新	一班	82	83	75	86	326	81.50	良好	7
8	02001	王武喜	二班	84	75	79	92	330	82.50	良好	4
9	02002	张旭阳	二班	91	95	85	93	364	91.00	优秀	1
10	02003	李红艳	二班	59	48	69	51	227	56.75	不及格	10
11	02004	王巧怡	二班	79	76	81	81	317	79.25	中等	8
12	02005	田陶然	二班	92	74	73	89	328	82.00	良好	6

图 5-90　文本筛选数据表格

选中数据区的某一数据单元格，单击"数据"选项卡→"排序和筛选"工具组中的"筛选"按钮，则"姓名"列右边出现下拉按钮；

单击此下拉按钮，弹出的列表中选择"文本筛选"，在出现的下一级菜单中选择"包含"，如图 5-91 所示，弹出"自定义自动筛选方式"对话框；

在"包含"右边的编辑框中输入"张"，如图 5-92 所示，然后单击"确定"。则在表格中显示"姓名"中含有"张"的学生信息，如图 5-93 所示。

图 5-91　文本筛选列表

图 5-92　自定义自动筛选

	A	B	C	D	E	F	G	H	I	J	K
1					学生成绩表						
2	学号	姓名	班级	数学	语文	英语	计算机	总分	平均分	等级	排名
3	01001	张小含	一班	95	67	86	99	347	86.75	良好	2
9	02002	张旭阳	二班	91	95	85	93	364	91.00	优秀	1

图 5-93　文本筛选结果

② 自动筛选后只显示满足条件的记录，它是数据清单记录的子集，一次只能对工作表中的一个数据清单使用自动筛选命令。

③ 使用"自动筛选"命令，对一列数据最多可以应用两个条件。

④ 对一列数据进行筛选后，可对其他数据列进行双重筛选，但可筛选的记录只能是前一次筛选后数据清单中显示的记录。

如在图 5-90 所示的表格中筛选出"姓名"中含有"张"并且"语文>90"的学生信息，则操作方法为：在上面文本筛选的结果上，如图 5-93 所示，再单击"语文"右边的下拉按钮，在出现的列表中选择"数字筛选"，下一级列表中选择"大于"，在弹出的"自定义自动筛选方式"对话框中设置"显示行""语文""大于""90"（见图 5-94）。最终结果如图 5-95 所示。

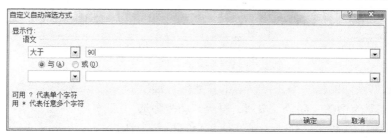

图 5-94　自定义自动筛选方式对话框

学生成绩表										
学号	姓名	班级	数学	语文	英语	计算机	总分	平均分	等级	排名
02002	张旭阳	二班	91	95	85	93	364	91.00	优秀	1

图 5-95　双重筛选效果

（2）自动筛选的清除

执行完自动筛选后，不满足条件的记录将被隐藏，若希望将所有记录重新显示出来，可通过对筛选列的清除来实现。如要清除对"数学"列的筛选，可单击"数学"名后的筛选按钮 ，在打开的下拉列表中选择"从数字中清除筛选"命令。

若希望清除工作表中所有筛选并重新显示所有行，可单击"开始"选项卡→"编辑"工具组中的"排序和筛选"按钮→"清除"命令（或者单击"数据"选项卡→"排序和筛选"工具组中的"清除"按钮）。

若希望清除所有字段名后的筛选按钮，可再次单击"开始"选项卡→"编辑"工具组中的"排序和筛选"按钮→"筛选"命令（或者单击"数据"选项卡→"排序和筛选"工具组中的"筛选"按钮）。

2．高级筛选

自动筛选能够高效快速地完成对工作表的简单筛选操作。如果需要进行筛选的数据列表中的字段比较多，筛选条件比较复杂，使用自动筛选就显得非常麻烦，此时使用高级筛选就可以非常简单地对数据进行筛选。具体操作步骤如下。

（1）首先在工作表的空白区域设置条件区域，条件区域中必须要有被筛选的字段名称，所有这些字段名要写在一行且名称与数据表中原有字段名一样，针对于每个字段名称的条件要写在此字段的下面，多字段间的条件若为"与"关系（条件同时成立），则写在一行；多字段间的条件若为"或"关系（条件只要有一个成立），则写在下一行。

注意　　　条件区域与数据区域要相互独立，即至少要相隔一行或一列。

条件举例如下。

① 单一条件：在输入条件时，首先要输入条件涉及的字段的字段名，然后将该字段的条件写到字段名下面的单元格，如条件为"数学>60"，则条件样式如图 5-96 所示。

② 复合条件中的"与"关系，即多个条件同时成立，如条件为"数学>60 并且英语>70"，则条件样式如图 5-97 所示。

③ 复合条件中的"或"关系,即多个条件中满足一个即可,如条件为"数学>60 或者英语>70",则条件样式如图 5-98 所示。

数学
>60

图 5-96　单个条件

数学	英语
>60	>70

图 5-97　"与"关系

数学	英语
>60	
	>70

图 5-98　"或"关系

（2）单击数据表中的任一单元格,单击"数据"选项卡→"排序和筛选"工具组中的"高级"按钮,打开"高级筛选"对话框,如图 5-99 所示,设置"列表区域"和"条件区域",单击"确定"按钮,则筛选后的结果显示在数据表中。

若高级筛选结果覆盖原表中数据,想重新显示所有数据:单击"数据"选项卡→"排序和筛选"工具组中的"清除"按钮或者单击"开始"选项卡→"编辑"工具组中的"排序和筛选"按钮→"清除"命令。

图 5-99　"高级筛选"对话框

5.6.4　分类汇总

分类汇总是把数据清单中的数据分类统计处理,按照某一字段的字段值对记录进行分类排序,然后对记录的数值字段进行统计操作,不需要用户建立公式,Excel 会自动对各类别的数据进行求和、求平均值等计算,并把汇总结果显示出来。分类汇总可进行的计算有:求和、求平均值、求最大值或最小值等。使用分类汇总之前,必须先对数据清单中要分类汇总的列进行排序,数据清单中也必须包含带有标题的列。

对数据进行分类汇总,首先要对分类字段进行分类排序,使相同的项目排列在一起,这样汇总才有意义。因此,在进行分类汇总操作时一定要先按照分类项排序,再进行汇总的操作。

1. 建立分类汇总

例如,在"学生成绩表"的数据清单中,按"班级"分类汇总"总分"的平均数。操作步骤如下。

（1）以"班级"为主要关键字对数据表进行排序,升序或降序均可。

（2）单击"数据"选项卡→"分级显示"工具组中的"分类汇总",打开"分类汇总"对话框,如图 5-100 所示。在"分类字段"下拉列表中选择要进行分类汇总的字段名称,即排序名称,本例中为"班级";在"汇总方式"下拉列表中选择需要分类汇总的函数,本例中为"平均值";在"选定汇总项"列表框中选择需要进行分类汇总的选项对应的复选框,本例中为"总分";指定汇总结果的显示位置等,然后单击"确定"按钮。

图 5-100　分类汇总对话框

（3）操作完成后,显示的分类汇总结果如图 5-101 所示。

如果需要在每个分类汇总后有一个自动分页符,选中"每组数据分页"复选框;如果需要分类汇总结果显示在数据下方,则选中"汇总结果显示在数据下方"复选框。

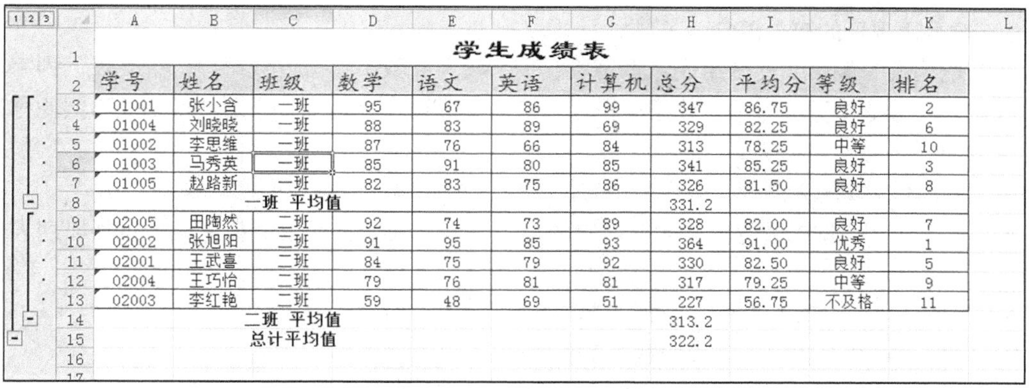

	A	B	C	D	E	F	G	H	I	J	K
1	学生成绩表										
2	学号	姓名	班级	数学	语文	英语	计算机	总分	平均分	等级	排名
3	01001	张小含	一班	95	67	86	99	347	86.75	良好	2
4	01004	刘晓晓	一班	88	83	89	69	329	82.25	良好	6
5	01002	李思维	一班	87	76	66	84	313	78.25	中等	10
6	01003	马秀英	一班	85	91	80	85	341	85.25	良好	3
7	01005	赵路新	一班	82	83	75	86	326	81.50	良好	8
8			一班 平均值					331.2			
9	02005	田陶然	二班	92	74	73	89	328	82.00	良好	7
10	02002	张旭阳	二班	91	95	85	93	364	91.00	优秀	1
11	02001	王武喜	二班	84	75	79	92	330	82.50	良好	5
12	02004	王巧怡	二班	79	76	81	81	317	79.25	中等	9
13	02003	李红艳	二班	59	48	69	51	227	56.75	不及格	11
14			二班 平均值					313.2			
15			总计平均值					322.2			

图 5-101　按“班级”分类汇总后的结果

当分类字段多个时，可先按一个字段进行分类汇总，然后再将更小分组的分类汇总插入到现有的分类汇总组中，实现多个分类字段的分类汇总。

2. 显示分类汇总

在对数据进行分类汇总后，在工作表的左侧有 3 个显示不同级别分类的按钮“1 2 3”，单击这些按钮可显示或隐藏某一级别的明晰数据，通过左侧的“+”“-”号也可以实现这一功能。

如单击“2”以后显示各分类组的汇总结果，效果如图 5-102 所示；单击“1”以后显示所有数据的汇总结果，效果如图 5-103 所示。

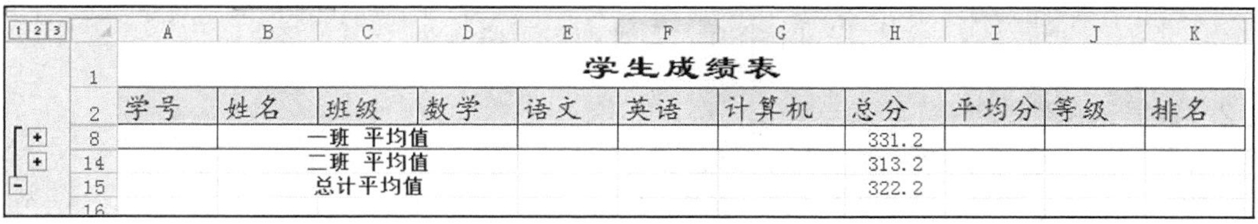

	A	B	C	D	E	F	G	H	I	J	K
1	学生成绩表										
2	学号	姓名	班级	数学	语文	英语	计算机	总分	平均分	等级	排名
8			一班 平均值					331.2			
14			二班 平均值					313.2			
15			总计平均值					322.2			

图 5-102　只显示各班汇总结果

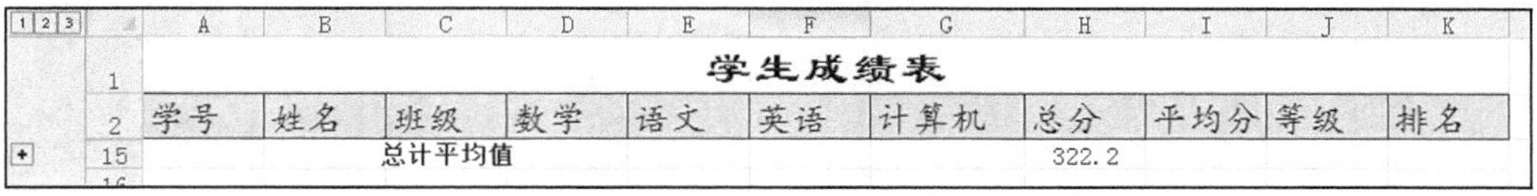

	A	B	C	D	E	F	G	H	I	J	K
1	学生成绩表										
2	学号	姓名	班级	数学	语文	英语	计算机	总分	平均分	等级	排名
15			总计平均值					322.2			

图 5-103　显示所有学生的汇总结果

3. 删除分类汇总

如果想取消分类汇总的显示结果，恢复数据清单的初始状态，则要删除分类汇总。操作方法如下。

单击已分类汇总的数据清单中的任意单元格，单击“数据”选项卡→“分级显示”工具组中的“分类汇总”，打开“分类汇总”对话框，在对话框中单击“全部删除”按钮。

5.6.5　数据透视表和数据透视图

数据透视表是一种对大量数据快速汇总和建立交叉列表的交互式表格，可以转换行以查看源数据的不同汇总结果，可以显示不同页面以筛选数据，还可以根据需要显示区域中明细数据。而数据透视图则是通过图表的方式显示和分析数据。

1. 数据透视表的有关概念

数据透视表一般由 7 部分组成：页字段、页字段项、数组字段、数据项、行字段、列字段和数据区域。图 5-104 所示为一个数据透视表，该数据透视表分别统计了不同性别及不同职称的职工工资的和。

- 页字段：数据透视表中指定为页方向的源数据清单或数据库中的字段。
- 页字段项：源数据清单或数据库中的每个字段、列条目或数值都将成为页字段列表中的一项。
- 数据字段：含有数据的源数据清单或数据库中的字段项。
- 数据项：数据透视表字段中的分类。
- 行字段：在数据透视表中指定行方向的源数据清单或数据库中的字段。
- 列字段：在数据透视表中指定列方向的源数据清单或数据库中的字段。
- 数据区域：含有汇总数据的数据透视表中的一部分。

图 5-104　"数据透视表"举例

2. 数据透视表的创建

下面以图 5-105 所示销售信息表为例说明具体操作步骤。

	A	B	C	D	E	F	G
1			销 售 信 息 表				
2	编号	日期	姓名	产品	地区	颜色	销售额
3	1	2017/4/1	Ivy	背包	北部	兰色	￥ 1,500.00
4	2	2017/4/1	Ivy	背包	东部	黑色	￥ 2,827.00
5	3	2017/4/1	Ivy	背包	西部	黄色	￥ 6,235.00
6	4	2017/8/1	Ivy	登山服	北部	红色	￥ 5,807.00
7	5	2017/8/1	Ivy	登山服	东部	绿色	￥ 9,042.00
8	6	2017/12/1	Ivy	帽子	北部	白色	￥ 6,365.00
9	7	2017/12/1	Ivy	帽子	东部	紫色	￥ 961.00
10	8	2017/8/1	Micheal	背包	西部	绿色	￥ 178.00
11	9	2017/8/1	Micheal	背包	北部	兰色	￥ 512.00
12	10	2017/12/1	Micheal	登山服	北部	紫色	￥ 7,955.00
13	11	2017/12/1	Micheal	登山服	西部	红色	￥ 650.00
14	12	2017/4/1	Micheal	帽子	东部	黑色	￥ 5,850.00
15	13	2017/4/1	Micheal	帽子	西部	黄色	￥ 3,185.00
16	14	2017/4/1	Micheal	帽子	北部	白色	￥ 5,246.00
17	15	2017/1/1	Richard	背包	北部	紫色	￥ 5,199.00
18	16	2017/1/1	Richard	背包	西部	红色	￥ 9,635.00
19	18	2017/5/1	Richard	登山服	北部	黄色	￥ 3,244.00
20	19	2017/5/1	Richard	登山服	东部	白色	￥ 5,487.00

图 5-105　销售信息表

（1）打开"销售信息表"工作表，选中数据区任意一个单元格，单击"插入"选项卡→"表格"工具组→"数据透视表"按钮→"数据透视表"命令，打开"数据透视表"对话框，如图 5-106 所示。

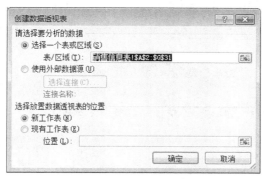

图 5-106　"数据透视表"对话框

（2）在该对话框中可确定数据源区域和数据透视表的位置。在"请选择要分析的数据"组中选中"选择一个表或区域"单选按钮，在"表/区域"框中输入或使用鼠标选取数据区域。一般情况下 Excel 会自动识别数据源所在的单元格区域，如果需要重新选定，单击右侧的折叠按钮，然后用鼠标拖动选择数据源区域即可。

在"选择放置数据透视表的位置"组中可选择数据透视表创建在一个新工作表中还是在当前工作表，这里选择"新工作表"。

 如果将透视表放置于现有工作表某单元格开始的区域，则选择"现有工作表"单选按钮，在"位置"文本框中输入相应单元格，或光标放置于文本框后，单击此单元格。

（3）单击"确定"按钮，将一个空的数据透视表添加到新工作表中，并在右侧窗格中显示数据透视表字段列表，如图 5-107 所示。

图 5-107　数据透视表字段列表

（4）选择相应的页、行、列标签和数值计算项后，即可得到数据透视表的结果。

本例中单击右边显示窗格中"选择要添加到报表的字段"→"地区"字段，将其拖动到窗格下方"在以下区域间拖动字段"→"报表筛选"区域;同种方法将"姓名"字段拖动到"行标签"区域,将"日期"字段拖动到"列标签"区域,将"销售额"字段拖动到"数值"区域。

选中"列标签"单元格,在编辑栏内修改为"日期";选中"行标签"单元格,在编辑栏内修改为"姓名"。生成的最终结果如图 5-108 所示。用户可以自由地操作它来查看不同的数据项目。

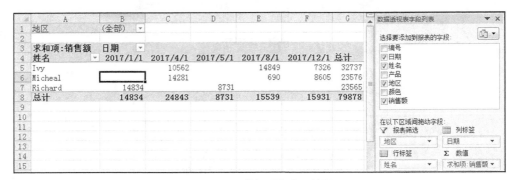

图 5-108 "数据透视表"结果

3. 数据透视表修改

数据透视表建好后,还可根据需要对其进行分组或格式设置,以便得到用户关注的信息。

（1）分组

若要创建销售表的月报表、季度报表或年报表,可在数据透视表中选中某个销售日期（如 B4）,再单击"数据透视表工具"的"选项"选项卡→"分组"工具组→"将所选内容分组"命令按钮,或右击日期字段,在弹出的快捷菜单中选择"创建组"命令,均可打开"分组"对话框,如图 5-109 所示,在"起始于"和"终止于"文本框中输入一个时间间隔,然后在"步长"列表框中选择"季度",单击"确定"按钮,则按季度重新布局,如图 5-110 所示。

图 5-109 "分组"对话框

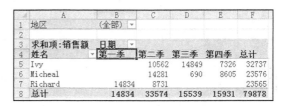

图 5-110 按"季度"布局

若想取消分组,可单击"数据透视表工具"的"选项"选项卡→"分组"工具组→"取消分组"命令按钮。

（2）按条件查看

若想查看某个地区,某个人的明细数据,只需单击页字段、行字段和列字段右侧的下拉按钮,选择相关字段即可。

如想查看 Ivy 在东部地区的季度销售情况,可单击"地区"右侧的下拉按钮,出现如图 5-111所示的列表,选择其中的"东部";单击"姓名"右侧的下拉按钮,出现列表（见图 5-112）,只选择"Ivy",再将"产品"拖入行标签区域内,数据透视表即更新为图 5-113 所示。

图 5-111　地区筛选-东部

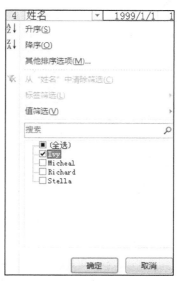

图 5-112　姓名筛选-Ivy

图 5-113　Ivy 在东部地区销售各产品的季度报表

4．数据透视表数据的更新

对于建立了数据透视表的数据清单，其数据的修改并不影响数据透视表，即数据透视表中的数据不随其数据源中的数据发生变化，这时必须更新数据透视表数据。其操作方法如下。

选中数据区的任一单元格，单击"数据透视表工具"的"选项"选项卡→"数据"工具组→"刷新"命令按钮，完成对数据透视表的更新。

5．数据透视表中字段的添加或删除

在建立好的数据透视表中可以添加或删除字段。其操作方法如下。

选中建立的数据透视表中的任一单元格，则在窗口右侧显示"数据透视表字段列表"窗格。

若要添加字段，则将相应字段按钮拖动到相应的行、列标签或数值区域内；若要删除某一字段，则将相应字段按钮从行、列标签或数值区域内拖出即可。

应注意，在删除了某个字段后，与这个字段相连的数据也将从数据透视表中删除。

6．数据透视表中分类汇总方式的修改

使用数据透视表对数据表进行分类汇总时，可以根据需要设置分类汇总方式。在 Excel 中，默认的汇总方式为求和汇总。

若要在已有的数据透视表中修改汇总方式，其方法如下。

在"数值"区域内单击汇总项，在打开的下拉列表（见图 5-114）中选择"值字段设置"命令，打开图 5-115 所示的对话框，在"计算类型"下拉列表中选择所需汇总方式，单击"数字格式"按钮，可打开"设置单元格格式"对话框，从中可以对数值的格式进行设置。

图 5-114　下拉列表

图 5-115　"值字段设置"对话框

7．数据透视图的创建

数据透视表用表格来显示和分析数据，而数据透视图则通过图表的方式显示和分析数据。

创建数据透视图的操作步骤与创建数据透视表类似，选中数据区任意一个单元格，单击"插入"选项卡→"表格"工具组→"数据透视表"按钮→"数据透视图"命令，上述例子的数据透视图结果如图 5-116 所示。

图 5-116　数据透视图结果

5.7　数据图表

5.7.1　图表简介

图表是依据选定的工作表单元格区域内的数据，按照一定的数据系列而生成的，是工作表数据的图形表示方法。与工作表相比，图表具有更好的视觉效果，使数据更直观，可方便用户查看数据的差异、图案和预测的趋势。利用图表可以将抽象的数据形象化，当工作表中的数据发生变化时，图表中对应项的数据也自动更新。

Excel 中的图表分两种，一种是嵌入式图表，它和创建图表的数据源放置在同一张工作表中，打印的时候也同时打印；另一种是独立图表，它是一个独立的图表工作表，打印时也将与数据表分开打印。在 Excel 中，用户可以很轻松地创建和编辑具有专业外观的图表。

Excel 提供的图表类型有以下几种。

- 柱形图：用于一个或多个数据系列中值的比较。
- 条形图：实际上是翻转了的柱状图。
- 折线图：显示一种趋势，在某一段时间内的相关值。
- 饼图：着重部分与整体间的相对大小关系，没有 X 轴、Y 轴。
- XY 散点图：一般用于科学计算。
- 面积图：显示在某一段时间内的累计变化。

5.7.2　创建图表

图表由多个基本图素组成，图 5-117 所示为一个标题为"学生成绩表"的图表。图表中常用的图素如下。

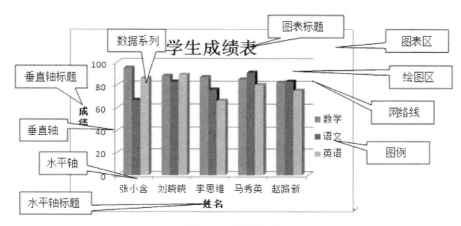

图 5-117　图表构成

- 图表区：整个图表及其包含的元素。
- 绘图区：在二维图表中，以坐标轴为界并包含全部数据系列的区域；在三维图表中，绘图区以坐标轴为界并包含数据系列、分类名称、刻度线和坐标轴标题。
- 图表标题：一般情况下，一个图表应该有一个文本标题，它可以自动与坐标轴对齐或在图表顶端居中。
- 数据系列：图表上的一组相关数据点，取自工作表的一行或一列或不连续的单元格。图表中的每个数据系列以不同的颜色和图案加以区别，在同一图表上可以绘制一个以上的数据系列。
- 数据标志：根据不同图表类型，数据标志可以表示数值、数据系列名称和百分比等。
- 坐标轴：为图表提供计量和比较的参考线，一般包括 X 轴和 Y 轴。
- 刻度线：坐标轴上的短度量线，用于区分图表上数据分类数值或数据系列。
- 网络线：图表中从坐标轴刻度线延伸开来并贯穿整个绘图区的可选线条系列。
- 图例：是图例项和图例项标示的方框，用于标示图表中的数据系列。

生成图表，首先必须有数据源。这些数据要求以列或行的方式存放在工作表的一个区域中，若以列的方式排列，通常要以区域的第一列数据作为 x 轴的数据；若以行的方式排列，则要求区域的第一行数据作为 x 轴的数据。

创建图表的过程很简单，Excel 2010 取消了图表向导，只需选择图表类型、图表布局和图表样式就能在创建时得到专业的图表效果。

1. 通过“图表”工具组创建

在“插入”选项卡的“图表”工具组中提供了常用的几种类型。用户只需选择图表类型就可以创建完成。如图 5-118 所示的列表中“张小含、刘晓晓、李思维、马秀英和赵路新”的“数学、语文和英语”成绩建立图表，则具体步骤如下。

（1）选择需要创建图表的数据区域，如图 5-118 所示。首先选择 B2:B7，然后按住 Ctrl 键的同时再选择 D2:F7。

	A	B	C	D	E	F	G	H	I	J	K
1	学生成绩表										
2	学号	姓名	班级	数学	语文	英语	计算机	总分	平均分	等级	排名
3	01001	张小含	一班	95	67	86	99	347	86.75	良好	2
4	01002	李思维	一班	87	76	66	84	313	78.25	中等	9
5	01005	赵路新	一班	82	83	75	86	326	81.50	良好	7
6	01003	马秀英	一班	85	91	80	85	341	85.25	良好	3
7	01004	刘晓晓	一班	88	83	89	69	329	82.25	良好	5
8	02001	王武喜	二班	84	75	79	92	330	82.50	良好	4
9	02002	张旭阳	二班	91	95	85	93	364	91.00	优秀	1
10	02003	李红艳	二班	59	48	69	51	227	56.75	不及格	10
11	02004	王巧怡	二班	79	76	81	81	317	79.25	中等	8
12	02005	田陶然	二班	92	74	73	89	328	82.00	良好	6

图 5-118　用于创建图表的数据清单

（2）单击“插入”选项卡→“图表”工具组中的任一种图表类型按钮，如“柱形图”按钮，在下拉列表中选择任一种柱形图，如“三维柱形图”中的“三维簇状柱形图”，则完成图表创建。效果如图 5-119 所示。

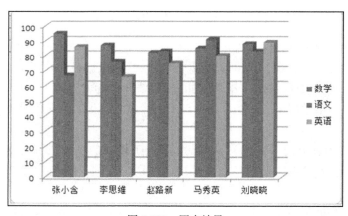

图 5-119　图表效果

2. 通过“插入图表”对话框

如果要插入样式更丰富的图表类型可以使用“插入图表”对话框。具体步骤如下。

（1）选择需要创建图表的数据区域。

（2）单击“插入”选项卡→“图表”工具组右下角的对话框开始按钮，弹出“插入图表”对话框，如图 5-120 所示。

（3）在左侧“模板”列表中单击图表类型，如“柱状图”；在右侧选择具体样式，如“三维簇状柱形图”，单击“确定”按钮。

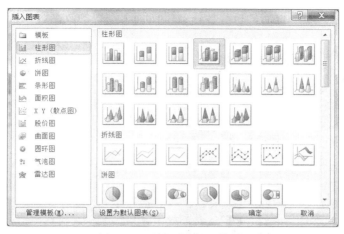

图 5-120　"插入图表"对话框

5.7.3　编辑与格式化图表

创建的默认图表可能不能满足用户需求，此时可以对图表进行编辑修改和格式化等操作。图表的编辑与格式化是指按要求对图表内容、图表格式、图表布局和外观进行编辑和设置的操作，图表的编辑与格式化大都是针对图表的某些项进行的。

但需要注意的是：图表与建立它的工作表数据之间有着动态链接关系。当改变工作表中的数据时，图表会随之更新；反之，当拖动图表上的结点而改变图表时，工作表中的数据也会动态地发生变化。

为实现对图表的操作，可先选中图表，此时功能区将显示"图表工具"选项卡，内有"设计""布局"和"格式"选项卡。利用"图表工具"可完成对图表的各种编辑和设置。

1. 改变图表类型

选中图表，单击"图表工具"下的"设计"选项卡，在"类型"工具组中单击"更改图表类型"按钮，弹出"更改图表类型"对话框，选择新的图表类型，单击"确定"按钮。

2. 修改图表中的数据

直接修改工作表中的数据并确认后，嵌入式图表会随之发生相应的改变。

3. 更改数据源

选中图表，单击"图表工具"下的"设计"选项卡→"数据"工具组中"选择数据"按钮，弹出"选择数据源"对话框，如图 5-121 所示。

图 5-121　"选择数据源"对话框

单击"图表数据区域"框后的折叠按钮，可回到工作表的数据区域进行重新选择数据源的操作。

在"图例项（系列）"列表中，可单击"删除"按钮将该系列的数据删除，单击"添加"按钮添加某一系列，或选中其中的某一系列，单击"编辑"按钮对该系列的名称和数值进行修改。

（1）删除系列

删除"数学"系列，则在图 5-121 中"图例项（系列）"中选中"数学"，然后单击"删除"按钮，再单击"确定"按钮，图表效果如图 5-122 所示。

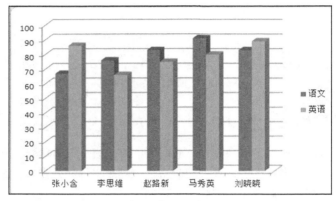

图 5-122　删除"数学"系列后图表效果

（2）添加系列

在图 5-122 图表基础上，再添加"计算机"系列，则选中图表，单击"图表工具"下的"设计"选项卡→"数据"工具组中"选择数据"按钮，弹出"选择数据源"对话框，如图 5-123 所示。

图 5-123　选择数据源对话框

在此对话框的"图例项（系列）"中单击"添加"按钮，弹出"编辑数据系列"对话框，在"系列名称"框中选择原始数据表中的"计算机"，在"系列值"框中选择数据表 G3:G7，如图 5-124 所示，单击"确定"按钮，回到图 5-125 所示的"选择数据源"对话框。

在"水平（分类）轴标签"列表中可单击"编辑"按钮，弹出"轴标签"对话框（见图 5-126），在"轴标签区域"框中选择数据表的 B3:B7，单击"确定"按钮，又回到"选择数据源"对话框，效果如图 5-127 所示，单击"确定"按钮。完成更改，最终图表的效果图如图 5-128 所示。

图 5-124　"编辑数据系列"对话框　　　　图 5-125　"选择数据源"对话框

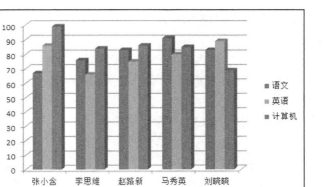

图 5-126　"轴标签"对话框　　　　图 5-127　"更新后的选择数据源"对话框

图 5-128　添加计算机系列后的图表效果

（3）切换图表的行/列

通过单击"切换行/列"按钮或"数据"工具组中的"切换行/列"按钮，可以互换图表的行和列。

如，选中图 5-128 所示图表，单击"图表工具"下的"设计"选项卡→"数据"工具组中"选择数据"按钮，在弹出的"选择数据源"对话框中单击"切换行/列"按钮（或者直接单击"图表工具"下的"设计"选项卡→"数据"工具组中"切换行/列"按钮），则图表的纵横坐标互换，效果如图 5-129 所示。

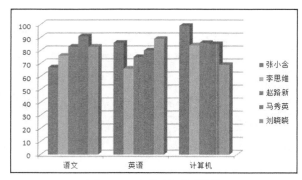

图 5-129 切换行/列后效果

4. 移动图表和改变其大小

单击图表，拖动图表可移动图表的位置。按住 Ctrl 键再拖动图表，可以实现图表的复制。拖动图表的控制柄，可改变图表的大小。

单击"设计"选项卡→"位置"工具组中的"移动图表"按钮，则弹出图 5-130 所示的"移动图表"对话框，可以实现嵌入式图表和独立图表的切换。

图 5-130 "移动图表"对话框

5. 图表标题、坐标轴标题、图例等的设置

（1）图表标题和坐标轴标题

为了使图表更易于理解，可以添加标题，如图表标题和坐标轴标题。图表标题主要用于说明图表的主题内容，坐标轴标题用于说明纵坐标和横坐标所表达的数据内容。

① 添加图表标题

如对图 5-128 所示图表添加图表标题为"学生成绩表"。

操作方法为：选中图表，在"图表工具"的"布局"选项卡下"标签"工具组中单击"图表标题"命令按钮，在打开的下拉列表中可选择"居中覆盖标题"或"图表上方"，此处选择"图表上方"，然后将图表区显示的文本框修改为 "学生成绩表"。效果如图 5-131 所示。

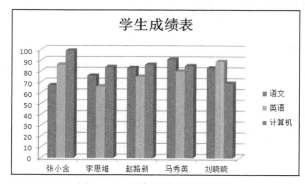

图 5-131 添加图表标题后效果

② 添加坐标轴标题

如对图 5-131 所示图表，添加主要纵坐标轴标题为"成绩"，添加主要横坐标轴标题为"姓名"。

操作方法为：选中图表，在"图表工具"的"布局"选项卡下"标签"工具组中单击"坐标轴标题"命令按钮，在其下拉列表中选择"主要纵坐标轴标题"，然后在下级菜单中选择一种标题样式，如"竖排标题"（见图 5-132），将图表区显示的文本框修改为"成绩"；然后用同种方法，选择"主要横坐标轴标题"，在下级菜单中选择"坐标轴下方标题"（见图 5-133），将图表区显示的文本框修改为"姓名"。效果如图 5-134 所示。

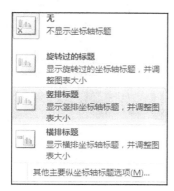

图 5-132　主要纵坐标轴标题下级菜单

图 5-133　主要横坐标轴标题下级菜单

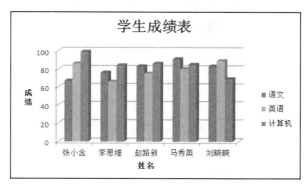

图 5-134　添加坐标轴标题后效果

（2）图例

在图表中可以添加、删除或修改图例的位置。

如将图 5-134 所示图表的图例位置改为"在底端显示"。

操作方法为：选中图表，在"图表工具"的"布局"选项卡下"标签"工具组中单击"图例"命令按钮，在其下拉列表（见图 5-135）中选择"在底部显示图例"，效果如图 5-136 所示。

（3）数据标签和模拟运算表

为了更清楚地表示系列中图形所代表的数据值，可为图表添加数据标签。

选中图表，在"图表工具"的"布局"选项卡下"标签"工具组中单击"数据标签"命令按钮，在其下拉列表中可选择是否显示数据标签。

选中图表，在"图表工具"的"布局"选项卡下"标签"工具组中单击"模拟运算表"命令按钮，在其下拉列表中可选择显示运算表的效果。图 5-137 所示为显示数据标签和模拟运算表的效果。

图 5-135 图例下拉列表

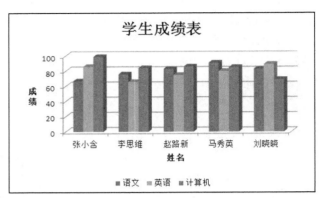

图 5-136 添加图例后效果

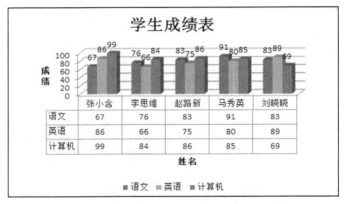

图 5-137 显示数据标签和模拟运算表的效果

 在图表类型不同时，"数据标签"下拉列表内容不同。如图 5-138 所示为柱状图数据标签下拉列表，图 5-139 所示为饼图数据标签下拉列表。

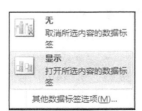

图 5-138 柱状图数据标签下拉列表

图 5-139 饼图数据标签下拉列表

（4）坐标轴与网格线

坐标轴与网格线指绘图区的线条，它们都是用于度量数据的参照框架。选中图表，在"图表工具"的"布局"选项卡下"坐标轴"工具组中有"坐标轴"和"网格线"按钮，在其下拉列表中可进行相关设置。

6. 图表格式的设置

为了使图表看起来更加美观，可对图表中的元素设置不同的格式。图表格式设置主要包括对图表标题、图例等重新进行字体、字形、字号、图案、对齐方式的设置以及对坐标轴、数据系列等格式的重新设置。主要有以下几种方法。

方法 1：应用"图表工具"下"设计"选项卡下的"图表布局"和"图表样式"工具组进行快速设置。

如对图 5-136 所示图表设置图表布局"布局 4"，图表样式"样式 10"，操作方法如下。

选中图表，选择"图表工具"下"设计"选项卡下的"图表布局"工具组中单击"布局 4"（第一行第 4 个），在"图表样式"工具组中单击"样式 10"（第二行第 2 个），效果如图 5-140 所示。

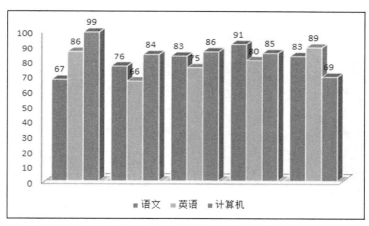

图 5-140　应用图表布局"布局 4"、图表样式"样式 10"后效果

方法 2：应用"图表工具"下"格式"选项卡进行形状、艺术字等设置。

方法 3：双击图表中的标题、图例、分类轴、网格线或数据系列等部分，打开相应的格式设置对话框，在该对话框中进行图表格式的设置，图 5-141 所示为设置图表标题格式对话框。

方法 4：右击某一图表元素，在弹出的快捷菜单中选择设置其格式命令，打开相应格式设置对话框，然后进行设置。

方法 5：在图表标题、图例、数据标签和坐标轴标题等的下拉列表最后一项均为"其他**选项"，单击此命令，则显示其格式设置对话框。

举例：要求将图 5-142 中图表上的数据标签改为"百分比"。

操作方法如下：选中图表，在"图表工具"的"布局"选项卡下"标签"工具组中单击"数据标签"命令按钮，然后在出现的下拉列表（见图 5-139）中选择"其他数据标签选项"，弹出"设置数据标签格式"对话框，选择左边列表中的"标签选项"，然后将"标签包括"下"值"前面的复选标记去掉，再将"百分比"前面的复选标记选中，如图 5-143 所示，单击"确定"按钮，效果如图 5-144 所示。

图 5-141　"设置图表标题格式"对话框

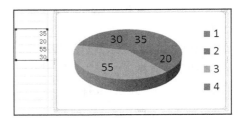

图 5-142　设置数据标签格式举例

图 5-143　"设置数据标签格式"对话框

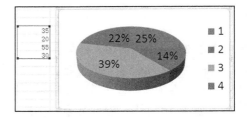

图 5-144　数据标签改为百分比后效果

7. 删除图表

选中图表后按 Delete 键，可将图表从工作表中删除掉。

5.8　版式设置与工作表打印

工作表编辑好之后，打印前，应使用"打印预览"模拟显示打印效果，对其进行适当设置，直到符合要求时再打印。

5.8.1　页面设置

单击"页面布局"选项卡→"页面设置"工具组右下角的对话框开始按钮 ，可打开"页面设置"对话框（见图 5-145）。该对话框中共有 4 个选项卡：页面、页边距、页眉/页脚和工作表。

1．"页面"选项卡

在"页面"选项卡下，可以设置纸张方向、缩放比例、纸张大小、打印质量和起始页码。

> 纸张方向和纸张大小可以通过"页面布局"选项卡→"页面设置"工具组中的"纸张方向"和"纸张大小"按钮快速设置。

2．"页边距"选项卡

在"页边距"选项卡下（见图 5-146），可设置页面四个边界的距离，页眉和页脚的上下边距及表格在页面上的位置。

图 5-145　"页面设置"对话框

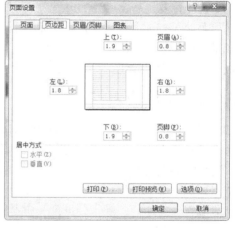

图 5-146　"页边距"选项卡

> 页边距和页眉页脚边距可以通过"页面布局"选项卡→"页面设置"工具组中的"页边距"按钮快速设置。

3．"页眉/页脚"选项卡

单击"页眉/页脚"选项卡会出现如图 5-147 所示对话框。单击"页眉"和"页脚"的下拉列表，可选择内置的页眉和页脚格式。通过"自定义页眉"和"自定义页脚"按钮，也可以自己定义所需的页眉和页脚。

4．"工作表"选项卡

在"页面设置"对话框中单击"工作表"选项卡，显示如图 5-148 所示的对话框，在此可进行如下设置。

（1）打印区域

若不设置，则当前整个工作表为打印区域；若需要设置，单击"打印区域"右侧的折叠按钮，在工作表中选定区域后，再单击折叠按钮返回该对话框，单击"确定"。

打印区域也可以通过"页面布局"选项卡→"页面设置"工具组→"打印区域"按钮快速设置。方法是：先选择需打印的区域，然后单击"打印区域"按钮，在下拉列表中选择"设置打印区域"。

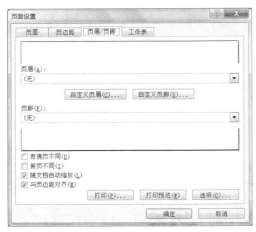

图 5-147 "页眉/页脚"选项卡

图 5-148 "工作表"选项卡

（2）打印标题

如果要使每一页上都重复打印列标志，则在"顶端标题行"编辑框中输入列标志所在行的行号；如果要使每一页上都重复打印行标志，则在"左端标题列"编辑框中输入行标志所在列的列标。也可通过其折叠按钮，在工作表中选定。

5.8.2　使用分页符

如果工作表的内容不止一页，Excel 2010 将自动插入分页符将其分成多页。分页符的位置取决于所选纸张的大小、页边距设置和设定的缩放比例。用户根据需要，也可人工插入分页符。

1. 插入水平分页符

单击要插入分页符的行下面的行的行号，再单击"页面布局"选项卡→"页面设置"工具组中的"分隔符"按钮→"插入分页符"命令。

2. 插入垂直分页符

单击要插入分页符的列右边的列标，再单击"页面布局"选项卡→"页面设置"工具组中的"分隔符"按钮→"插入分页符"命令。

3. 分页预览

单击"视图"选项卡→"工作簿视图"工具组中的"分页预览"按钮即可。手动插入的分页符显示为实线，Excel 2010 自动插入的分页符显示为虚线。

4. 移动分页符

只有在分页预览时才能移动分页符，直接拖动分页符到新位置即可（如果拖动的是系统默认的分页符，则该分页符将变为人工设置的分页符）。

5. 删除分页符

如果要删除人工设置的分页符，则单击分页符下方或右侧的单元格，单击"页面布局"选项卡→"页面设置"工具组中的"分隔符"按钮→"删除分页符"命令。或用右击删除分页符。

如果要删除工作表中所有人工插入的分页符，在分页预览时，右击工作表中的任意一单元格→"重设所有分页符"。或者单击"页面布局"选项卡→"页面设置"工具组中的"分隔符"按钮→"重设所有分页符"命令。

另外，也可在分页预览时将分页符拖出打印区域以外来删除分页符。

5.8.3　打印

1. 打印预览

单击"文件"→"打印"，可打开打印设置界面，其右侧区域为打印预览区。

在 Excel 2010 中，也可以将"全屏打印预览"命令添加到快速访问工具栏，进行全屏打印预览，具体操作方法为：单击"文件"→"选项"→"快速访问工具栏"，在"从下列位置选择命令"下拉列表中选择"所有命令"，在列表中找到"预览与打印"，单击"添加"按钮，则"预览与打印"命令添加到"自定义快速工具栏"列表中，单击"确定"按钮。此时，在快速访问工具栏则添加了"打印预览和打印"按钮 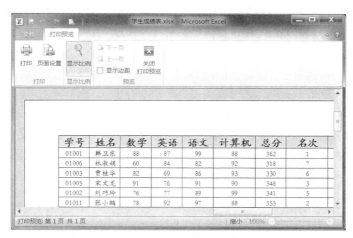，单击下拉按钮，在下拉列表中选择"全屏打印预览"，即可实现全屏打印预览，如图 5-149 所示。

图 5-149　全屏打印预览

打印预览窗口中各按钮的功能。

（1）打印：单击此按钮可以打开"打印内容"对话框，可以对打印内容、打印范围和打印份数等进行设置。

（2）页面设置：单击此按钮可以打开"页面设置"对话框。

（3）显示比例：单击可在全屏和放大视图之间切换显示。

（4）上（下）一页：若要打印的内容超过一页，单击可以上下翻页。

（5）关闭打印预览：单击将关闭打印预览窗口，返回到编辑窗口。

2. 打印工作表

对工作表进行了页面设置，并打印预览后，就可以打印工作表了。

单击"文件"→"打印"，在出现的"打印"界面中，设置好各个选项后，单击"打印"按钮。

5.9　Word 2010 和 Excel 2010 的协同操作

Word 2010 在文字处理方面具有非常强的功能，而 Excel 2010 更适合对数值的处理。它们不仅各有所长，还能协同工作。在实际应用中，经常需要利用它们的协同操作来简化很多工作，或利用它们的协作来完成单个应用程序无法胜任的工作。

Excel 2010 和 Word 2010 之间信息共享的方式有两种类型：链接对象与嵌入对象。

1. 链接对象

对象被链接后，被链接的信息保存在源文件中，目标文件只显示链接信息的一个映像，它只保存原始数据的存放位置（如果是 Excel 2010 图表对象，还会保存大小信息）。为了保持对原始数据的链接，那些保存在计算机或网络上的源文件必须始终可用。如果更改源文件中的原始数据，链接信息将会自动更新。使用链接方式可节省磁盘空间。

单击"开始"选项卡→"剪贴板"工具组中的"粘贴"按钮下方箭头→下拉列表中选择"选择性粘贴"，打开"选择性粘贴"对话框，单击"粘贴链接"单选按钮，信息将被粘贴为链接对象。例如，如果在 Excel 2010 工作簿中选中了一块单元格区域后单击"复制"，然后在 Word 2010 文档中将其粘贴为链接对象，那么修改工作簿中所选单元格区域的信息后，在 Word 2010 中相应的信息也会被更新。也可在 Word 2010 文档中选定一个范围后选择"复制"命令，在 Excel 2010 中将其粘贴为链接对象。

"插入"选项卡→"文本"工具组中的"对象"命令可以将信息按链接方式插入。

2. 嵌入对象

与链接的对象不同，嵌入的对象保存在目标文件中，成为目标文件的一部分，相当于插入了一个副本。更改原始数据时并不更新该对象，但目标文件占用的磁盘空间比链接信息时要大。

可用"复制"与"（选择性）粘贴"实现对象嵌入，也可用"插入"选项卡→"文本"工具组中的"对象"命令和"插图"工具组中的命令实现对象嵌入。

（1）将 Word 2010 表格复制到 Excel 2010 工作表中。

在 Word 2010 中，选定表格中要复制的行和列，单击"复制"按钮，再切换到 Excel 2010 工作表中，在需要粘贴表格的工作表区域左上角，单击"粘贴"按钮。

（2）使用插入对象的方法在 Word 2010 文档中嵌入一个 Excel 2010 工作表。

在 Word 2010 文档中选择好插入点，单击"插入"选项卡→"文本"工具组中的"对象"命令，在对话框中选择"由文件创建"选项卡，单击"浏览"按钮，选择要嵌入的 Excel 2010 工作表→"确定"。

事实上，Office 2010 的所有应用程序之间及 Office 2010 应用程序与 Windows 或者其他支持嵌入对象的程序之间都可以交换数据。

第 6 章
演示文稿软件 PowerPoint 2010

PowerPoint 2010 是微软公司推出的办公软件 Office 的组件之一，运行在 Microsoft Windows 环境下，是专门制作演示文稿的一个应用程序。它能帮助用户创建包含文本、图表、图形、图画和剪贴画图像的演示文稿幻灯片，还可以加上动画、特技、声音以及其他多媒体效果。

6.1　PowerPoint 2010 概述

PowerPoint 可以制作包含各种文字、图形、图表、图画和声音等多媒体信息的电子演示文稿，这些电子演示文稿以幻灯片的形式展示出来。PowerPoint 是人们进行学术交流、产品展示和工作汇报的重要工具。

6.1.1　PowerPoint 2010 的启动与退出

1. PowerPoint 2010 的启动

PowerPoint 的启动方法如下。

方法 1：双击桌面上"PowerPoint 2010"快捷图标。

方法 2：单击"开始"→"所有程序"→"Microsoft Office"→"Microsoft PowerPoint 2010"。

方法 3：双击一个 PowerPoint 2010 文档。

2. PowerPoint 2010 的退出

PowerPoint 的退出方法如下。

方法 1：单击"标题栏"右上角的关闭按钮。

方法 2：单击"文件"→"退出"。

方法 3：双击 PowerPoint 标题栏左上角的控制菜单按钮。

方法 4：按 Alt+F4 组合键。

6.1.2　PowerPoint 2010 的窗体

PowerPoint 2010 启动后，主界面如图 6-1 所示。PowerPoint 2010 的操作界面主要分为四个区域，分别是功能区、幻灯片编辑区、幻灯片/大纲任务窗格和状态栏。

1. 功能区

功能区是用户对幻灯片进行编辑和查看效果而使用的工具。功能区内根据不同的功能分为九个选项卡，即"文件""开始""插入""设计""转换""动画""幻灯片放映""审阅"和"视图"。

图 6-1   PowerPoint 的主界面

2. 幻灯片编辑区

幻灯片编辑窗格主要用于幻灯片的制作、编辑和添加其他各种效果，而且还可以查看每张幻灯片的整体效果。在幻灯片编辑区的最下面是备注栏，可添加一些备注说明，这些备注在放映时不会显示出来。

3. 幻灯片/大纲窗格

幻灯片/大纲窗格中主要包括"幻灯片"和"大纲"两种显示状态。在幻灯片状态下，显示出幻灯片的外观，可以通过改变版式、模板、背景来美化幻灯片；在大纲状态下，显示出演示文稿的大纲内容，可编辑演示文稿文字资料。

4. 状态栏

状态栏是显示现在正在编辑的幻灯片所在状态，主要有幻灯片的总页数和当前页数、语言状态、视图状态和幻灯片的放大比例等。

6.1.3   PowerPoint 2010 的视图模式

PowerPoint 有四种基本的视图模式，即普通视图、幻灯片浏览视图、阅读视图和备注页视图。各种视图提供了不同的观察侧面和功能。通过 PowerPoint 窗口右下角的视图按钮可以进行各种视图的切换，也可以在"视图"选项卡下的"演示文稿视图"组中进行视图的切换。用户可以根据不同的需要选择不同的视图，以最大限度地提高工作效率。

1. 普通视图

普通视图将演示文稿窗口划分为三个工作区域：幻灯片/大纲窗格、幻灯片窗格和备注页窗格，如图 6-2 所示。各个区域的功能已在上节进行过介绍。

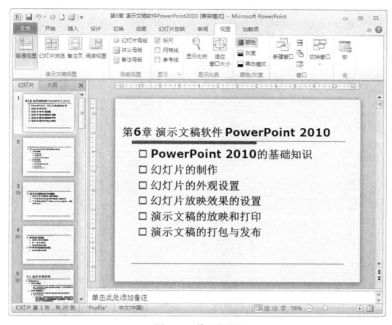

图 6-2　普通视图

2．幻灯片浏览视图

在幻灯片浏览视图中，可以在屏幕上看到演示文稿的多张幻灯片的缩略图。用户可以在幻灯片之间添加、删除和移动幻灯片，还可以选择幻灯片的切换效果和预设动画等，如图 6-3 所示。

图 6-3　幻灯片浏览视图

3．阅读视图

阅读视图主要用于演示文稿的编辑人员通过窗口形式查看幻灯片的放映效果，而不需要使用全屏放映。如果要更改演示文稿，可以随时从阅读视图切换至某个其他视图。

4. 备注页视图

PowerPoint 2010 没有在视图切换按钮中设置备注页视图按钮，只能打开"视图"选项卡下"演示文稿视图"组中的"备注页"按钮，打开备注页视图，备注页视图在屏幕的上半部分显示小版本的幻灯片，下半部分用于添加备注，如图 6-4 所示。

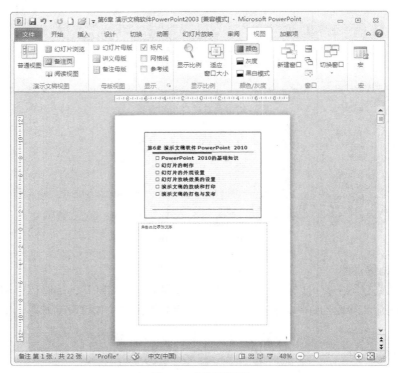

图 6-4　备注页视图

6.2　演示文稿的创建和编辑

在对演示文稿进行编辑之前，首先要创建演示文稿。PowerPoint 2010 提供了多种创建演示文稿的方法，用户可以创建空白的演示文稿，也可以根据 PowerPoint 2010 提供的模板进行创建，还可以根据内容提示向导进行创建，甚至也可以在原有的演示文稿基础上进行创建。PowerPoint 2010 演示文稿默认的扩展名是 pptx。

6.2.1　创建演示文稿

PowerPoint 的主要功能就是将各种文字、图形、图表和声音等多媒体信息以图片的方式展示出来，这些图片在 PowerPoint 中叫作幻灯片。

1. 创建空白演示文稿

方法 1：双击快捷方式或者通过"开始"菜单打开 PowerPoint 2010，PowerPoint 会自动创建一个包含一张空白幻灯片的新演示文稿。

方法 2：在 PowerPoint 中，单击窗口左上方的快速访问工具栏中的"新建"按钮，也会创建一个包含一张空白幻灯片的新演示文稿。

2. 使用现有内容创建演示文稿

用户还可以根据现有演示文稿创建新的演示文稿，步骤如下。

打开"文件"选项卡，单击"新建"→"根据现有内容新建"，在弹出的"根据现有内容新建"对话框中选择需要的演示文稿，单击"新建"。

3. 使用设计模板创建演示文稿

PowerPoint 2010 中内置了多种演示文稿模板，用户可以根据模板创建演示文稿，在模板基础上直接进行编辑，这样不但可以提高工作效率，制作出的幻灯片也比较美观。利用模板创建新演示文稿的步骤如下。

打开"文件"选项卡→"新建"→"样本模板"，在样本模板列表中选择自己需要的模板→"创建"。

4. 根据主题创建演示文稿

根据主题创建演示文稿的方法与根据模板创建的方法类似，具体方法如下。

打开"文件"选项卡→"新建"→"主题"，在主题列表中选择自己需要的模板主题→"创建"。

6.2.2 编辑演示文稿

1. 插入新幻灯片

在创建演示文稿的基本流程中，插入新幻灯片是必须的。在 PowerPoint 中插入新幻灯片的方法有多种，常用的方法有以下几种。

方法 1：利用功能选项卡插入

打开"开始"选项卡，在"幻灯片"组中单击"新建幻灯片"按钮，可在当前幻灯片的后面新建一张相同版式的新幻灯片，单击该按钮下方的下拉按钮，可在弹出的下拉列表中选择某种具有一定样式的幻灯片，如图 6-5 所示。

图 6-5 插入新幻灯片

方法 2：利用鼠标右键插入

在"幻灯片/大纲"窗格的"幻灯片"选项卡的某张幻灯片上单击鼠标右键或在"大纲"选项卡中当文本插入点闪烁时单击鼠标右键，在弹出的快捷菜单中选择"新建幻灯片"命令，均可在当前幻灯片后插入一张相同版式的新幻灯片。

方法 3：利用快捷键插入

直接按 Ctrl+M 组合键，可在当前幻灯片后插入一张相同版式的新幻灯片。

2. 移动和复制幻灯片

在制作演示文稿时，经常需要进行幻灯片的复制或移动操作，复制和移动幻灯片的常用方法如下。

方法 1：通过鼠标拖动实现

在"幻灯片/大纲"窗格的"幻灯片"选项卡中的某张幻灯片上按住鼠标左键不放并拖动鼠标，此时将出现一条蓝色的横线，当横线移到需要的位置后释放鼠标，即可实现幻灯片的移动；而在拖动过程中按住 Ctrl 键不放，则可实现幻灯片的复制。

方法 2：通过右键快捷菜单实现

在"幻灯片/大纲"窗格的"幻灯片"选项卡中的某张幻灯片上单击鼠标右键，在弹出的快捷菜单中选择"剪切（或复制）"命令；在另一张幻灯片上单击鼠标右键，在弹出的快捷菜单中单击"粘贴选项"栏的第 1 个按钮，即可将剪切或复制的幻灯片移动或复制到当前幻灯片的下方。

方法 3：通过快捷键实现

选择幻灯片，按 Ctrl+X 组合键或 Ctrl+C 组合键剪切或复制幻灯片；选择目标幻灯片，按 Ctrl+V 组合键，即可将剪切或复制的幻灯片移动或复制到当前幻灯片下方。

3. 删除幻灯片

对于一些多余的幻灯片或出错的幻灯片经常需要进行删除操作，常用的删除幻灯片的方法如下。

方法 1：打开 PowerPoint2010 操作界面左侧"幻灯片/大纲"窗格中的"幻灯片"任务窗格，选择需要删除的幻灯片右键单击鼠标，在弹出的快捷菜单中选择"删除幻灯片"。

方法 2：切换到"大纲"任务窗格，把光标移动到要删除的幻灯片的图标上，单击鼠标选中幻灯片所有内容，按 Delete 键，此时会弹出删除确认对话框，单击"是"即可删除。

6.2.3 插入幻灯片对象

制作演示文稿的主要目的是为了展示，除了幻灯片的文本表意明确简洁，还要考虑幻灯片的观感和效果。丰富的字体、赏心悦目的文字效果更加能够表现演讲者的创意和观点。因此，我们需要通过向幻灯片中输入文本，插入图片、表格、艺术字和图标等内容来修饰幻灯片。

1. 输入文本

在 PowerPoint 中输入文本的常用方法有三种。

方法 1：在普通视图界面的左侧选择"大纲"选项卡窗格中选择要输入的幻灯片，在幻灯片标识后面输入文本即可。

方法 2：在幻灯片中的文本占位符中输入文字。幻灯片中存在许多类似"单击此处插入标题"等带有提示文字的虚线框格，称为占位符，如图 6-6 所示，文本占位符中可输入文本，其他占位符可以插入相应的对象。

图 6-6　占位符

方法 3：插入文本框，在文本框中输入文字。打开"插入"选项卡，在"文本"组中单击"文本框"按钮 A ，在幻灯片中单击鼠标即可，单击文本框按钮下方的下拉按钮会出现文本框选择列表，可以选择插入"横排文本框"或"垂直文本框"。

2．插入图片和艺术字

插入图片和艺术字是美化幻灯片和突出幻灯片演示效果最好的手段之一，要想制作出逼真形象的幻灯片就必须学会使用这两项功能。

（1）插入图片

打开"插入"选项卡，在"图像"组中单击"图片"按钮，在弹出的"插入图片"对话框中选择要插入的图片文件，单击"插入"按钮。

插入图片后，有时需要设置图片的格式。

① 选定图片，单击右键，在下拉列表中选择"设置图片格式"，打开"设置图片格式"对话框，即可设置图片的各种格式。

② 选定图片，在功能区就会出现"图片工具"的"格式"选项卡 图片工具 格式 ，在这个组中可以设置图片样式、大小等。

（2）插入艺术字

打开"插入"选项卡，在"文本"组中单击"艺术字"按钮，在弹出的艺术字列表中选择要插入的艺术字，在文本框中修改默认的文字，拖动文本框到适当位置。

选定艺术字，在功能区就会出现"绘图工具"的"格式"选项卡 绘图工具 格式 ，在这个组中可以设置艺术字样式、形状样式和大小等。

3．插入表格

在演示文稿中选择要插入表格的幻灯片，打开"插入"选项卡，在"表格"组中单击"表格"按钮，在弹出图 6-7 所示下拉菜单中根据需要移动鼠标选取需要的行与列，然后按下鼠标左键。

插入表格后，选定表格，在功能区就会出现"表格工具"选项卡 表格工具 设计 布局 ，在"设计"选项卡中可以设置表格样式、艺术字样式等；在"表格工具"的"布局"选项卡中可以设置行和列的

图 6-7　插入表格

插入和删除、单元格的合并与拆分、单元格大小和单元格内文字的对齐方式等。

4. 插入图表

在演示文稿中选择要插入表格的幻灯片，打开"插入"选项卡，在"插图"组中单击"图表"按钮，在弹出的"插入图表"对话框中选择要创建图表的图形→确定，在弹出的 Excel 表中根据需要修改"系列"和"类别"的名称及内容，即可创建符合要求的图表。

插入图表后，选定图表，在功能区就会出现"图表工具"选项卡，在"图表工具"的"设计"选项卡中可以设置图表类型、图表布局和图表样式等；在"图表工具"的"布局"选项卡中可以设置标签、坐标轴和背景等；在"图表工具 格式"中可以设置形状样式、艺术字样式和大小等。

5. 插入页眉页脚和幻灯片编号

打开"插入"选项卡，在"文本"组中单击"页眉和页脚"按钮，打开图 6-8 所示的"页眉和页脚"对话框，选择"页脚"选项，在输入框中输入想要输入的内容（或者在幻灯片母版中也可以插入页眉页脚）。

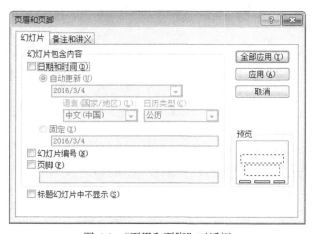

图 6-8　"页眉和页脚"对话框

如果想插入"幻灯片编号"，勾选"幻灯片编号"选项。

如果想要显示日期和时间，则勾选"日期和时间"选项。

如果不想在标题幻灯片中显示，就选择"标题幻灯片中不显示"选项。

6. 插入多媒体对象

（1）插入音频

打开"插入"选项卡，在"媒体"组中单击"音频"按钮，在弹出的下拉菜单中选择"文件中的音频"，选择需要插入的音频文件，单击"插入"按钮。

插入音频后，选定插入的音频，在功能区就会出现"音频工具"选项卡，在"音频工具"的"格式"选项卡中可以设置图片样式、大小等；在"音频工具"的"播放"选项卡中可以预览播放，可以编辑音频，也可以设置音量等。

（2）插入视频

打开"插入"选项卡，在"媒体"组中单击"视频"按钮，在弹出的下拉菜单中选择"文件中的视频"，选择需要插入的视频文件，单击"插入"按钮。

插入视频后，选定插入的视频，在功能区就会出现"图片工具 格式"组，在这个组中可以设置图片样式、大小等。

7. SmartArt 图形

（1）插入 SmartArt 图形

选中要插入 SmartArt 图形的幻灯片，打开"插入"选项卡，在"插图"组中单击"SmartArt"，在弹出的"选择 SmartArt 图形"对话框中选择要插入的图形，单击"确定"按钮，如图 6-9 所示。

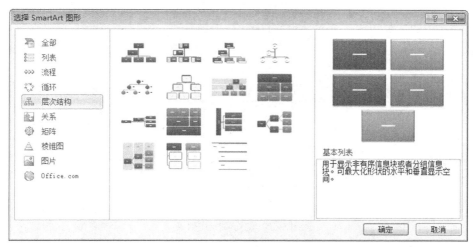

图 6-9　"选择 SmartArt 图形"对话框

（2）文本和 SmartArt 图形的转换

选定需要转换为 SmartArt 图形的文本，单击功能区"开始"选项卡，在"段落"组中单击"转换为 SmartArt"，选择需要的 SmartArt 图形，如果在打开的"SmartArt 图形"里没有找到需要的，单击"其他 SmartArt 图形"，打开"选择 SmartArt 图形"对话框，选择需要的 SmartArt 图形。

6.3　幻灯片的外观设置

在幻灯片中添加内容后，为了让幻灯片内容更直观、外观更美观，通常情况下会对幻灯片的版式、背景等进行一定的设置。

6.3.1　幻灯片版式的设置

幻灯片版式是指幻灯片上显示的全部内容的格式设置、位置和占位符等所有对象的集合。为幻灯片应用版式不仅可以使幻灯片中的内容更加美观和专业，且便于对幻灯片进行编辑。PowerPoint 预置了 9 种幻灯片版式，应用时只需选择某种幻灯片版式。

（1）应用和更改幻灯片版式

打开"开始"选项卡，在"幻灯片"组中单击"版式"按钮，在弹出的如图 6-10 所示幻灯片版式列表中选择需要的版式效果即可。

更改版式时，会更改其中的占位符类型或位置，如果原来的占位符中包含内容，则内容会转移到幻灯片中的新位置，以反映该占位符类型的不同位置，如果新版式不包含适合该内容的占位符，内容仍会保留在幻灯片上，但处于孤立状态。

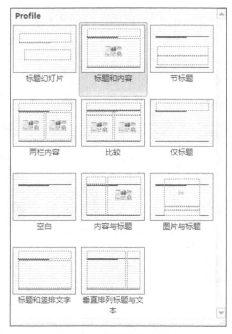

图 6-10　幻灯片版式列表

（2）重设幻灯片版式

打开"开始"选项卡，在"幻灯片"组中单击"重设"按钮，可以将幻灯片占位符的位置、大小和格式重设为其默认设置。

6.3.2　幻灯片中背景的设置

在 PowerPoint 中可以更改幻灯片的背景。背景设置既可以是单一颜色，也可以是渐变过渡色、底纹、图案、纹理或图片。

1.　应用背景样式

打开"设计"选项卡→"背景样式"，如图 6-11 所示。在弹出的默认背景列表中，用户选择其中一种样式。

2.　设置背景格式

打开"设计"选项卡→"背景样式"→"设置背景格式"，弹出"设置背景格式"对话框。

（1）设置单一颜色

选择"填充"格式里的"纯色填充"，单击"颜色"旁按钮，弹出主题颜色列表，把鼠标放在某种颜色上，就是该颜色的样式显示，如图 6-12 所示。若要使用更多的颜色，则单击下方的"其他颜色"，打开"颜色"对话框，在"标准"或"自定义"选项卡中选择一种颜色，单击"全部应用"按钮。

（2）设置填充效果

① 若要设置渐变色，在"预设颜色"中选择某一种颜色，然后再设置类型、方向和角度等，最后单击"全部应用"。

② 若使用图片或纹理，单击"纹理"旁按钮，弹出纹理列表，单击所需纹理，然后单击"全部应用"。

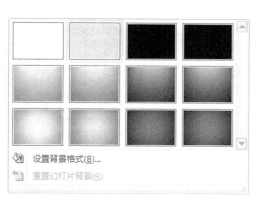

图 6-11　背景样式列表　　　　　　　图 6-12　"设置背景格式"对话框

③ 若要使用某种图案，单击"图案填充"，选择所需图案，然后选择前景色和背景色，最后单击"全部应用"。

也可以把背景图形隐藏起来，只需选择"隐藏背景图形"即可。

6.3.3　使用幻灯片主题

PowerPoint 中提供了很多模板，它们将幻灯片的配色方案、背景和格式组合成各种主题。这些模板称为"幻灯片主题"。主题是一组统一的设计元素，使用颜色、字体和图形设置文档的外观，通过应用文档主题，可以快速地设置整个文档的格式。文档主题包括主题颜色、主题字体和主题效果等。

1. 选择主题

打开"设计"选项卡，在如图 6-13 所示的"主题"组的主题列表中选择需要的主题模板。单击 按钮，可以滚动浏览可用主题的列表。此外，当单击 （更多）按钮时，将会显示所有的可用幻灯片主题，通过指向"主题"中的幻灯片主题，可以检查主题在应用后的实际效果。

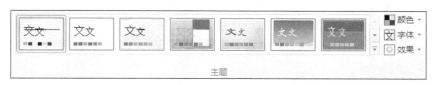

图 6-13　"主题"组

2. 设置主题颜色

应用了一种主题样式后，如果用户觉得所套用样式中的颜色不是自己喜欢的，则可以更改主题颜色，主题颜色是指文件中使用的颜色集合，更改主题颜色对演示文稿的效果最为显著，用户可以直接从"颜色"下拉列表中选择预设的主题颜色，也可以自定义主题颜色来快速更改演示文稿的主题颜色。

（1）应用内置的主题颜色

在 PowerPoint 2010 中有一组预置的主题颜色，用户可以选择一种配色方案直接套用即可。在"设计"选项卡中单击"颜色"按钮，从展开的库中选择一种主题颜色，此时，当前演示文稿的主题颜色即会自动应用所选定的主题颜色，如图 6-14 所示。

（2）自定义主题颜色

如果用户对于内置的主题颜色都不满意，则可以自定义主题的配色方案，并可以将其保存下来供以后的演示文稿使用。在"设计"选项卡中单击"颜色"按钮，从展开的下拉列表中单击"新建主题颜色"选项，弹出"新建主题颜色"对话框，在该对话框中可以对幻灯片中各个元素的颜色进行单独设置。

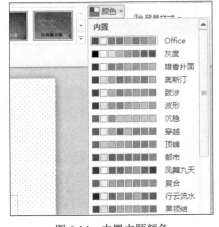

图 6-14　内置主题颜色

3. 设置主题字体

在"设计"选项卡中单击"字体"按钮，在展开的库中选择一种字体，此时，当前演示文稿主题字体即会自动应用所选定的主题字体。

如果用户对于内置的主题字体都不满意，则可以新建主题字体。

4. 设置主题效果

主题效果是指应用于幻灯片中元素的视觉属性的集合，是一组线条和一组填充效果。通过使用主题效果库，可以快速更改幻灯片中不同对象的外观，使其看起来更加专业、美观。

在"设计"选项卡中单击"效果"按钮，在展开的库中选择效果样式，此时，当前演示文稿即会自动应用所指定的主题效果，当幻灯片中包含的对象为图形、图表和 SmartArt 图形等时，其快速样式即会应用新的主题效果。

当用户自定义主题颜色、主题字体或主题效果后，若想将当前演示文稿中的主题用于其他文档，则可以将其另存为主题，方便日后使用。

保存当前演示文稿主题的方法：直接从"主题"下拉列表中单击"保存当前主题"选项，即可弹出"保存当前主题"对话框，设置好保存名称即可进行保存。

6.3.4　幻灯片母版

所谓"母版"就是一种特殊的幻灯片，包含了幻灯片文本和页脚（如日期、时间和幻灯片编号）等占位符，这些占位符控制了幻灯片的字体、字号、颜色（包括背景色）、阴影和项目符号样式等版式要素。母版可用来设置演示文稿中每张幻灯片的预设格式。母版通常有三类：幻灯片母版、讲义母版和备注母版。

进入母版的方法：打开"视图"选项卡，在"母版视图"组中选择要进入的母版。

1. 幻灯片母版

幻灯片母版包括标题幻灯片母版和普通幻灯片母版，普通幻灯片母版用来设置演示文稿中除标题幻灯片之外所有幻灯片的外观。

打开"视图"选项卡，选择"母版视图"组里的"幻灯片母版"，就进入幻灯片母版，如图 6-15 所示。幻灯片母版上有五个占位符，用来确定幻灯片母版的版式。

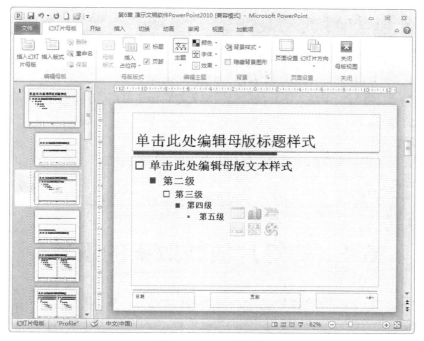

图 6-15　幻灯片母版

（1）更改文本格式

在幻灯片母版中选择对应的占位符，可以设置字符格式、段落格式等。修改模板中某一对象格式，就可以同时修改除标题幻灯片以外的所有幻灯片对应对象的格式。

（2）设置页眉页脚、日期和幻灯片编号

在幻灯片母版视图中选择页脚，在页脚文本框中输入文字，即是页脚，同样道理，也可以设置幻灯片的日期和编号。如果单击"页眉页脚工具"选项卡上的"转至页眉"按钮或者直接在页眉处插入文本框，输入文字，就可以设置页眉。也可以将页眉页脚拖动到新位置或更改其文本属性，就可以更改其位置或外观。设置完毕，单击"关闭母版视图"按钮，即可将设置好的页眉页脚、日期和幻灯片编号反映到幻灯片中。

（3）更改幻灯片的起始编号和大小

有时用户并不希望幻灯片从 1 开始编号，那么就需要对演示文稿的起始编号进行修改。

在幻灯片母版视图中，选择"页面设置"组中的"页面设置"按钮，打开"页面设置"对话框，如图 6-16 所示。

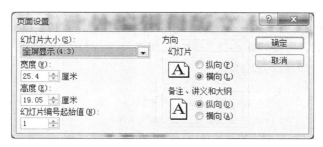

图 6-16　"页面设置"对话框

在"幻灯片编号起始值"中指定一个数值，即可改变幻灯片的起始编号。另外，通过该对话框，还可以设置幻灯片的大小等。

（4）向母版中插入对象

向母版中插入对象后，所有幻灯片都会出现该对象。例如，在某张幻灯片上插入一幅图片，此图片将在除标题幻灯片外的其他所示幻灯片上显示。

需要注意的是，在母版中插入图片的时候一定要把它置于底层，否则输入的文字会被图片覆盖掉，不能正常显示。

2. 讲义母版

讲义母版用得不多，主要用于控制幻灯片以讲义形式打印的格式。

3. 备注母版

主要用于设置供演讲者备注使用的空间以及设置备注幻灯片的格式。

6.4　幻灯片放映效果的设置

在 PowerPoint 中，幻灯片放映之前，为了取得较好的放映效果，需要进行一些设置。幻灯片的放映效果包括两个方面：一是幻灯片之间的切换效果，二是幻灯片上文本、图像等对象的动画效果。

6.4.1　设置幻灯片切换效果

幻灯片切换效果是在演示期间从一张幻灯片移到下一张幻灯片时在"幻灯片放映"视图中出现的动画效果。用户可以控制切换效果的速度，添加声音，甚至还可以对切换效果的属性进行自定义设置。

1. 选择切换效果

在"切换"→"切换到此幻灯片"组中单击"切换方案"下方的下拉按钮，在弹出的下拉列表中选择某种切换方案即可，如图 6-17 所示。

图 6-17　幻灯片切换效果

2. 设置切换动画

选择了切换效果后，可在如图 6-18 所示的"切换"→"计时"组中进一步对其进行设置，包括切换声音、切换时长和换片方式等。

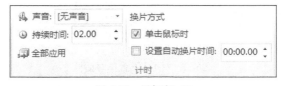

图 6-18　"计时"组

6.4.2　应用幻灯片动画方案

PowerPoint 预设了大量的动画方案供用户选择使用。其应用方法为：选择幻灯片中需要设置动画的对象，如占位符、文本框和图片等各种对象，然后在"动画"→"动画"组中单击"动画样式"按钮下方的下拉按钮，在弹出图 6-19 所示的下拉列表中选择某个动画效果即可。

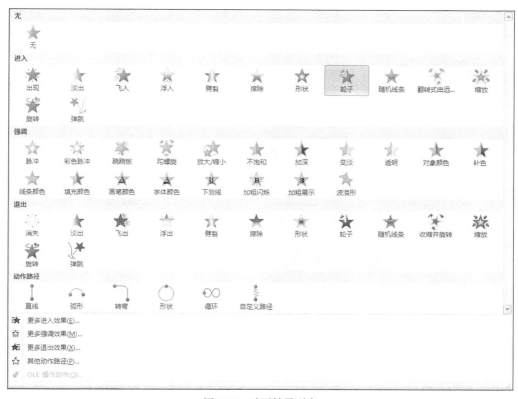

图 6-19　动画效果列表

PowerPoint 中的动画效果分为 4 类，各类动画的作用分别如下。

（1）"进入"动画

用于设置所选对象显示到幻灯片时的动画效果。

（2）"强调"动画

用于设置所选对象在幻灯片中的动画效果。

（3）"退出"动画

用于设置所选对象消失在幻灯片中的动画效果。

（4）"动作路径"动画

用于设置对象应用动画时经过的路径。

6.4.3　自定义动画

自定义动画在预设动画的基础上为用户留出了更多的自主设置空间，允许用户自定义设置对象的顺序和时间安排以及动画效果等参数。自定义动画的方法十分简单，只需在"动画"→"高级动画"组中单击动画窗格按钮 ，在打开的如图 6-20 所示"动画窗格"任务窗格中选择对应的动画选项，并结合"高级动画"组和"计时"组的各参数进行设置即可。

"高级动画"组如图 6-21 所示，主要用于为所选对象添加动画、设置触发该动画的操作等。

"计时"组如图 6-22 所示，主要用于设置动画开始的依据、持续时间以及同一幻灯片中多个动画的播放顺序等属性。

图 6-20　动画窗格

图 6-21　"高级动画"组

图 6-22　"计时"组

6.4.4　幻灯片中超链接和动作的设置

1. 超链接

在 PowerPoint 的演示文稿中，设置超级链接可以使演示文稿具有交互功能。超链接是实现从一个演示文稿或文件快速跳转到其他演示文稿或文件的捷径。

在 PowerPoint 2010 中，超链接的目标可以是：原有文件或网页、电子邮件地址、本文档中的位置和新建文档。

创建超链接步骤如下。

选择要设置超级链接的对象，右击→"超链接"，打开"插入超链接"对话框，如图 6-23 所示，根据超链接的目标不同，进行不同的设置。

图 6-23　"插入超链接"对话框

（1）如果要链接到现有文件或网页，那么就在"地址"栏输入需要链接的网页地址，单击"确定"按钮，幻灯片在播放过程中，鼠标单击链接的对象，就会自动连接到链接的网址的页面了。

（2）如果需要链接到本文档中，那么选择"本文档中的位置"，找到需要跳转到的该页幻灯片，单击"确定"，即完成了本文档超链接的添加。

（3）如果要链接到新建文档，选择"新建文档名称"，也可以更改路径，单击"确定"，即可链接到新建的文档。

（4）如果要链接到电子邮件地址，选择"电子邮件地址"，注明主题，即可添加超链接。

在文稿演示过程中，把鼠标指针移到链接标志上时，指针就会变成手形，此时单击鼠标就可以实现跳转或者打开文档或网页。

右击已经建立超链接的文本或对象，也可以编辑超链接、删除超链接。

2. 动作设置

演示文稿放映时，由演讲者操作幻灯片上的对象去完成下一步某项既定工作，称这项既定的工作为该对象的动作。

为对象设置动作的步骤如下。

打开"插入"选项卡，在"插图"组中单击"形状"按钮，在其下拉面板的"动作"按钮选项中选择需要的动作按钮样式，此时鼠标变为"＋"形，按住鼠标左键，拖出需要的动作按钮的形状和大小，松开鼠标，在弹出图 6-24 所示"动作设置"对话框中选择需要的动作。

图 6-24　"动作设置"对话框

6.5　演示文稿的放映

6.5.1　设置放映方式

幻灯片放映是制作 PowerPoint 的主要目的。在实际放映的过程中，用户可以根据自己的需要对幻灯片的放映进行相关的设置。

1. 设置放映方式

PowerPoint 提供了三种播放演示文稿的方式，即演讲者放映、观众自行浏览、在展台浏览，设置放映方式的方法为：打开"幻灯片放映"选项卡，在"设置"组中单击"设置幻灯片放映"按钮，在打开图 6-25 所示"设置放映方式"对话框中进行设置即可。在该对话框中除了设置放映类型外，还可以设置放映哪些幻灯片，幻灯片的切换方式以及其他放映选项等。

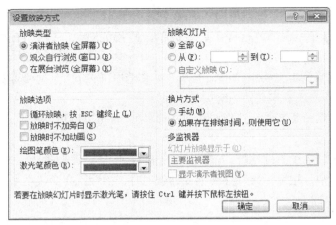

图 6-25　"设置放映方式"对话框

（1）演讲者放映

此方式将以全屏的形式放映演示文稿，且演讲者在放映过程中对演示文稿有着完全的控制权。

（2）观众自行放映

此方式将以窗口的形式运行演示文稿，只允许观众对演示文稿的放映进行简单控制。

（3）在展台浏览

此方式可以在不需要专人控制的情况下，自动放映演示文稿。

（4）放映选项

在该栏中可设置是否循环放映演示文稿，放映时是否加旁白或动画，以及控制放映的绘图笔和激光笔的笔迹颜色等。

（5）放映幻灯片

在该栏中设置是否放映演示文稿的所有幻灯片或自行指定需要放映的幻灯片。

（6）换片方式

在该栏中可设置放映演示文稿时是否通过手动换片或利用设置的排练时间自动换片。

2．幻灯片放映时的控制

放映幻灯片时可通过定位幻灯片、为幻灯片添加标记等方式控制幻灯片的放映。

（1）定位幻灯片

在放映幻灯片时单击鼠标右键，在弹出的快捷菜单中选择"下一张"命令可快速放映下一张幻灯片；选择"上一张"命令可快速放映上一张幻灯片；选择"定位至幻灯片"命令，则可在弹出的子菜单中选择需要放映的幻灯片。

（2）添加标记

若想在放映幻灯片时为重要位置添加标记以突出强调，则可单击鼠标右键，在弹出的快捷菜单中选择"指针选项"命令，然后在弹出的子菜单中选择"笔"或"荧光笔"命令，此时按住鼠标左键不放并拖动鼠标即可为幻灯片添加标记。

3．排练计时

PowerPoint 提供了"排练计时"功能，排练计时的作用在于为演示文稿中的每张幻灯片计算好播放时间之后，在正式放映时便可让其自行放映，演讲者则可专心进行演讲而不用再去控制幻灯片的切换等操作。实现排练计时的方法为：打开"幻灯片放映"选项卡，在"设置"组中单击"排练计时"按钮，即可进入排练计时状态，在打开的"录制"工具栏中将开始计时，如图 6-26 所示。若当前幻灯片中的内容显示的时间已经足够，则可单击鼠标进入下一对象或下一张幻灯片的计时，以此类推。当所有内容完成计时后，将打开提示对话框，单击"是"按钮，即可保留排练计时。

图 6-26　"录制"对话框

6.5.2　放映演示文稿

放映幻灯片是指在计算机中以全屏的方式显示幻灯片中的所有内容、切换动画以及各种动画效果的操作。放映幻灯片的方法有很多，常用的主要有以下几种。

1．通过功能选项卡放映

打开"幻灯片放映"选项卡，在"开始放映幻灯片"组中单击"从头开始"按钮，可从演示文稿的第 1 张幻灯片开始放映，单击"从当前幻灯片开始"按钮，可从当前幻灯片编辑区显示的幻灯片开始放映。

2．通过快捷方式放映

单击状态栏中的"幻灯片放映"图标可从当前幻灯片编辑区显示的幻灯片开始放映，直接按 F5 键，可从演示文稿中的第 1 张幻灯片开始放映。

6.6　演示文稿的打印和打包

幻灯片制作完毕后，需要打印或者打包输出。打印幻灯片，可以方便读者以讲义方式查看演示文稿的内容，打印可以选择单页或一页多幅的打印方式。

所谓打包，指的就是将已综合起来共同使用的单个或多个文件，集成在一起，生成一种独立于运行环境的文件。将演示文稿打包能解决运行环境的限制和文件损坏或无法调用的不可预料的问题，比如，打包文件能在没有安装 PowerPoint、Flash 等环境下运行，在目前主流的各种操作系统下运行。

6.6.1　打印演示文稿

1．页面设置

在打印演示文稿之前，用户可以根据需要对幻灯片的页面进行设置。具体操作如下。

打开"设计"选项卡，单击"页面设置"组中的页面设置，打开"页面设置"对话框，如前面图 6-16 所示。在对话框中，可以设置幻灯片的大小、方向等。

2．打印演示文稿

在 PowerPoint 2010 中，单击常用工具栏上的"打印"按钮可在默认情况下打印幻灯片。

打开"文件"选项卡，单击"打印"，打开"打印"对话框，如图 6-27 所示。在对话框中，可以选择打印的内容（幻灯片、讲义、备注页、大纲视图），打印的范围（全部、当前幻灯片、部分幻灯片），幻灯片是否加框，是否打印隐藏的幻灯片，打印份数，以及打印色彩等，单击"确定"即可。

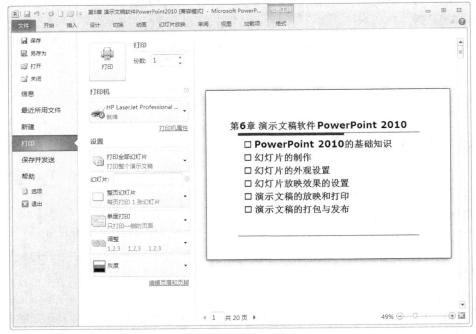

图 6-27 "打印"对话框

6.6.2 演示文稿的打包

用户可以将演示文稿打包成 CD 的功能，通过该功能，用户可以将演示文稿、播放器以及相关的配置文件刻录到 CD 光盘，并制作成专门的演示文稿光盘，甚至可以选择是否让光盘具备自动播放功能，这样在没有安装 PowerPoint 的计算机上也能够放映。

将演示文稿打包的步骤如下。

打开制作好的演示文稿，打开"文件"选项卡→"保存并发送"→"将演示文稿打包成 CD"→"打包成 CD"，打开"打包成 CD"对话框，如图 6-28 所示，单击"添加文件"，选择需要添加到 CD 中的文件，单击"选项"按钮，可以对该命令的默认设置进行修改，并且可以对要保护的文件设置密码，在"将 CD 命名为"文本框中，输入即将制作成 CD 的名称，单击"复制到 CD"即可。

图 6-28 "打包成 CD"对话框

第7章
数据库管理系统 Access 2010

数据管理是计算机应用领域的一类重要技术，是对数据进行的分类、组织、编码、存储、检索和维护，其目的是借助计算机从大量的原始数据中抽取、推导出对人们有价值的信息作为行动和决策的依据。数据库技术正是数据管理在计算机应用中的直接结果。

7.1 数据库系统概述

7.1.1 数据库技术的产生和发展

数据库技术是应数据管理的需要而产生的，是随着数据管理功能的不断增加而发展的。随着计算机技术发展和广泛应用，数据管理技术经历了人工管理、文件管理和数据库系统管理三个阶段。

1. 人工管理阶段

20 世纪 50 年代中期以前，计算机的主要应用是科学计算，当时的存储介质是纸带、卡片和磁带，没有数据管理软件，数据处理采用批处理方式。人工管理阶段的特点如下。

（1）数据不保存，用完清除，需反复计算某一课题时，数据需要重复输入。

（2）数据完全由应用程序管理，没有专门的数据管理软件。

（3）数据不共享。一组数据完全依附于一个应用程序，当多个程序涉及某些相同数据时，会产生大量的冗余数据。

（4）数据不独立。若要修改数据，需对相应的应用程序进行修改。

2. 文件管理阶段

20 世纪 50 年代后期到 60 年代中期，计算机的存储介质已经有了磁盘、磁鼓等直接存取的存储设备，数据可以长期保存，操作系统提供了对数据进行管理的文件系统，对数据可以随机地进行查询、增删等操作，实现了以文件为单位的数据共享，在处理方式上有批处理和联机实时处理。但是文件系统也存在明显的不足。

（1）编程不方便。操作系统只提供了低级的文件操作命令，对数据的查询、修改和排序等操作还要由专业人员编程完成。

（2）数据冗余量大。为了兼顾各种应用程序的要求，在设计文件系统时，就要按最大的需求定义数据格式，造成数据冗余，不仅浪费存储空间，还会造成数据的不一致。

（3）数据独立性不好。文件和应用程序之间缺乏独立性，数据文件结构的修改都将导致应用程序的修改。

（4）不支持并发访问。无法实现多个应用程序对数据的同时访问。

（5）数据缺少统一管理。在数据的结构、编码、表示格式以及输出格式等方面，难以做到规范化、标准化，数据安全也难以保证。

3. 数据库系统管理阶段

20 世纪 60 年代后期以来，人们管理和使用的数据量越来越大，要求对数据的处理更快更方便，计算机存储介质的成本下降，软件开发的成本上升，在数据处理方式上，联机实时处理的要求更多，并开始提出和考虑分布处理。以文件系统作为管理数据的手段已远远不能满足应用需要，为了解决以上问题，数据库技术应运而生，出现了统一管理数据的专门软件系统——数据库管理系统。

数据库管理系统的主要优点如下。

（1）数据结构化。这是数据库管理系统与文件系统的根本区别，也是数据库系统的主要特征之一。在数据库系统中，数据不再针对某一应用，而是面向整个组织，数据具有整体的结构化。对数据的存取灵活方便，可以对一个数据项、一组数据、一个记录或一组记录进行方便的存取，而在文件系统中，数据的最小存取单位是记录而不是数据项。

（2）提高了数据的共享性，冗余少，易扩充。数据库管理系统从整体的角度看待数据和描述数据，数据不再面向单一的应用系统，所有数据可以被多个用户多个系统共享使用，大大减少了数据冗余，节约了存储空间，有效避免了数据的不一致性。由于数据库管理系统是面向整个系统，是有结构的数据，可以方便地扩充数据。

（3）数据独立性高。数据独立性是指数据和应用程序的存储是相互独立的，由于数据和应用程序之间存在相对独立性，当数据发生变化时，应用程序可以不改变。

（4）数据库管理系统统一管理和控制着数据。数据库管理系统统一管理和控制着数据库中的数据，包括对数据的安全性检查、完整性检查、并发控制和数据库恢复的操作。

数据库系统的出现使信息系统从以加工数据的程序为中心转向以共享数据库为中心的新阶段。这样既便于数据的集中管理，又有利于应用程序的研制和维护，提高了数据的利用率和相容性，提高了决策的可靠性。

4. 数据仓库系统

数据仓库（Data Warehousing，DW）是近年来兴起的一种新的数据库应用技术，是目前数据处理中迅速发展的一个分支。数据仓库弥补了原有的数据库系统的缺点，将原来的以单一数据库为中心的数据环境发展为一种新的体系化环境。数据仓库是一种来源于多个数据源的长期的数据存储。通过数据仓库提供的联机分析处理工具（OLAP），实现多维数据分析，以便向管理决策层提供数据支持。数据仓库是操作型处理和分析型处理分离的必然结果，已经成为数据分析和联机分析处理日趋重要的平台。数据仓库的主要特征如下。

（1）面向主题性：围绕某一主题建模和分析。

（2）集成性：能将多个异种数据源以及事务记录集成在一起。

（3）时变性：长期的数据存储能从历史的角度提供信息。

（4）非易失性：在物理上数据的存储是分离的。

数据库系统与数据仓库系统的区别主要有以下几点。

（1）面向的用户不同。数据库系统面向的是单位中的具体的使用人员，主要用于日常的数据分析和处理；数据仓库系统面向的是单位中的决策人员，对其提供决策支持。

（2）数据内容不同。数据库系统存储的主要是当前的数据；数据仓库存储的是长期的历史数据。

（3）数据来源不同。数据库系统的数据来源一般是单一的同种数据源；数据仓库的数据来源可以是多个异种数据源。

（4）数据的操作不同。数据库系统提供了执行联机事务和查询处理系统（OLTP）；数据仓库系统提供的主要是数据分析和决策系统（OLAP），实现数据挖掘和知识发现。

5. XML 数据库

XML 数据库是一种支持对 XML 格式文档进行存储和查询等操作的数据管理系统。在系统中，开发人员可以对数据库中的 XML 文档进行查询、导出和指定格式的序列化。

XML（Extensible Markup Language）即可扩展标记语言，它与 HTML 一样，都是 SGML（Standard Generalized Markup Language，标准通用标记语言）。XML 作为一种简单的数据存储语言，仅仅使用一系列简单的标记来描述数据。虽然 XML 比二进制数据要占用更多的空间，但 XML 极其简单，易于掌握和使用，尤其具有跨平台的特性。

7.1.2　数据库的基本知识

1. 数据

数据（Data）是用来描述客观事物的符号标记，是数据库中最基本的存储单位。数据可以是数字、文字、图形、图像、声音和语言等，数据可以有多种表现形式，都可以数字化后存入计算机的存储器中。

2. 数据处理

数据处理（Data Processing，DP）是指对各种形式的数据进行收集、存储、加工和传播的一系列活动的总和。

3. 数据库

数据库（Database，DB）是指长期储存在计算机的存储器中、有组织、可共享的数据的集合。数据库中的数据按一定的数据模型组织、描述和存储，具有较小的冗余度、较高的数据独立性和易扩展性，并为各种用户共享。

4. 数据库管理系统

数据库管理系统（Database Management System，DBMS）是位于用户和操作系统之间，在操作系统的支持下，对数据库进行管理的系统软件。用户可以通过该系统软件，科学地、有效地组织和存储数据，高效地获取和维护数据。其主要功能包括以下几个方面。

（1）数据定义功能：DBMS 提供了数据定义语言（Data Definition Language，DLL），用户可方便地使用数据定义语言对数据库中的数据对象进行定义。

（2）数据操纵功能：DBMS 提供了数据操纵语言（Data Manipulation Language，DML），用户可方便地使用数据操纵语言操纵数据库中的数据，对数据库中的数据进行查询、插入、删除和修改等基本操作。

（3）数据库的运行管理功能：DBMS 统一管理和控制数据库的建立、运行和维护，以保证数据的安全性、完整性、多个用户对数据库的并发使用及其发生故障后的系统恢复，它是 DBMS 的核心部分。

（4）数据库的建立和维护功能：这是数据库系统的基本功能，它包括数据库原始数据的输入和转换功能、数据库的转储和恢复功能、数据库的重新组织功能、性能监视和分析功能等。这些功能通常由一些实用程序完成。

目前，常用的数据库管理系统主要有：Access、Visual FoxPro（VFP 或 VF）、FoxBASE、DBASE、DB2、ORACLE 和 MS-SQL 等。

5. 数据库系统（Database System，DBS）

数据库系统包括数据库、数据库管理系统、数据库应用程序、数据库管理员（Database Administrator，DBA）以及使用数据库的用户。其中，数据库管理系统（DBMS）是数据库系统的核心。

7.1.3 数据库系统的组成

1. 硬件系统

由于一般数据库系统的数据量很大，加之 DBMS 丰富的强有力的功能使得自身的体积很大，因此，整个数据库系统对硬件资源提出了较高的要求。

2. 系统软件

系统软件主要包括操作系统、数据库管理系统、与数据库接口的高级语言及其编译系统，以及以 DBMS 为核心的应用程序开发工具。

3. 数据库应用系统

数据库应用系统是为特定应用开发的数据库应用软件。

4. 各类人员

参与分析、设计、管理、维护和使用数据库的人员均是数据库系统的组成部分。这些人员包括数据库管理员、系统分析员、应用程序员和最终用户。

7.1.4 关系模型与关系数据库

1. 数据模型

所谓数据模型，是指构造数据时所遵循的规则以及对数据所能进行的操作的总体。它是现实世界的模拟，是现实世界数据的抽象，也是数据库系统的核心和基础。各种计算机系统中实现的 DBMS 软件都是基于某种数据模型的。

数据模型具有两大基本任务：一是指出数据的构造，也就是如何表示数据；二是指出数据间的联系。同时数据模型应满足三方面的要求：一是能比较真实地模拟现实世界；二是比较容易为人们所理解；三是便于在计算机上实现。

数据库中最常用的数据模型有三种：层次模型、网状模型和关系模型，现在新兴的数据库技术还使用了面向对象的数据模型。其中，关系模型具有数据结构简单灵活、易学易懂且具有雄厚的数学基础等特点，已经成为数据库的标准模型，目前广泛使用的数据库软件基本都是基于关系模型的关系数据库。

2. 关系模型与关系数据库

（1）关系模型

关系模型把客观世界看作是由实体和联系构成的。

实体就是客观世界中具有区别于其他事物的特征或属性，并与其他事物有联系的对象，一个班级、一个学生、一门课程、一个老师等都是一个个的实体。

联系是指客观世界中实体与实体之间的关系。在关系模型中，联系可分为三种：

● 一对一的联系：一个学生只能有一个学号，一个学号只能分配给一个学生，学生和学号的关系就是一对一的联系；

- 一对多的联系：一个学生只能属于一个班级，而这个班级里面可以有多个学生，班级和学生的关系就是一对多的联系；

- 多对多的联系：每个老师可以给多个班级上课，每个班级可以有多个老师上课，老师和班级的关系就是多对多的联系。

通过联系可以用一个实体的信息来查找另一个实体的信息。关系模型把所有数据组织到二维表格中。表中的行表示数据的记录，列表示记录的域。

（2）关系数据库

关系数据库的基本概念如下。

- 关系：一个关系就是一张二维表，每个关系有一个关系名。在 Access 2010 中，一个关系就是一个表对象。

- 元组：二维表中的每一行称为一个元组。在 Access 2010 中，元组被称为记录。

- 属性：二维表中的每一列称为一个属性，每个属性都有唯一的属性名。在 Access 2010 中，属性被称为字段，属性名被称为字段名。

- 域：一个属性的取值范围叫作一个域。

- 码（又称主关键字或主键）：候选码是关系的一个或一组属性，它的值唯一地标识一个元组。每个关系至少都有一个候选码，若一个关系有多个候选码，则选定其中一个为主码，简称码。码的属性称为主属性。

- 分量：每个元组中的一个属性值叫作该元组的一个分量。

- 关系模式：是对关系的描述，主要包括：关系名、属性名、属性到域的映像。一般简记为：关系名（属性名 1，属性名 2，……，属性名 n）。属性到域的映像通常直接说明为属性的类型和长度。

表 7-1　　　　　　　　　　　　　　　　学生成绩表

学号	姓名	性别	数学	语文	英语
0001	张三	男	80	90	70
0002	李四	女	85	75	90
0003	王五	女	75	86	83

表 7-1 所示的学生成绩表表示一个关系，表中的每一行是关系的一个元组（记录），学号、姓名、性别等均是属性。其中学号能唯一地标识一条记录，称为码。学号的域是"0001-0003"，性别的域是"男"和"女"。学生成绩表的关系模式记为：学生成绩表（学号，姓名，性别，数学，语文，英语）。

（3）关系运算

对关系数据库进行查询时，若要找到某一数据，就要对关系进行关系运算。关系运算有两种，一种是传统意义上的集合运算；另一种是专门的关系运算。

关系运算的操作对象是关系，运算的结果仍是关系。

常见的关系运算有选择、投影和连接三种。

- 选择运算（Select）

选择运算就是在关系中选择满足某些条件的元组，即在二维表中选择满足指定条件的行。如在表 7-1 中，若要筛选出所有女学生的行，可使用性别为"女"选择运算来实现，得到结果如表 7-2 所示。

表 7-2 选择运算得到的表

学号	姓名	性别	数学	语文	英语
0002	李四	女	85	75	90
0003	王五	女	75	86	83

- 投影运算（Project）

投影运算是在关系中选择某些属性（列）的值。如在表 7-1 中，若要选取所有记录的学号、姓名、性别，可使用投影运算来实现，得到表 7-3 所示的结果。

表 7-3 投影运算得到的表

学号	姓名	性别
0001	张三	男
0002	李四	女
0003	王五	女

- 连接运算（Join）

连接运算是从两个关系中的笛卡尔积中选取属性间满足一定条件的元组。

假设现在有两个关系 R（见表 7-4）和 S（见表 7-5），如果进行条件为"R.学号=S.学号"的连接运算，得到表 7-6 所示的关系 V。

表 7-4 关系 R

学号	姓名
0001	张三
0002	李四
0003	王五

表 7-5 关系 S

学号	数学	语文	英语
0001	80	90	70
0002	85	75	90
0003	75	86	83

表 7-6 关系 V

学号	姓名	数学	语文	英语
0001	张三	80	90	70
0002	李四	85	75	90
0003	王五	75	86	83

（4）关系数据库（Relational Database，RDB）

基于关系模型的数据库称为关系数据库。在关系数据库中常见的概念如下。

- 关键字（Key）：关键字是关系数据库的逻辑结构，不是其物理部分。
- 候选关键字（Candidate Key）：如果一个属性集能唯一地标识表的一行而又不含多余的属性，则这个属性集称为候选关键字。
- 主关键字（Primary Key）：主关键字是作为表的唯一标识的候选关键字。一个表只有一个主关键字。主关键字也称为主键。

- 公共关键字（Common Key）：在关系数据库中，关系之间的联系是通过相容或相同的属性或属性组来表示的。如果两个关系中具有相容或相同的属性或属性组，则这个属性或属性组称为这两个关系的公共关键字。
- 外关键字（Foreign Key）：如果公共关键字在一个关系中是主关键字，则这个公共关键字被称为另一个关系的外关键字。外关键字表示了两个关系之间的联系。以另一个关系的外关键字作为主关键字的表被称为主表，具有外关键字的表被称为主表的从表。外关键字也称为外键。
- 对关系数据库的描述，称为关系数据库的型，它包括若干域的定义和若干关系模式。这些关系模式在某一时刻对应的关系的集合，叫作关系数据库的值。关系模式的数据库用户界面简洁，有严格的设计理论基础，现在已成为数据库设计中的主流模型。

7.2　Access 2010 的基础知识

Access 2010 是微软公司推出的办公软件 Office 的组成部分之一，是 Windows 操作系统环境下流行的桌面数据管理系统。Access 具有一般数据库管理系统的功能。它适用于小型商务活动，用于存储和管理商务活动中所需的各种数据。使用 Access 无需编程，即便是没有任何编程经验，也能使用它提供的可视化操作完成大部分的数据库管理开发工作。

7.2.1　Access 2010 的相关概念

1. Access 关系数据库

Access 是一种关系数据库管理系统（RDBMS）。顾名思义，关系数据库管理系统是关系型数据库管理软件，它的职能是维护数据库、接受和完成用户提出的访问数据的各种请求。

在 Access 关系数据库中，大多数数据存放在各种不同结构的表中。表是有结构的数据的集合，每个表都拥有自己的表名和结构。

2. Access 关系数据库结构

Access 2010 关系数据库是数据库对象的集合。数据库对象包括表、查询、窗体、报表、Web 页、宏和模块。

（1）表

表是关系数据库中存储数据的基本单位。表是数据库的核心与基础，它存放着数据库中的全部数据信息。表是 Access 2010 中其他对象的基础。表具有二维形式，即表中的数据是按行和列组织的。在 Access 2010 中，表有设计视图和数据表视图两种基本形式。设计视图用于创建或修改表结构，数据表视图用于查看、增加、删除和编辑表中的数据。

（2）查询

数据库的主要作用是存储和提取信息。查询即在一个或多个表内根据搜索准则查找某些特定的数据，并将其集中起来，形成一个全局性的集合，供用户查看。Access 的查询是指询问有关存储在表中信息的问题。

在 Access 2010 中，查询可以按索引快速找到需要的记录，按要求筛选记录并能连接若干个表的字段组成新表，查询到的数据记录集合成为查询的结果集，也会以二维表形式显示出来，但它们不是基本表。每个查询只记录该查询的操作方式，这样每进行一次查询操作，其结果集显示的都是基本表当前存储的实际数据。

（3）窗体

窗体是 Access 2010 中用户和应用程序之间的主要界面，用户对数据库的操作都可通过窗体来完成。如输入数据、控制数据的输出、显示等，窗体所显示的内容可以来自一个表或多个表，也可以是查询的结果。

（4）报表

报表用于将选定的数据信息进行格式化显示和打印。报表可以基于某一个数据表，也可以基于某一个查询结果进行创建。在 Access 2010 中，用户可以在报表设计视图窗口中控制打印对象的大小和显示方式，设计报表的形式，修改报表的内容，从而按照用户所需的方式完成报表打印。

（5）Web 页

Web 页使得 Access 和 Internet 紧密结合起来。通过 Web 页可以将数据库中的记录发布到 Internet 或 Intranet，并使用浏览器进行记录的维护和操作。Web 页对象使得用户能在 Web 页上输入、编辑、浏览 Access 2010 数据库中的记录。

（6）宏

宏对象是一个或多个操作的组合，用于简化一些经常性的操作。其中的每一个宏操作执行特定的单一数据库操作功能。当数据库中有大量重复性的工作需要处理时，使用宏是最佳的选择。Access 提供了许多宏操作，这些宏操作可以完成日常的数据库管理工作。

Access 为宏对象提供了宏对象编辑窗口。宏对象编辑窗口用于顺序组织集合宏操作，从而形成宏对象以执行较复杂的任务。

（7）模块

模块对象使用 Access 2010 所提供的 VBA（Visual Basic for Application）语言编写的程序段。模块对象中的每一个过程可以是一个函数过程，也可以是一个子过程。模块对象有两种基本类型：类模块和标准模块。

类模块包括窗体模块和报表模块，它们分别与某一窗体或报表对象相关联。窗体模块和报表模块通常含有事件过程，用以响应窗体或报表中的事件。

7.2.2 Access 2010 的启动与退出

1．Access 2010 的启动

Access 的启动方法如下。

方法 1：单击"开始"→"所有程序"→"Microsoft Office"→"Microsoft Access 2010"。

方法 2：双击桌面上的"Microsoft Access 2010"的快捷方式图标。

方法 3：双击一个 Access 2010 文档。

2．Access 2010 的退出

Access 的退出方法如下。

方法 1：单击"标题栏"右上角的关闭按钮。

方法 2：单击"文件"→"退出"。

方法 3：双击 Access 标题栏左上角的控制菜单按钮。

方法 4：按 Alt+F4 组合键。

7.2.3　Access 2010 的视窗界面

Access 2010 的初始界面由标题栏、快速访问工具栏、动态工具栏、状态栏、导航窗格和视图区等部分组成，如图 7-1 所示。与其他 Office 组件程序一样，Access 中的工具栏、视图区等元素会根据当前操作而有所不同。

图 7-1　Access 2010 的初始界面

导航窗格仅显示数据库中正在使用的内容。表、窗体、报表和查询都在此处显示，便于用户操作。

动态工具栏中包含的功能区绝不仅是采用了全新的外观，它还代表了 Microsoft 多年来对用户操作体验的研究。功能区的设计以用户的工作为核心，其中 Access 各项功能的位置一目了然，提高了用户的工作效率。

功能区按照常见的操作进行组织。每个功能区选项卡都包含执行该操作所需要的各项命令，这些命令组成多个逻辑组。

Access 2010 所提供的对象都存放在同一个数据库文件（.accdb 文件）中，方便了数据库文件的管理。

本章以学生信息数据库为例来介绍数据库各对象的使用方法，此数据库中共有四张表，分别是学生表、课程表、任课老师表和成绩表，如表 7-7、表 7-8、表 7-9 和表 7-10 所示。

表 7-7　　　　　　　　　　　　　　　　学生表

学号	姓名	性别	籍贯	年龄	政治面貌
0001	马建	男	山东省	17	团员
0002	赵丽	女	湖南省	18	团员
0003	梁冬	男	山西省	19	团员
0004	李强	男	山东省	18	团员

表 7-8 课程表

课程 ID	课程名称	任课老师 ID	学分	学时
01	马克思主义哲学	01	4	72
02	高等数学	02	6	96
03	软件工程	03	4	72
04	数据结构	04	6	72

表 7-9 任课老师表

任课老师 ID	姓名	家庭住址	电话	邮箱
01	孟庆忠	3 号楼 302	（0538）77683369	mengqingz@163.com
02	李芳	4 号楼 406	（0538）77686378	lifang@163.com
03	刘建	1 号楼 102	（0538）77685367	liujian@163.com
04	张丽丽	6 号楼 202	（0538）77682648	zhangli@163.com

表 7-10 成绩表

学号	课程 ID	成绩
0001	02	85
0001	03	90
0002	02	70
0002	04	80
0003	01	75
0003	04	85
0004	01	80
0004	02	95

7.3 建立数据库

7.3.1 创建数据库

在 Access 2010 中，创建数据库有两种方法：使用数据库向导创建数据库和创建空数据库。

1. 使用数据库向导创建数据库

为了方便用户的使用，Access 2010 提供了一些标准的数据库框架，这些框架称为"模板"。这些模板不一定符合用户的实际要求，但在向导的帮助下，对这些模板稍加修改，即可建立一个符合要求的新数据库。使用数据库向导创建数据库，就是利用 Access 2010 本地保存的数据库模板快速地建立一个数据库。Access 2010 提供的模板有"罗斯文""学生"和"联系人 Web 数据库"等，步骤如下。

（1）单击"文件"→"新建"，打开"新建文件"视图区。

（2）选择"可用模板"→"样本模板"选项，打开"模板"对话框，如图 7-2 所示，选择一个模板。

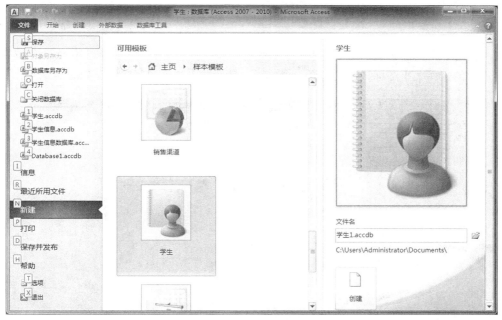

图 7-2 数据库模板

（3）可以修改数据库的名称→"创建"，这样根据模板就创建了一个数据库，创建好的数据库如图 7-3 所示，在此数据库中已经有一些预置对象，下面就可以根据用户需要来修改里面的对象。

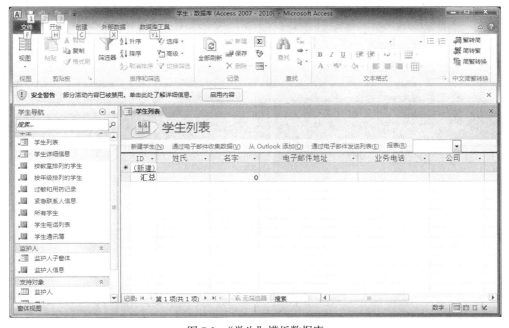

图 7-3 "学生"模板数据库

2. 创建空数据库

创建空数据库是先创建一个空白数据库，然后向该数据库中添加表、窗体和报表等对象。如图 7-3 所示，步骤如下。

（1）单击"文件"→"新建"，在出现的"视图区"中→"可用模板"，选择"空数据库"模板。

（2）在右下角文件名文本框中输入文件的名称"学生信息.accdb"，选择文件的保存位置，可以单击右边的文件夹小图标，浏览选择一个位置，最后单击"创建"按钮，如图7-4所示。

图7-4　空数据库

（3）创建完成后，如图7-5所示，就可以向空数据库中添加表、窗体和查询等对象了。

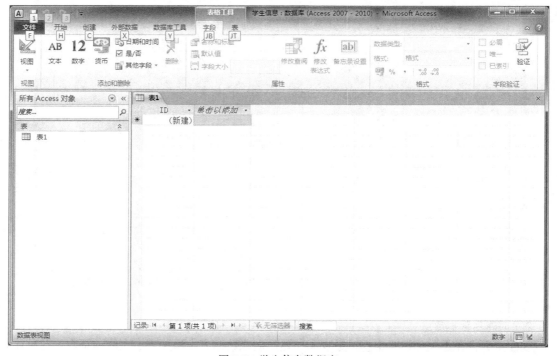

图7-5　学生信息数据库

7.3.2 创建表

表是关系型数据库系统的基本结构，是关于特定主题数据的集合。在 Access 2010 中，可通过以下方式创建表：使用设计器创建表、使用向导创建表和通过输入数据创建表。

1. 使用表设计器创建表

表设计器是一种可视化工具，用于设计和编辑数据库中的表，通过表设计器可以设计表的字段名称、字段数据类型、字段属性以及字段说明，步骤如下。

（1）打开学生信息数据库，在数据库窗口中切换到"创建"选项卡双击"使用设计器创建表"→单击"表设计"按钮→出现设计视图窗口。

（2）输入字段名称，选择数据类型。在"常规"选项卡中，设置字段的大小、格式和有效性规则等，如图 7-6 所示。

图 7-6 表设计器

（3）单击快速访问工具栏上的"保存"按钮，在弹出的"另存为"对话框中，为表键入名称，然后单击"确定"按钮。

2. 使用表模板创建表

使用表模板创建表是一种快速建表的方式，这是由于在 Access 2010 中内置了一批常见的示例表，这些表中都包含了足够多的字段，用户可以使用表模板快速创建所需的数据表，在跟着表模板创建的步骤中，用户可以从表模板包含的字段中选择自己需要的字段，把不需要的字段删掉，步骤如下。

单击"创建"选项卡，选择"应用程序部件"→"快速入门"，然后再选择一个模板，例如"联系人"，下面跟着向导完成即可，如图 7-7 所示。

3. 通过输入数据创建表

通过输入数据创建表是一种"先输入数据，再确定字段"的创建表方式。用此方法创建的表，其字段使用默认的字段名（字段1、字段2、……），Access会根据输入的记录自动制定字段类型，步骤如下。

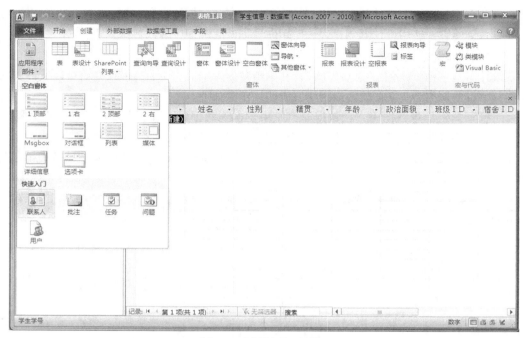

图7-7 "表模板"对话框

选择"创建"选项卡，在"表"组中→选择"表"按钮，然后在打开的数据表视图中将数据依次输入到表中，最后给出表名→保存即可，如图7-8所示。

以此种方式创建的表的字段名，可以在表设计视图中进行修改。

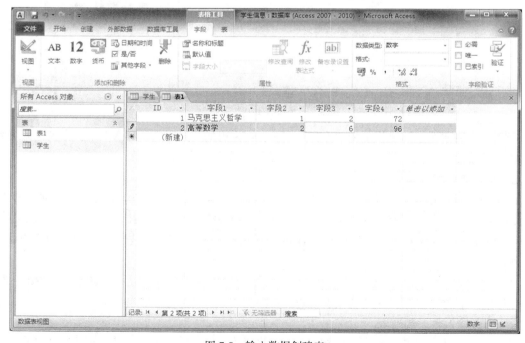

图7-8 输入数据创建表

7.3.3　定义主键

主键就是数据表中的一个或几个字段的组合,能够唯一标示表中每条记录。主键不允许为空,主键用于区分不同的表记录。

1. 主键的作用

(1)主键能够提高查询和排序的速度。

(2)在表中添加新记录时,Access 会自动检查新记录的主键值,不允许该值与其他记录的主键值重复。

(3)Access 自动按主键的顺序显示表中的记录。如果没有定义主键,则按记录输入顺序显示表中记录。

(4)主键用来与其他表中的外键关联来建立表之间的关系。

2. 定义主键

(1)以"课程"表为例,定义单字段主键的操作步骤如下。

在设计视图中打开"课程"表,选择将要定义为主键的字段"课程 ID",单击"表格工具"的"设计"选项卡→"工具"组→"主键"按钮,如图 7-9 所示,或者单击鼠标右键,在弹出的快捷菜单中选择"主键"命令。

图 7-9　定义单字段主键

(2)如果主键是多字段的组合,如"成绩"表,"学号"+"课程 ID"两个字段才能唯一标示表中每一条记录,因此两个字段组合是该表主键,操作步骤如下。

首先按住 Ctrl 键,再依次单击"学号"和"课程 ID"字段,然后单击"表格工具"的"设计"选项卡→"工具"组→"主键"按钮,如图 7-10 所示。

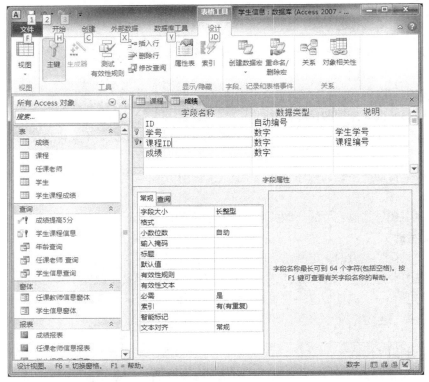

图 7-10 定义多字段主键

7.3.4 创建索引

当表中的数据越来越多时，需要利用索引帮助用户更有效的查询数据，即快速查找和排序记录，这就需要索引单个字段或字段的组合。

对于某一张表来说，建立索引的操作就是要指定一个或者多个字段，以便于按这个或者这些字段中的值来检索数据，或者排序数据。

在数据库系统中创建索引时，键值可以基于单个字段，即单字段索引；也可以基于多个字段，即多字段索引。多字段索引能够区分开第一个字段值相同的记录。

1. 创建单字段索引

"单字段索引"的意思是一张表中只有一个用于索引的字段，操作步骤如下。

在设计视图中打开创建好的表，单击要为其创建索引的字段，在"常规"选项卡中单击"索引"属性框内部，然后从下拉列表中选择"有（有重复）"或"有（无重复）"项，如图 7-11所示。

2. 创建多字段索引

（1）在设计视图中打开创建好的表，单击"表格工具"的"设计"选项卡→"索引"按钮。

（2）在"索引名称"列的第一个空白行，键入索引名称。在"字段名称"列中，选择索引的第一个字段。在"字段名称"列的下一行，选择索引的第二个字段，使该行的"索引名称"列为空。

（3）重复该步骤直到选择了应包含在索引中的所有字段。按"排序次序"按钮，选择索引键值的排列方法"升序"，完成后如图 7-12 所示。

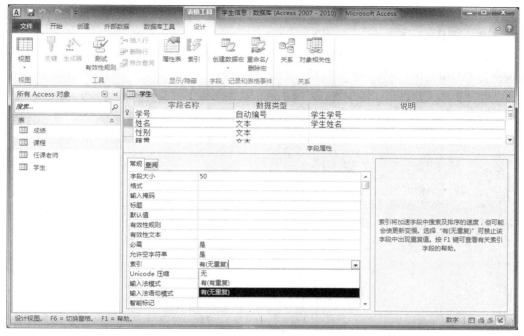

图 7-11　创建单字段索引

图 7-12　创建多字段索引

3. 删除索引

在设计视图中打开要删除索引的表，单击"表格工具"的"设计"选项卡→"索引"按钮，在"索引"窗口中，选择要删除索引所在的行（一行或多行），然后按 Delete 键。需要注意的是，这样只删除索引的内容，而不会删除字段本身。

7.3.5　建立和编辑表间关系

在 Access 2010 数据库中，表和表之间存在着一定的联系，这种联系被称为表间关系。在表与表之间建立关系的好处，不仅在于确立了数据表之间的关联，还确保了数据库的参照完整性，即在设定了数据表之间的关系后，用户不能随意更改建立关联的字段，这有助于防止错误的值被输入到相关字段中。

在 Access 2010 中设定数据表之间的关联很简单，使用鼠标拖放即可。在建立表间的关系之前，应该关闭所有要建立关系的表，因为不能在已打开的表之间创建关系或者对关系进行修改。

1. 建立表间关系

建立表间的关系的操作步骤如下。

（1）打开要进行操作的学生信息数据库。单击"数据库工具"→"关系"，自动打开"显示表"对话框（见图 7-13）。

（2）选中要建立关系的表，成绩、课程、任课老师、学生这四张表→"添加"→把选中的表都加到"关系"窗口中→"关闭"。

（3）在"关系"窗口中，按下鼠标左键不放，从某个表中将所要的相关字段拖到另一个表中的相关字段上（如：把"课程"表中选中"课程号"，拖动到"成绩"表的"课程号"字段，选中"实施参照完整性"选项），单击"创建"按钮，关系即被创建，如图 7-14 所示。

图 7-13 "显示表"对话框

图 7-14 "编辑关系"对话框

（4）同上，创建其他表之间的关系。单击"关闭"按钮，完成关系的创建，如图 7-15 所示。

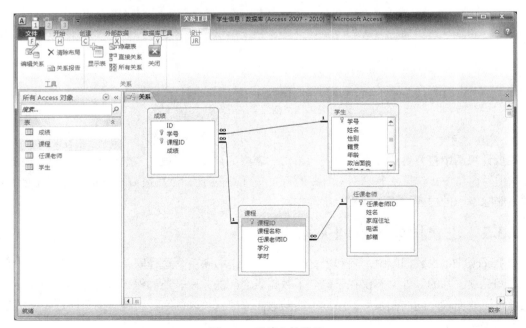

图 7-15 已建立的关系

2. 编辑和删除表间关系

在"关系"窗口中需要编辑的关系线上单击鼠标右键，选择"编辑关系"或"删除"即可编辑或删除已建立的关系。

7.4　表的操作

7.4.1　修改表结构

修改表结构的操作主要包括添加字段、删除字段、修改字段和重新设置主键等。

1．添加字段

如果在创建表的时候忘记了某项内容，现在也可以再把它加进去，只要在原来的表中再添加一个字段就可以了，例如在学生表中添加"手机号"字段。步骤如下。

（1）右击"学生表"→单击"设计视图"。

（2）选择某一行，单击工具栏上的"插入行"按钮（或者右击→"插入行"）。

（3）输入字段名称"手机号"，在"数据类型"列中，选择所需的数据类型"文本"，并修改字段属性，单击快捷工具栏上的"保存"按钮，如图 7-16 所示。

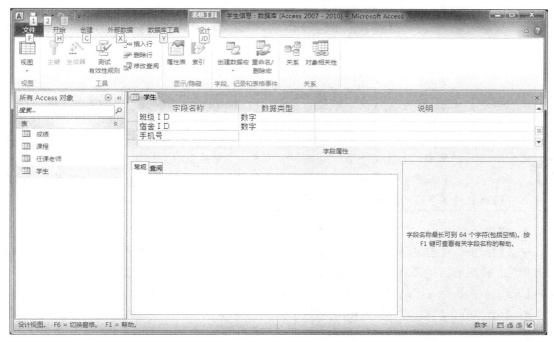

图 7-16　添加字段窗口

2．删除字段

在已有的表中不仅能添加字段，而且还可以删除字段。删除字段步骤如下。

在设计视图打开表，选择要删除的行，单击"表格工具"的"设计"选项卡→"工具"→"删除行"。将弹出一个提示框，如图 7-17 所示，单击"是"按钮将删除该字段，最后单击快捷工具栏上的"保存"按钮。

图 7-17　删除字段对话框

3. 修改字段名

在已有的表中还可以修改字段名。直接将光标插入在要修改的字段名中，更改名字后保存即可。

在设计视图中，可实现移动字段，直接拖动字段所在的行选定器到目标位置即可。

7.4.2 查看数据

1. 数据表中的查找和替换

当您需要查找和有选择地替换少量数据，并且不便于使用查询来查找或替换数据时，可以使用"查找和替换"对话框。查找和替换的操作步骤如下。

在"数据表视图"中选定要替换的字段内容，单击"开始"选项卡→"查找"选项组→"查找"按钮。在"查找和替换"对话框中，如图 7-18 所示，输入查找和替换的内容即可。

图 7-18 "查找和替换"对话框

（1）单击"查找下一个"按钮，可以在表中继续查找。

（2）如果要一次替换一个，单击"查找下一个"→"替换"；如果要跳过某个匹配值并继续查找下一个出现的值，单击"查找下一个"按钮。

2. 排序

一般情况下，在向表输入数据时，人们不会有意安排输入数据的先后顺序，而是只考虑输入的方便性，按照数据到来的先后顺序输入。为了提高查找效率，需要重新整理数据，对此最有效的方法是对数据进行排序。排序方式包括：升序和降序。排序步骤如下。

- 打开"数据表视图"，单击要用于排序记录的字段，单击"开始"选项卡→"排序和筛选"选项组→"升序"按钮或"降序"按钮。

- 右击该字段，在弹出的快捷菜单中选择"升序"或"降序"按钮。

3. 筛选

使用 Access 数据库中的数据时，大家可能不希望同时查看所有数据，而只想查看满足某些条件的记录，筛选数据即是将符合条件的数据记录显示出来，以便用户进行查看。

筛选方式包括：按选定内容筛选、按窗体筛选和高级筛选/排序等，下面以按选定内容筛选为例介绍，如图 7-19 所示。

操作步骤如下。

（1）打开"数据表视图"，单击要用于筛选记录的字段。

（2）单击"开始"选项卡→"排序和筛选"选项组→"选择"按钮。

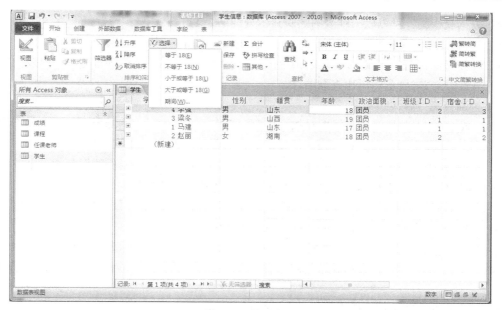

图 7-19　筛选窗口

（3）在打开的下拉菜单中选择筛选标准：针对不同数据类型，筛选标准也不同，例如这里年龄是数字型，将会出现等于、不等于、小于或等于、大于或等于等值。

（4）视图区出现筛选结果。

7.5　查询

查询是依据一定的查询条件，对数据库中的数据信息进行查找。它与表一样都是数据库的对象。查询允许用户依据准则或查询条件抽取表中的字段和记录。查询可以对一个数据库中的一个表或多个表中存储的数据信息进行查找、统计、计算、排序。

Access 2010 提供了多种设计查询的方法，用户可以通过查询设计向导或查询设计器来设计查询，设计好某个查询后，用户可以来执行这个查询。

查询结果将以工作表的形式显示出来，显示查询结果的工作表又称为结果集。它并不是一个基本表，而只是符合查询条件的记录集合，其内容是动态的。

Access 2010 中的每个查询对象只记录该查询的查询方式，包括查询条件、执行的动作（如添加、删除、更新表）等。当用户调用一个查询时，系统就会按照它所记录的查询方式进行查找，并执行相应操作，如显示一个结果集或执行某一动作。

查询和它们所依据的表是相互作用的。当用户更改了表中的数据，查询的结果也会改变。同样，当用户改变了查询中的数据时，查询所影响的表中的数据也会随之改变。

7.5.1　查询视图和分类

1．查询视图

在 Access 2010 数据库中，查询对象主要有三种视图。这三种视图及其作用分别如下。

- 设计视图：用于创建新的查询对象，或者修改已有的查询对象。

- 数据表视图：可以以二维表的形式显示查询结果。
- SQL 视图：用于查看查询对象所对应的 SELECT 命令，该命令属于 SQL 语句。

此外，还有数据透视表视图：以表格形式对查询结果进行进一步的多维分析。以及数据透视图视图：以图形方式显示、对比查询结果。

2. 查询分类

在 Access 2010 数据库中，根据对数据来源的操作方式以及对查询结果组织形式的不同，可以将查询分为选择查询、交叉表查询、操作查询、参数查询和 SQL 查询五大类。

- 选择查询：选择查询是最常用的一种查询，应用选择查询可以从数据库的一个或多个表中提取特定的信息，结果显示在一个结果集中，或者用作窗体或报表的数据源。
- 参数查询：执行参数查询时，屏幕会显示提示信息对话框，用户根据提示输入信息后，系统会根据用户输入的信息执行查询，找出符合条件的记录。
- 交叉表查询：将来源于某个表或查询中的字段进行分组，一组列在数据表的左侧，一组列在数据表的上部，然后在数据表行与列的交叉处显示表中某个字段的各个计算值，如求和、最大值等。
- 操作查询：利用查询所生成的动态集来对表中数据进行更改的查询。
- SQL 查询：用户使用 SQL 语句创建的查询。

7.5.2 建立查询

在 Access 2010 数据库中，有以下两种创建查询的方法：在设计视图中创建查询和使用系统提供的向导建立查询。

1. 使用"查询向导"建立查询

利用查询向导建立查询是最简单的方法，打开查询向导对话框，里面有多重查询向导，下面以"简单查询向导"为例来介绍，例如新建一个任课老师信息查询。

操作步骤如下。

（1）在数据库窗口中，单击"创建"选项卡→"查询"组→"查询向导"，打开"新建查询"对话框，选择"简单查询向导"→单击"确定"按钮，出现"简单查询向导"对话框，如图 7-20 所示。

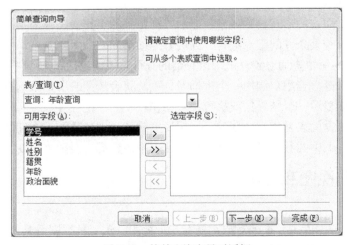

图 7-20　简单查询向导对话框

（2）单击"表/查询"下拉列表框，选择一张表，例如"表：任课老师"，选定字段，将它们添加到"选定字段"框中。

（3）在文本框中输入查询名称，最后单击"完成"按钮。

（4）系统建立查询，并将查询结果显示在屏幕上。

2. 使用"查询设计"建立查询

对于比较简单的查询，使用向导比较方便，但对于有条件的查询，则无法使用向导来建立查询，这就需要"设计视图"方式来建立查询，例如新建一个学生信息查询，条件是男生的学生信息。

操作步骤如下。

（1）在数据库窗口中，单击"创建"选项卡→"查询"组→"查询设计"按钮，显示查询"设计视图"，同时弹出"显示表"对话框。

（2）单击"表"选项卡，双击想要查询的表，例如"学生"，这时，"学生"表添加到查询"设计视图"上半部分窗口中。

（3）双击"学生"表中的"学号"字段，在查询"设计视图"下半部分窗口中"字段"行上将显示"学号"字段，同样方法，将需要的其他字段添加进来，在"条件"行中输入查询条件，这里选择性别为"男"的同学，如图 7-21 所示。

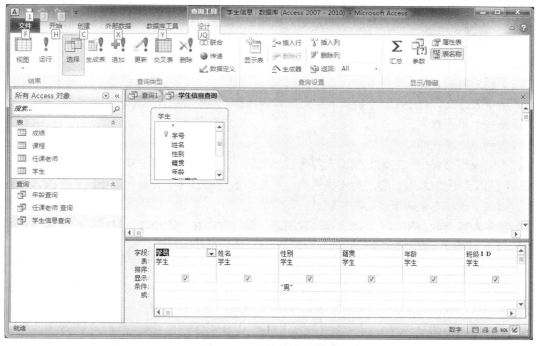

图 7-21 "查询设计"窗口

（4）单击快速访问工具栏上"保存"按钮，在"另存为"对话框中，输入查询名称，"学生信息查询"，单击"确定"按钮。

（5）双击创建好的"学生信息查询"，可以看到查询结果集，如图 7-22 所示。

创建查询以后，若对查询设计的结果不满意，可以对其进行修改，包括对查询字段进行添加、删除和移动等操作。

图 7-22　查询结果视图

7.5.3　使用查询

查询不仅能够从表中选择所需要的数据，还能够改变、创建或删除数据库中的数据。

1. 选择查询

分为单表查询与连接查询。

（1）创建单表查询

所谓单表查询，就是在一个数据表中完成查询操作，不需要引用其他表中的数据，图 7-20 显示的即是一个单表查询。

（2）创建连接查询

在实际操作过程中，查询的数据大都来自多个表，因此要建立基于多个表的查询。查询时使用两个或两个以上的表时，称之为连接查询。建立多表查询的两个表必须有相同的字段，并且必须通过这些字段建立起两个表之间的联系。

创建多表查询时，使用"查询设计"视图进行设计时，在"添加表"对话框中，添加进多张有关系的表，同时，选择多张表的字段。

2. 操作查询

使用操作查询可以对数据库中的数据不仅进行查询，而且可以根据需要对数据库进行修改。操作查询包括生成表查询、更新查询、删除查询和追加查询几种类型。

（1）生成表查询

由于在 Access 2010 中，从表中访问数据要比在查询中访问数据快很多，而且，当需要经常从几个表中获取数据时，最好的方法就是使用"生成表查询"，将从多个表中提取的数据生成一个新表，并永久保存。

生成表查询是利用一个或多个表中的全部或部分数据来新建表，并将查询结果以表的形式存储，输出一个新表。

例如，将学生学号、姓名、课程名称和课程成绩保存到一个新表中。

生成表查询的步骤如下。

① 在数据库窗口中，单击"创建"选项卡→"查询"组→"查询设计"按钮，显示查询"设计视图"，同时弹出"显示表"对话框。

② 选择要放到新表中的数据所在的表，选择"学生"表、"课程"表、"成绩"表，单击"添加"按钮，然后关闭"显示表"对话框。

③ 将"学生"表中的"学号""姓名"字段，"课程"表中的"课程名称"字段，"成绩"表中的"成绩"字段，都添加到设计网格的"字段"行上，如图 7-23 所示。

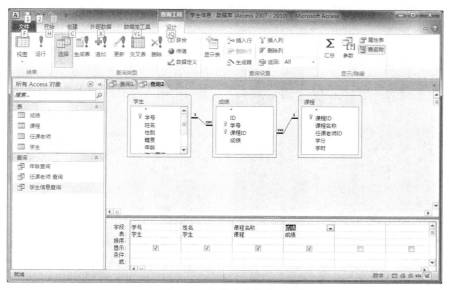

图 7-23　生成表查询窗口

④ 单击"查询工具-设计"选项卡→选择"查询类型"组→"生成表"按钮，弹出"生成表"对话框，在该对话框中，输入新表的名称，"学生课程成绩"→"确定"并关闭"生成表"对话框。

⑤ 单击"结果"组→"运行"，即可生成一个新表，如图 7-24 所示。

图 7-24　生成表查询结果窗口

（2）更新查询

更新查询可以一次性地更改某些具有共性的记录，而不用逐一修改记录。

例如，将成绩表中的学生成绩都提高5分。

更新查询的步骤如下。

① 在数据库窗口中，单击"创建"选项卡→"查询"组→"查询设计"按钮，显示查询"设计视图"，同时弹出"显示表"对话框。

② 选择要放到新表中的数据所在的表，选择"成绩"表，单击"添加"按钮，然后关闭"显示表"对话框。

③ 双击"成绩"表中的"成绩"字段，添加到设计网格的"字段"行上。

④ 单击"查询工具-设计"选项卡→选择"查询类型"组→"更新"按钮，则查询设计网格中的"显示"行变为"更新到"行，在"成绩"下此行中输入修改的表达式，"[成绩]+5"，如图7-25所示。

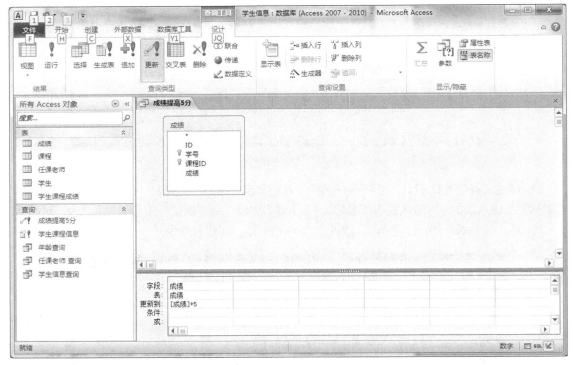

图 7-25　更新查询窗口

⑤ 单击快速访问工具栏上的"保存"按钮，输入名字，保存此查询，然后单击"结果"组→"运行"，即修改成绩表，打开成绩表可以看到修改的结果，如图7-26所示。

（3）追加查询

追加查询是将从表或查询中筛选出来的记录追加到另一个表中去。

（4）删除查询

删除查询是将符合条件的记录删除。删除查询可以删除一个表中的记录，也可以利用表间关系删除多个表中相互关联的记录，删除后的记录无法恢复，因此执行时，应当特别慎重。

图 7-26　更新查询结果窗口

7.6　窗体

在 Access 2010 中，窗体是用户与数据库进行交互操作的最好界面，使用窗体可以创建数据入口，用来向表中输入数据，也可以创建切换面板窗体，用来方便地打开其他窗体或报表。通过使用窗体，可以使数据库中的数据更直观、更人性化地显示在数据库用户面前。

7.6.1　创建窗体

1. 窗体类型和窗体视图

（1）窗体类型

窗体主要有命令选择型窗体和数据交互式窗体两种。命令选择型窗体主要用于信息系统控制界面的设计。数据交互式窗体主要用于显示信息和输入数据，其应用最广泛。

（2）窗体视图

一般来说，在 Access 2010 环境下，窗体具有五种视图类型，即设计视图、窗体视图、数据表视图、数据透视表视图、数据透视图视图和布局视图。

2. 创建窗体

创建窗体的方法有多种：自动创建窗体（纵栏式、表格式和数据表式），使用数据透视表向导创建窗体，使用窗体向导创建窗体和在设计视图中创建窗体等。下面主要介绍使用"窗体向导"和设计视图"窗体设计"来创建窗体。

（1）使用"窗体向导"创建窗体

例如创建学生信息窗体，使用窗体向导创建窗体步骤如下。

① 打开学生信息数据库，选中"学生"数据表。

② 单击"创建"选项卡→"窗体"组→"窗体向导",打开"窗体向导"对话框。在打开的"请确定窗体上使用哪些字段"对话框中,选择需要的字段,如图7-27所示。

图 7-27 "窗体向导"对话框

③ 在打开的"请确定窗体使用的布局"对话框中,选择布局,这里选择"纵栏表",单击"下一步"按钮。

④ 输入窗体标题"学生信息窗体",单击"完成"按钮,将看到所创建的窗体,如图7-28所示。

图 7-28 学生信息窗体结果图

（2）在设计视图"窗体设计"中创建窗体

Access 2010不仅提供了方便用户创建窗体的向导,还提供了窗体设计视图。

窗体的设计视图提供了一种灵活的创建和修改窗体的方法。使用设计视图只能基于一个表或查询创建窗体,如果要基于多个表,可以先建立基于多个表的查询,再创建基于该查询的窗体。

例如创建教师信息窗体,使用设计视图创建窗体的步骤如下。

① 打开窗体设计视图:打开学生信息数据库,单击"创建"选项卡→"窗体"组→"窗体设计"按钮,就会在功能区动态显示"窗体设计工具",同时打开窗体的设计视图,如图7-29所示。

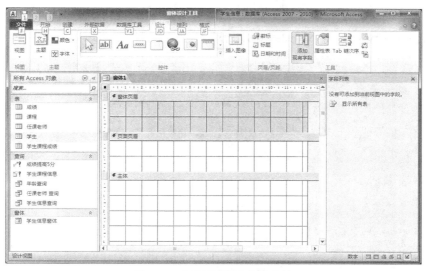

图 7-29　在设计视图中创建窗体

② 确定窗体的数据源：指定一个表或查询作为窗体的数据源。单击"窗体设计"工具栏→"工具"组→"属性表"按钮，出现窗体属性表，在属性表中，单击"数据"选项卡→"记录源"下拉列表框中选择一个表或查询作为数据源，这里选择任课教师表。

③ 单击"窗体设计"工具栏"工具"组的"添加现有字段"按钮，出现字段列表窗口。

④ 在窗体上添加控件，从数据源字段列表中选择需要的字段拖放到窗体上或双击该字段，Access 会根据字段的类型自动生成相应的控件，并在控件和字段之间建立关联。这里将任课教师表的字段，"任课教师 ID""姓名""家庭住址""电话""邮箱"，拖动到窗体设计视图的主体节下方，如图 7-30 所示。

图 7-30　添加控件

⑤ 设置对象属性：选择当前窗体对象或某个控件对象，单击"窗体设计"工具栏中的"属性表"按钮，设置窗体或控件属性。

⑥ 保存窗体对象，单击"保存"按钮，在"另存为"对话框中，输入窗体名称，单击"确定"按钮。将看到所创建的窗体，如图7-31所示。

图 7-31 任课教师信息窗体结果图

7.6.2 使用窗体

1. 在窗体中添加记录

在窗体中添加记录类似于在数据表中添加数据。

操作步骤如下。

打开窗体，单击"开始"选项卡→"记录"组→"新建"按钮，在空白记录窗体内输入各字段的数据，直至输入完毕，单击快速访问工具栏的"保存"按钮，Access 会将刚输入的合法数据保存到数据表中，即在表中添加了一条新记录，窗体上也会体现出来，如图7-32所示。

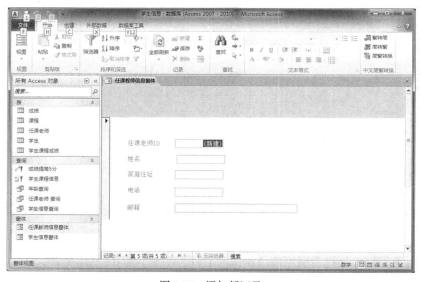

图 7-32 添加新记录

2. 在窗体中修改记录

在窗体视图中打开需要修改记录的窗体，通过单击"上一记录"按钮或"下一记录"按钮定位到需要修改的记录上，对记录中的数据进行修改，然后保存即可。

3. 在窗体中删除记录

在窗体视图中打开需要删除记录的窗体，通过单击"上一记录"按钮或"下一记录"按钮定位到需要删除的记录上，然后，单击"开始"→"记录"→"删除"按钮右边的下拉按钮，单击"删除记录"按钮，在确认删除记录对话框中，单击"是"即可。

4. 防止用户在窗体中更新记录

为了防止用户在窗体中更新显示的记录，可以在窗体的属性中将"允许编辑"和"允许删除"属性设置为"否"。

7.7　报表

报表是显示打印有关数据的组织形式。数据库中的表、查询、窗体都有打印的功能，通过它们可以打印比较简单的信息，要打印数据库中的数据，最好的方式是使用报表。

报表是 Access 中专门用来统计、汇总并且整理打印数据的一种工具。要打印大量的数据或者对打印的格式要求比较高，要求美观，则必须使用报表的形式。用户可以利用报表，有选择地将数据输出，从中检索有用信息。

7.7.1　创建报表

创建报表和创建窗体有很多类似的地方，用户可以采取多种方法来创建报表。

1. 报表和报表窗口的类型

（1）报表的类型

报表的类型有纵栏式、表格式、图表式和标签式。

（2）报表窗口的类型

报表具有四种视图窗口，即设计视图窗口、打印预览窗口、报表视图窗口和布局视图窗口。

2. 创建报表

创建报表的方法有以下三种：使用"报表"创建报表、使用"报表向导"创建报表和在设计视图中创建报表，下面只介绍使用"自动报表"创建报表和使用"报表向导"创建报表。

（1）使用"报表"创建报表

使用"报表"向导可以自动创建报表，这种报表最简单。步骤如下。

① 在数据库窗口中导航窗格中选中相关表格，例如"学生"数据表。

② 单击"创建"选项卡→选择"报表"选项组→单击"报表"按钮，Access 2010 就自动创建了报表，并且直接进入报表的布局视图，如图 7-33 所示。

③ 单击快速访问工具栏"保存"按钮，在"另存为"对话框中输入报表名称"学生信息报表"，单击"确定"按钮。

（2）使用"报表向导"创建报表

报表向导提供了一种灵活的创建报表的方法，利用报表向导，用户只需要回答一系列创建报表的问题，Access 2010 就可以根据用户的选择逐步创建所需的报表。

图 7-33　报表示例图

　　报表向导与自动报表向导不同的是，用户可以使用报表向导选择希望在报表中看到的指定字段，这些字段可以来自多个表和查询，向导最终会按照用户选择的布局和格式，建立一个漂亮的报表，当然，用户也可以接受默认选择。

　　例如，创建学生课程成绩报表，使用"报表向导"创建，操作步骤如下。

　　① 打开学生信息数据库，单击"创建"选项卡→选择"报表"选项组→单击"报表向导"按钮，出现报表向导的第一个对话框。

　　② 在此对话框中，用户可以从多个表或查询中选取字段，在"表/查询"下拉列表中选择字段所在的表或查询，本例选择学生课程成绩表，将所需要字段从"可用字段"框中添加到"选定字段"框中，这里将学生课程成绩表中全部字段添加"选定字段"框中，单击"下一步"按钮，如图 7-34 所示。

　　③ 在弹出的对话框中，将询问用户是否添加分组级别。用户通过数据分组，可以将某些具有相同属性的记录作为一组来显示，同时还可以进行数据汇总。选择"学号"，将此字段添加到右边框中，如图 7-35 所示。

图 7-34　选定报表所含字段

图 7-35　对数据进行分组

④ 在如图 7-36 所示的对话框中，用户可以指定每个组内字段排序的顺序，一次最多可以对 4 个字段进行排序，本例选择按"姓名"升序排序。

⑤ 在弹出的对话框中，选择报表布局，用户可以在各种布局中进行选择，并在左侧预览框中进行预览。本例对"布局""方向"都选择默认，单击"下一步"按钮，如图 7-37 所示。

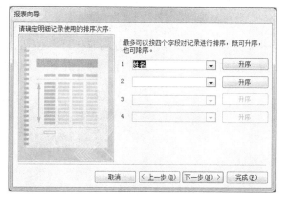

图 7-36　对数据进行排序

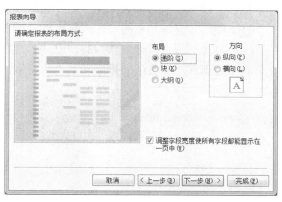

图 7-37　选择报表布局

⑥ 在此对话框中，输入报表标题，单击"完成"按钮，结果如图 7-38 所示。

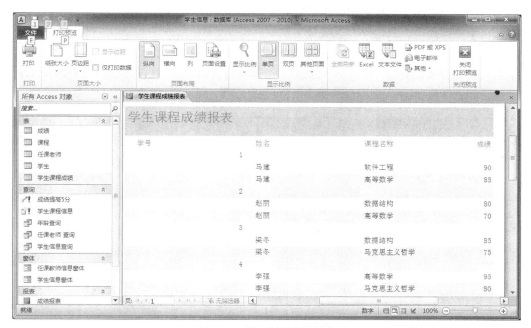

图 7-38　学生课程成绩报表

7.7.2　使用报表

1. 记录的排序和分组操作

报表能够对大量数据进行分组和排序。经过分组和排序后的数据将更加条理化，有利于查看、统计和分析。

分组是把数据按照某种条件进行分类，通过分组可以实现同组数据的汇总和输出，增强了报表的可读性。一个报表中最多可以对 10 个字段或表达式进行分组。

　　排序是按照某种顺序排列数据。在实际应用过程中，经常需要按照某个指定的顺序排列记录数据。因此，在报表中，用户可以根据实际需要按指定的字段或表达式对记录进行排序。一个报表中最多可以按 10 个字段或表达式进行排序。

　　例如，以学生信息报表为例，按专业编号分组，组内按学号排序，操作步骤如下。

　　（1）使用"设计"视图打开"学生信息报表"。

　　（2）单击"报表设计工具"的"设计"选项卡→"分组与汇总"组→"分组与排序"按钮，在报表下方出现了"分组、排序和汇总"窗格，包括"添加组"和"添加排序"两个按钮，如图 7-39 所示。

图 7-39　"分组、排序和汇总"窗格

　　（3）单击"添加组"按钮后，打开字段列表，在列表中可以选择分组所依据的字段，也可以在选择字段后编辑表达式，根据表达式进行分组。

　　（4）在字段列表中，单击"专业编号"字段。

　　（5）在"分组、排序和汇总"窗格中，单击"分组形式"右侧的按钮，展开分组栏，单击"无页脚节"右侧的箭头，在打开的下拉列表中，选择"有页脚节"。这样，在报表中就添加了"页脚节"组，如图 7-40 所示。

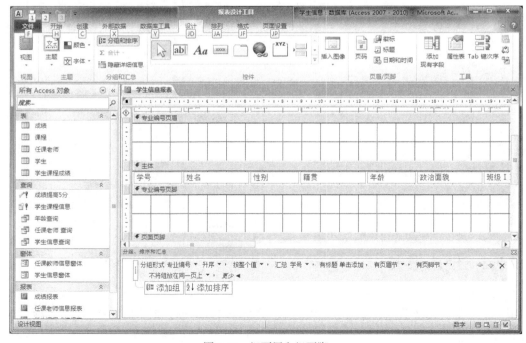

图 7-40　组页眉和组页脚

（6）进行排序。单击"添加排序"按钮，在打开的字段列表中选择"学号"，默认"升序"。关闭"排序和分组"对话框，回到报表设计视图。

（7）单击"报表设计工具"的"设计"选项卡"工具"组→"添加现有字段"按钮，出现字段列表框，将"专业编号"字段拖放到报表设计视图中的"专业编号页眉节"，在"专业编号页脚节"中添加一条直线，用来分隔各专业学生。

（8）单击"视图"组下的"报表视图"按钮，可以看到，报表中的记录按"专业编号"进行分组，在每一组中记录按"学号"排序，如图 7-41 所示。

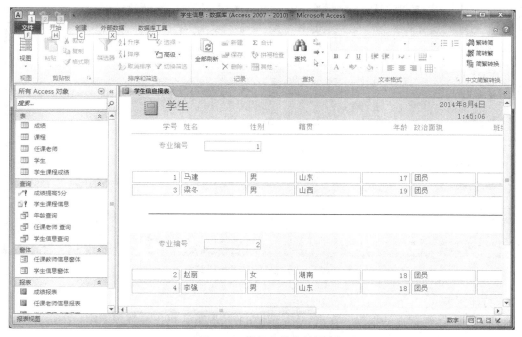

图 7-41　分组和排序结果

2. 在报表中计算总计

如果要计算报表中一组记录的总计或平均值，则应将文本框控件添加到组页眉或组页脚中；如果要计算报表中所有记录的总计或平均值，则应将文本框控件添加到报表页眉或报表页脚中。以"学生课程成绩报表"为例，计算所有同学的总成绩，操作步骤如下。

（1）在设计视图中打开"学生课程成绩"报表。

（2）"学号页眉"节已经出现在视图中，"学号页脚节"需要手工添加。

（3）单击"报表设计工具"的"设计"选项卡→"分组和汇总"→"分组和排序"按钮，在"分组、排序和汇总"窗格中，单击"分组形式"右侧的按钮，展开分组栏，单击"无页脚节"右侧的箭头，在打开的下拉列表中，选择"有页脚节"。这样，在报表中就添加了"学号页脚节"，然后关闭"分组、排序和汇总"窗格。

（4）单击"报表设计工具"的"设计"选项卡→"控件"组，将文本框添加到组页脚即学号页脚。

（5）选中"标签"控件，单击工具栏上的"属性"按钮，在打开的对话框中，将"标题"改为"总成绩"，单击"关闭"按钮。

（6）选中要计算的文本框，单击"报表设计工具"的"设计"选项卡→"工具"组的"属性表"按钮，打开其属性窗口，在该窗口的"控件来源"属性框中选择"成绩"字段，再单击右边的"[…]"按钮，在文本框中输入"=Sum(成绩)"，单击"确定"按钮。

（7）在报表的报表视图下，将会看到结果如图 7-42 所示。

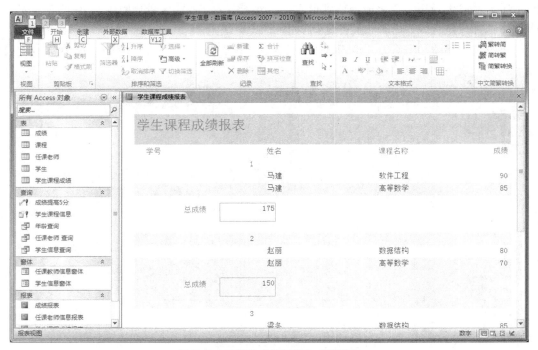

图 7-42   计算总成绩的学生成绩报表

3. 打印报表

要打印一个已经存在的报表，在事先不打开它的情况下，可以在数据库窗口中选择所需 的报表，然后单击鼠标右键，在快捷菜单上单击"打印"。

如果只打印报表的一部分，则需要打开报表，选择要打印的部分。然后单击"文件"菜单→"打印"，打开"打印"对话框。从中定义打印的范围、打印的份数等选项。选择所需的选项后，单击"确定"按钮即可开始打印。

第8章
计算机网络基础

计算机网络是计算机技术和通信技术紧密结合的产物，是随着社会对信息共享和信息传递的日益增强的需求而发展起来的。计算机网络的诞生促进了经济的发展和社会的进步，计算机网络在当今社会中起着非常重要的作用，对人类的生产、经济、生活和学习等各方面都产生了巨大的影响。

8.1　计算机网络概述

20 世纪 70 年代出现了计算机局部网络（简称局域网），从 20 世纪 80 年代开始计算机网络得到了飞速发展，现在，计算机网络发展成为社会重要的信息基础设施。从某种意义上讲，计算机网络的发展水平不仅反映了一个国家的计算机科学和通信技术水平，而且已经成为衡量其国力及现代化程度的重要标志之一。

8.1.1　计算机网络的概念

计算机网络是指利用通信设备及传输介质将处于不同地理位置的多台具有独立功能的计算机连接起来，在通信软件（网络协议、网络操作系统等）的支持下实现计算机间资源共享、信息交换或协同工作的系统。"不同地理位置"是一个相对的概念，可以小到一个房间内，也可以大至全球范围内。"独立功能"是指在网络中的计算机都是独立的，没有主从关系，一台计算机不能启动、停止或控制另一台计算机的运行。"通信设备"是指在计算机和通信线路之间按照通信协议传输数据的设备。"资源共享"是指在网络中的每一台计算机都可以使用系统中的硬件、软件和数据等资源。

计算机网络研究始于 20 世纪 60 年代，世界上最早的计算机网络是美国的 ARPAnet，由美国国防部高级研究计划局（Advanced Research Projects Agency，ARPA）于 1968 年主持研制。建立该网的最初动机是出于军事目的，保证在现代化战争情况下，仍能够利用具有充分抗故障能力的网络进行信息交换，确保军事指挥系统发出的指令能够畅通无阻。

计算机网络是现代通信技术与计算机技术相结合的产物。计算机网络的发展经历了从简单到复杂，从低级到高级的过程，这个过程可分为以下四个阶段。

1. 以数据通信为主的第一代计算机网络

1954 年，美国军方的半自动地面防空系统将远距离的雷达和测控器所探测到的信息，通过通信线路汇集到某个基地的一台 IBM 计算机上进行集中的信息处理，再将处理好的数据通过通信线路送回到各自的终端设备。这种以单个计算机为中心、面向终端设备的网络结构，实现了主机系统和远程终端之间的数据通信，是计算机网络的雏形，一般称之为第一代计算机网络。这样的系统中除了一台中心计算机之外，其余终端不具备自主处理功能，网络中的用户只能共享中心计算机上的软件、硬件资源。

2. 以资源共享为主的第二代计算机网络

这一阶段研究的典型代表是美国国防部高级研究计划局（Advanced Research Projects Agency，ARPA）的 ARPAnet（通常称为 ARPA 网）。1969 年美国国防部高级研究计划局提出将多个大学、公司和研究所的多台计算机互连的课题，当时的 ARPA 网只有 4 台计算机。到了 1972 年，发展到有 50 多家大学和研究所与 ARPA 网连接，1983 年入网计算机已经达到 100 多台。ARPA 网通过有线、无线与卫星通信线路，使网络覆盖了从美国本土到欧洲与夏威夷的广阔地域，它也是 Internet 的前身。

第二代计算机网络是以分组交换网为中心的计算机网络，它与第一代计算机网络的区别在于以下两点：一是网络中通信双方都是具有自主能力的计算机，而不是终端机；二是计算机网络功能以资源共享为主，而不是以数据通信为主。

3. 体系结构标准化的计算机网络

20 世纪 70 年代，不少计算机公司为了霸占市场，采用自己独特的技术并推出了自己的网络体系结构，其中最著名的有 IBM 公司的系统网络体系结构（System Network Architecture，SNA）和 DEC 公司的数字网络体系结构（Digital Network Architecture，DAN）。随着社会的发展，需要将各种不同体系结构的网络进行互连，但是由于不同体系结构的网络是无法互连的，因此国际标准化组织（ISO）在 1977 年设立了一个分委员会，专门研究网络通信的体系结构。1983 年该委员会提出的开放系统互连参考模型（Open Systems Interconnection Reference Model，OSIRM）各层的协议被批准为国际标准，并于 1984 年正式颁布，给网络的发展提供了一个共同遵守的规则，使不同公司的设备和协议都能达到全网的互连，因此把体系结构标准化的计算机网络称为第三代计算机网络。

4. 以 Internet 为核心的第四代计算机网络

进入 20 世纪 90 年代，Internet 的建立将分散在世界各地的计算机和网络连接起来，形成了覆盖世界的大网络。第四代计算机网络是随着数字通信的出现和光纤的接入而产生的，快速网络接入 Internet 的方式也不断地诞生，如 ISDN、ADSL、DDN、FDDI 和 ATM 网络等。局域网成为计算机网络结构的基本单元。网络技术正向着综合化、宽带化、智能化和个人化的方向发展。

8.1.2 计算机网络的组成

计算机网络是由计算机系统、通信链路和网络节点组成的计算机群，它是计算机技术和通信技术紧密结合的产物，承担着数据处理和数据通信两类工作。从逻辑功能上可以将计算机网络划分为两部分，一部分是对数据信息的收集和处理，称为资源子网，另一部分则专门负责信息的传输，称为通信子网，如图 8-1 所示。

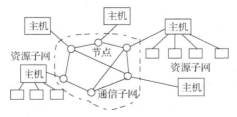

图 8-1　资源子网和通信子网

1．资源子网

资源子网主要是对信息进行加工和处理，面向用户，接受本地用户和网络用户提交的任务，最终完成信息的处理。它包括访问网络和处理数据的硬件、软件设施，主要有主计算机系统、终端控制器和终端、计算机外部设备、有关软件和可共享的数据等。

（1）主计算机系统

主计算机系统可以是大型机、小型机或局域网中的微型计算机，它们是网络中的主要资源，也是数据资源和软件资源的拥有者，一般都通过高速线路将它们和通信子网的节点相连，其任务是进行信息的采集、存储和加工处理。

（2）终端控制器和终端

终端控制器连接一组终端，负责这些终端和主计算机的信息通信，或直接作为网络节点，在局域网中它相当于集线器（HUB）。终端是直接面向用户的交互设备，可以是由键盘和显示器组成的简单终端，也可以是微型计算机系统。

（3）计算机外设

计算机外部设备主要是网络中的一些共享设备，如大型的硬盘机、数据流磁带机、高速打印机和大型绘图仪等。

2．通信子网

通信子网主要负责计算机网络内部信息流的传递、交换和控制，以及信号的变换和通信中的有关处理工作，间接服务于用户。它主要包括网络节点、通信链路和信号转换设备等硬件设施。它提供网络通信功能。

（1）网络节点

网络节点的作用，一是作为通信子网与资源子网的接口，负责管理和收发本地主机和网络所交换的信息；二是作为发送信息、接受信息、交换信息和转发信息的通信设备，负责接受其他网络节点传送来的信息并选择一条合适的链路发送出去，完成信息的交换和转发功能。网络节点可以分为交换节点和访问节点两种。

交换节点主要包括交换机、集线器、网络互连时使用的路由器以及负责网络中信息交换的设备等。

访问节点主要包括连接用户主机和终端设备的接收器、发送器等通信设备。

（2）通信链路

通信链路是两个节点之间的一条通信信道。链路的传输介质包括：双绞线、同轴电缆、光缆、无线电波等。一般在大型网络中和相距较远的两节点之间的通信链路，都利用现有的公共数据通信线路。

（3）信号转换设备

信号转换设备的功能是对信号进行变换以适应不同传输媒体的要求。这些设备一般有：将计算机输出的数字信号转换为电话线上传送的模拟信号的调制解调器、无线通信接收和发送器、用于光纤通信的编码解码器等。

8.1.3　计算机网络的分类

由于计算机网络的广泛使用，目前在世界上已出现了各种形式的计算机网络。网络类型的划分标准各种各样，从不同的角度出发，计算机网络可以有不同的分类方法。

1. 按网络的覆盖范围划分

局域网（Local Area Network，LAN），其传输距离一般在几千米以内，覆盖范围通常是一层楼、一个房间或一座建筑物。一个单位、学校内部的联网多为局域网。局域网传输速率高，可靠性好，适用各种传输介质，建设成本低。

城域网（Metropolitan Area Network，MAN），其作用范围介于局域网和广域网之间，传输距离通常为几千米到几十千米，如覆盖一座城市，一般可将同一城市内不同地点的主机、数据库以及 LAN 等互相连接起来。

广域网（Wide Area Network，WAN），用于连接不同城市之间的局域网或城域网，其传输距离通常为几十到几千千米，覆盖范围常常是一个地区或国家。

国际互联网，又叫因特网（Internet），是覆盖全球的最大的计算机网络，但实际上不是一种具体的网络技术，它将世界各地的局域网、广域网等互联起来，形成一个整体，实现全球范围内的数据通信和资源共享。

2. 按网络的拓扑结构划分

"拓扑结构"是指通信线路连接的方式。通常把网络中的计算机等设备抽象为点，网络中的通信媒体抽象为线，就形成了由点和线组成的几何图形，即用拓扑学方法抽象出的网络结构。计算机网络按拓扑结构可以分成星形网络、环形网络、总线形网络、树形网络、网状网络和混合形网络等。

3. 按网络的使用性质划分

公用网（Public Network），又称为公众网，是一种付费网络，属于经营性网络，由商家建造并维护，消费者付费使用，它是为全社会所有的人提供服务的网络。

专用网（Private Network），是一个或几个部门根据本系统的特殊业务需要而建造的网络，它只为拥有者提供服务，这种网络一般不对外提供服务。例如，军队、电力、交通等系统的网络就属于专用网。

4. 按传输介质划分

计算机按传输介质的不同可以划分为有线网和无线网两大类。

有线网采用的介质主要有双绞线、同轴电缆和光缆。采用双绞线和同轴电缆连成的网络经济且安装简便，但传输距离相对较短，传输速率和抗干扰能力一般；以光缆为介质的网络传输距离远，传输速率高，抗干扰能力强，安全好用，但成本较高。

无线网络技术是网络发展的热门方向之一，它主要以无线电波为传输介质，联网方式灵活方便，但联网费用较高。另外，还有卫星数据通信网，它是通过卫星进行数据通信的。

无线网络还可以分为无线局域网和无线广域网两大类。其中，无线局域网使用如 Wi-Fi、蓝牙和 ZigBee 等技术。而无线广域网则包含：

- 1G 网络：主要提供一般的语音通话服务；
- 2G 网络：有 GSM 和 CDMA2000，数字语音通话网络，主要承载语音或低速通信服务；
- 2.5G 网络：语音为主兼顾数据的通话网络；
- 3G 网络：有 CDMA2000、WCDMA 和 TD-SCDMA 等，数字语音和数据网络，能够处理图像、音乐和视频流等多种媒体形式，提供包括网页浏览、电话会议和电子商务等多种信息的网络服务；
- 4G 网络：有 LTE、HSPA+和 WiMax 等，能够以 100Mbit/s 的速度下载，上传的速度也能达到 20Mbit/s，预期能满足几乎所有用户对无线服务的需求。

5. **按传输带宽方式划分**

按照能够传输的信号带宽，网络可以分为基带网和宽带网。

基带网，由计算机或者终端产生的一连串的数字脉冲信号，未经调制所占用的带宽频率范围称为基本频带，简称基带。这是最简单的一种传输方式，这种网络称之为基带网，适用于近距离传输。

宽带网，在远距离通信时，由发送端通过调制器将数字信号调制成模拟信号在信道中传输，再由接收端通过解调器还原成数字信号，所使用的信道是普通的电话通信信道，这种方式称为频带传输。在频带传输中，经调制器调制而成的模拟信号频率域较宽，故称之为宽带传输，使用这种技术的网络称之为宽带网。

8.1.4　计算机网络的功能

计算机网络是计算机技术和通信技术紧密结合的产物。它不仅使计算机的作用范围超越了地理位置的限制，而且也大大加强了计算机本身的能力。随着计算机网络技术的发展及应用需求层次的日益提高，计算机网络功能的外延也在不断扩大。归纳起来说，计算机网络主要有如下功能。

1. **数据通信**

数据通信是计算机网络的基本功能之一，用于实现计算机之间的信息传送。在计算机网络中，可以传递文字、图像、声音和视频等信息。网上电话、视频会议等各种通信方式正在迅速发展。

2. **资源共享**

资源共享功能是组建计算机网络的驱动力之一，使得网络用户可以克服地理位置的差异性，共享网络中的计算机资源。计算机资源主要是指计算机的硬件、软件和数据资源。共享硬件资源可以避免贵重硬件设备的重复购置，提高硬件设备的利用率；共享软件资源可以避免软件开发的重复劳动与大型软件的重复购置，进而实现分布式计算的目标；共享数据资源可以促进人们相互交流，达到充分利用信息资源的目的。

3. **提高系统可靠性**

在计算机网络系统中，可以通过结构化和模块化设计将大的、复杂的任务分别交给几台计算机处理，用多台计算机提供冗余，以使其可靠性大大提高。当某台计算机发生故障时，不至于影响整个系统中其他计算机的正常工作，使被损坏的数据和信息能得到恢复。

4. **易于进行分布处理**

对于综合性大型科学计算和信息处理问题，可以采用一定的算法，将任务分交给网络中不同的计算机，以达到均衡使用网络资源，实现分布处理的目的。各计算机连成网络也有利于共同协作进行重大科研课题的开发和研究。利用网络技术还可以将许多小型机或微型机连成具有高性能的分布式计算机系统，使它具有解决复杂问题的能力，而费用大为降低。

5. **系统负载的均衡与调节**

对于大型的任务或当网络中某台计算机的任务负荷太重时，可将任务分散到较空闲的计算机上去处理，或由网络中比较空闲的计算机分担负荷。这就使得整个网络资源能互相协作，达到对系统负载均衡调节的目的，以免网络中的计算机忙闲不均，既影响任务又不能充分利用计算机资源。

8.1.5 网络协议与网络体系结构

网络协议与网络体系结构是网络技术中两个最基本的概念。网络协议是计算机网络的基本要素，是实现网络中计算机之间通信的必要条件。不同网络体系结构的计算机网络，其网络协议不仅影响着网络的系统结构、网络软件和硬件设计，而且影响着网络的功能和性能。

1. 网络协议

（1）网络协议的概念

网络协议是指计算机网络中相互通信的对等实体之间交换数据或通信时所必须遵守的通信规程或标准的集合。实体是指能完成某一特定功能的进程或程序；对等实体则是指在计算机网络体系结构中处于不同系统中相同层次的实体；通信规程或标准明确规定了所传输数据的格式、控制信息的格式和控制功能以及通信过程中时间执行的顺序等。

现在使用的协议是由一些国际组织制定的，生产厂商按照协议开发产品，把协议转化成相应的硬件或软件，网络用户根据协议选择适当的产品组建自己的网络。

（2）协议的组成

网络协议主要有以下三个要素组成。

① 语法，规定通信双方交换的数据格式、编码和电平信号等。

② 语义，规定用于协调双方动作的信息及其含义等。

③ 时序，规定动作的时间、速度匹配和事件发生的顺序等。

（3）协议分层

网络协议对计算机来说是不可缺少的。结构复杂的网络协议，最好的组织方式是层次结构。计算机网络协议就是分层的，各层之间相对独立，完成特定的功能，每层都为上层提供服务，最高层为用户提供网络服务。

协议分层的优点主要有：有助于网络的实现和维护、有助于网络技术发展和网络产品的生产、能促进标准化工作。

2. 网络体系结构

计算机网络的协议是按照层次结构模型来组织的，我们将网络层次结构模型与计算机网络各层协议的集合称为网络的体系结构。世界上第一个网络体系结构是 IBM 公司于 1974 年提出的，命名为"系统网络体系结构 SNA"。在此之后，许多公司纷纷提出了各自的网络体系结构，如 DEC 公司的"数字网络体系结构 DNA"，Honeywell 公司的"分布式系统体系结构 DSA"等。这些网络体系结构的共同之处在于它们都采用了分层技术，但层次的划分、功能的分配与采用的技术术语均不相同，结果导致了不同网络之间难以互连。因此，1977 年国际标准化组织成立了专门的组织，试图让所有的计算机都能互连，并提出了著名的开放系统互连参考模型（Open System Interconnection，OSI），但直到 20 世纪 90 年代初期，整套 OSI 国际标准才制定出来。

（1）OSI 体系结构

OSI 参考模型采用了分层的描述方法，将整个网络的功能划分为 7 个层次。由低层到高层分别称为物理层（Physical Layer）、数据链路层（Data Link Layer）、网络层（Network Layer）、传输层（Transport Layer）、会话层（Session Layer）、表示层（Presentation Layer）和应用层（Application Layer）。OSI 的七层模型如图 8-2 所示。

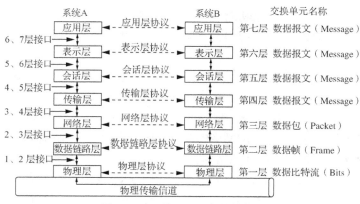

图 8-2　ISO 的 OSI 七层协议模型

在 OSI 参考模型中，每层完成一个明确定义的功能并按协议相互通信。低层向上层提供所需服务，在完成本层协议时使用下层提供的服务。各层的服务是相互独立的，层间的相互通信通过层接口实现，只要保证层接口不变，则任何一层实现技术的变更均不影响其余各层。

物理层的主要功能：利用传输介质为通信的网络结点之间建立、管理和释放物理连接；实现比特流的透明传输，为数据链路层提供数据传输服务；物理层的数据传输单元是比特。

数据链路层的主要功能：在物理层提供的服务基础上，数据链路层在通信的实体间建立数据链路连接；传输以"帧"为单位的数据包；采用差错控制与流量控制方法，使有差错的物理线路变成无差错的数据链路。

网络层的主要功能：通过路由选择算法为分组通过通信子网选择最适当的路径；为数据在结点之间传输创建逻辑链路；实现拥塞控制、网络互连等功能。网络层的数据传输单元是分组或包（Packet）。

传输层的主要功能：向用户提供可靠的端到端（End To End）服务；处理数据包错误、数据包次序，以及其他一些关键传输问题；传输层向高层屏蔽了下层数据通信的细节，是计算机通信体系结构中关键的一层。

会话层的主要功能：负责维护两个结点之间的传输链接，以便确保点-点传输不中断；管理数据交换。

表示层的主要功能：用于处理在两个通信系统中交换信息的表示方式；数据格式变换；数据加密与解密；数据压缩与恢复。

应用层的主要功能：为应用程序提供了网络服务；应用层需要识别并保证通信对方的可用性，使得协同工作的应用程序之间能够同步；建立传输错误纠正与保证数据完整性的控制机制。

把以上所述各层的最主要功能归纳如下。

应用层：与用户应用程序的接口，即相当于"做什么？"。

表示层：数据格式的转换，即相当于"对方看起来像什么？"。

会话层：会话的管理与数据传输的同步，即相当于"轮到谁讲话和从何处讲？"。

传输层：从端到端经网络透明的传送报文，即相当于"对方在何处？"。

网络层：分组交换和路由选择，即相当于"走哪条路可到达该处？"。

数据链路层：在链路上无差错的传送帧，即相当于"每一步该怎么走？"。

物理层：将比特流送到物理层媒体上传送，即相当于"对上一层的每一步应该怎样利用物理媒体？"。

由上可见，OSI 参考模型的网络功能可分为三组，数据链路层、物理层解决网络信道问题，传输层、网络层解决传输服务问题，应用层、表示层、会话层处理应用进程的访问，解决应用进程通信问题。

OSI 参考模型采用七层的体系结构，主要目的是试图达到一种理想的境界，即全世界的计算机网络都遵循这统一的标准，从而使计算机能够很方便地进行互联和交换数据。然而，这种模型是抽象的，结构既复杂又不实用，因此，现在世界规模最大的计算机网络因特网并未使用 OSI 标准。相反，在因特网上得到广泛应用的网络体系结构却是 TCP/IP 体系结构。

（2）Internet 体系结构（TCP/IP 体系结构）

1974 年 Vinton Cert 和 Robert Kahn 开发了 TCP/IP，Internet 采用的就是 TCP/IP。人们普遍希望网络标准化，然而，由于 OSI 标准推出的延迟，妨碍了第三方厂家开发相应的硬件和软件，随着 Internet 的飞速发展，确立了它采用的 TCP/IP 的地位，TCP/IP 也因此成为事实上的工业标准。TCP/IP 实际上是一组协议，是一个完整的体系结构，它从一开始就考虑了网络互连问题。

（3）OSI 参考模型与 TCP/IP 参考模型的比较

TCP/IP 中没有数据链路层和物理层，只有网络与数据链路层的接口，可以使用各种现有的链路层、物理层协议，目前用户连接 Internet 最常用的数据链路层协议是 SLIP（Serial Line Interface Protocol ）和 PPP（Point to Point Protocol）；TCP/IP 中的网际层对应于 OSI 模型的网络层，包括 IP（网际协议）、ICMP（网际控制报文协议）、IGMP（网际组报文协议）以及 ARP（地址解析协议），这些协议处理信息的路由以及主机地址解析；传输层对应于 OSI 模型的传输层，包括 TCP/IP（传输控制协议）和 UDP（用户数据报协议），这些协议负责提供流控制 、错误校验和排序服务，完成源到目标间的传输任务；应用层对应于 OSI 模型的应用层、表示层和会话层，它包括了所有的高层协议，并且不断有新的协议加入，应用层协议主要有以下几种。

① 网络终端协议（TELNET），用于实现互联网中远程登录功能。

② 文件传输协议（FTP），用于实现互联网中交互式文件传输功能。

③ 电子邮件协议（SMTP），用于实现互联网中电子邮件传送功能。

④ 域名服务（DNS），用于实现网络设备名字到 IP 地址映射的网络服务。

⑤ 路由信息协议（RIP），用于网络设备之间交换路由信息。

⑥ 简单网络管理协议（SNMP），用来收集和交换网络管理信息。

⑦ 网络文件系统（NFS），用于网络中不同主机间的文件共享。

⑧ 超文本传输协议（HTTP），用来传递制作的万维网（WWW）网页文件。

图 8-3 所示是 TCP/IP 与 OSI 参考模型的对比。

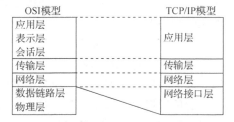

图 8-3　TCP/IP 与 OSI 参考模型的对比

OSI 参考模型与 TCP/IP 参考模型的共同之处是它们都采用了层次结构的概念，但二者在层次划分与使用的协议上是有很大区别的。OSI 参考模型概念清晰，但结构复杂，实现起来比较困难，特别适合用来解释其他的网络体系结构。TCP/IP 参考模型在服务、接口与协议的区别尚不够清楚，这就不能把功能与实现方法有效地分开，增加了 TCP/IP 利用新技术的难度，但经过 30 多年的发展，TCP/IP 赢得了大量的用户和投资，伴随着 Internet 的发展而成为目前公认的工业标准。尽管如此，OSI 参考模型仍然具有重要的指导意义。

8.2　计算机网络硬件基础知识

计算机网络的硬件是由传输介质（连接电缆、连接器等），网络连接设备（网卡、中继器、收发器、集线器、交换机、路由器、网桥等）和资源设备（服务器、工作站、外部设备等）构成。了解这些设备的作用和用途，对认识、组建一个简单的计算机网络大有帮助。

8.2.1　网络传输介质

传输介质也称为传输媒质或传输媒介。传输介质是网络中连接收发双方的物理通路，也是通信中实际传送信息的载体。通常，对于一种传输介质性能指标的评价包括以下几个方面。

- 传输距离：数据的最大传输距离。
- 抗干扰性：传输介质防止噪声干扰传输数据的能力。
- 带宽：即信道所能传送的信号的频率带宽，也就是可传达信号的最高频率和最低频率之差。
- 衰减性：信号在传输过程中会逐渐减弱，衰减越小，不加放大的传输距离就越长。
- 性价比：是衡量网络建设整体成本的重要指标。

网络是靠传输介质连接起来的，传输介质承担着传递信号的作用。根据传输介质形态的不同，可以把传输介质分为有线传输介质和无线传输介质。

1. 有线传输介质

有线传输介质指用来传输电或光信号的导体或光纤。有线介质技术成熟，成本较低，性能稳定，是目前局域网中使用最多的介质。有线传输介质分为双绞线、同轴电缆和光缆三类。

（1）双绞线

双绞线又称为双扭线，是把两条相互绝缘的铜导线并排放在一起，然后按一定的规则绞合起来就构成了双绞线。通常将一定数量的这样的双绞线外面包上硬的护套捆成电缆。采用绞合的结构是为了减少对相邻导线的电磁干扰。根据单位长度上的绞合次数不同，把双绞线划分为不同规格。绞合次数越高，抵消干扰的能力就越强，制作成本也就越高。根据双绞线外是否有屏蔽层又可分为屏蔽双绞线（Shield Twisted Pair，STP）和非屏蔽双绞线（Unshield Twisted Pair，UTP）。

屏蔽双绞线比非屏蔽双绞线增加了一层金属丝网，这层网的主要作用是为了增强其抗干扰性能，同时可以在一定程度上改善带宽特性。屏蔽双绞线性能更好一些，但价格稍贵。双绞线用作远程中继线时，最大距离可达 15km；用于 10/100Mbit/s 局域网时，使用距离最大为 100 米。由于价格便宜，因此被广泛用在电话的用户线和局域网中。在局域网中常用四对双绞线，即四对绞合线封装在一根保护塑料软管里，如图 8-4 所示。

双绞线通过 RJ45 接头（俗称水晶头）与网络设备（HUB、交换机、路由器等）和资源设备（工作站、服务器等）相连接。RJ45 头有八个铜片（俗称"金手指"），将双绞线的四对八芯线插入 RJ45 头中，用专用的 RJ45 压线器将铜片压入线中，使之连接牢固。RJ45 头的线序排列为：铜片（金手指）方朝上，左边第一脚为"1"，从左到右顺序排列 1～8，其每个引脚的定义如图 8-5 所示。

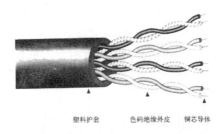

引脚号	功能
1	数据发送（TX+）
2	数据发送（TX-）
3	数据接收（RX+）
4	未用
5	未用
6	数据接收（RX-）
7	未用
8	未用

塑料护套　　　色码绝缘外皮　　铜芯导体

图 8-4　四对双绞线　　　　　　　　　图 8-5　双绞线引脚定义

双绞线四对的颜色按标准分为：白绿／绿、白橙／橙、白蓝／蓝、白棕／棕（白棕为白色和棕色相间，其他类似）。四对八芯线与 RJ45 头连接的方法，按照 EIA/TIA 568A 或 568B 标准执行。568A 或 568B 标准如下。

　　　　　　　　　EIA/TIA 568A 标准　　　　　　　　　　　　EIA/TIA 568B 标准

引脚号 1　2　3　4　5　6　7　8　　　1　2　3　4　5　6　7　8

线色　白绿　绿　白橙　蓝　白蓝　橙　白棕　棕　　白橙　橙　白绿　蓝　白　绿　白棕　棕

双绞线的两头连接 RJ45 时，都使用同一标准压线，称为直通线；如果一头是 568A 标准，一头是 568B 标准，这种线称为交叉线。直通线用于 HUB 和交换机等网络设备与工作站、服务器的连接，网络中多数是直通线。交叉线用于 HUB 到 HUB 的级联，或两台微机不通过 HUB 而直接对连时，要使用交叉线。

（2）光纤

光纤通常是由非常透明的石英玻璃拉成细丝做成的，其传播是利用全反射原理，当光从一种高折射率介质射向低折射率介质时，只要入射角足够大，就会产生全反射，这样一来，光就会不断在光纤中折射传播下去。

可以存在多种入射角的光纤，称为多模光纤。多模光纤中光线以波浪式传输，多种频率共存，芯径多在 50μm（1μm=10⁻⁶m）。如果光纤的直径减小到只有一个光的波长，这样光就只能沿光纤传播下去，而非来回折射前进，这种光纤称为单模光纤。单模光纤芯径小于 10μm。单模光纤比多模光纤衰减更小，无中继传播距离更长。多模光纤的光源可以使用较为便宜的发光二极管，而单模光纤的光源必须使用昂贵的半导体激光器。

光纤与其他传输介质相比，有以下一些优点。

① 带宽高，目前可以达到 100Mbit/s～2Gbit/s。

② 传输损耗小，中继距离长。在无中继器的情况下，多模光纤可传输 5～10km。单模光纤传输距离更远，在超过 100km 范围时，数据的速率常为 200Mbit/s。

③ 无串音干扰，且保密性好。

④ 抗电磁干扰能力强。由于光纤中传输的是光信号，所以不但不受其他电磁信号的干扰也不会干扰其他通信系统。

⑤ 体积小，重量轻。

连接光纤需要专用设备，成本较高，并且安装，连接难度大，适合长距离干线传输。在网络传输介质中光纤的发展是最迅速的，也是最有前途的网络传输介质。

（3）同轴电缆

同轴电缆的中央是铜芯，铜芯外包着一层绝缘层，绝缘层外是一层屏蔽层，屏蔽层把电线很好地包起来，再往外就是外护套。由于同轴线的这种结构，它对外界具有很强的抗干扰能力。电视机与闭路电视系统相连接的就是一种同轴电缆。

2. 无线传输

无线传输的主要形式有：无线电频率通信，红外通信，微波通信和卫星通信。

（1）无线电频率通信

无线电频率是指从 1kHz 至 1GHz 的电磁波谱。在此频段范围中包括短波波段，超高频波段，甚高频波段。无线电频率分为管制和非管制两部分，非管制频段是开放的，可以随意使用。管制频段不能随意使用，包含军用、警用、医用和救生等各种专用频段。无线电频率通信中有两种方式：单频通信和扩展频谱通信。其中扩展频谱通信技术是当前无线局域网的主流技术。

（2）红外通信

红外通信是以红外线作为传输载体的一种通信方式。它以红外二极管或红外激光管作为发射源，以光电二极管作为接收设备。红外通信成本较低，传输距离短。具有直线传输，不能透射不透明物的特点。与需调频或调相的微波相比，实现起来较简单，设备也较便宜。红外线与扩展频谱技术已被国际电工无线电委员会选为无线局域网的标准，即 IEEE802.11 标准。

（3）微波通信

微波是沿直线传播的，收发的双方必须直视，而地球表面是一个曲面，因此传播距离受到限制，一般只有 50km 左右。若采用 1000m 高的天线塔，则传播距离可增大到 100km。为实现远距离传输，必须设若干中继站。中继站把收到的信号放大后再发送下一站。

因为工业和天气干扰的主要频谱成分比微波的频率低得多，所以微波受到的干扰比短波的通信小得多，因此传输质量较高，另外微波有较高的带宽，通信容量很大。微波与通信电缆相比，投资少，可靠性高，但隐蔽性和保密性差。

（4）卫星通信

卫星通信的最大特点是：通信费用与通信距离无关。卫星使用微波传送信号，要双向传输必须至少有一个上行频率和一个下行频率，才能区分开发送的信号，而不至于混在一起。

8.2.2　常用连接设备

计算机或终端实现与网络的互连除传输媒质外还需要一些专用的互连设备，这些设备包括用于局域网的网卡、集线器、交换式集线器、路由器和收发器等网络设备。

1. 网卡

网卡，又叫网络适配器或网络接口卡（Network Interface Card，NIC），是计算机网络中必需的连接设备之一。网卡一般集成到主板上，网线则接在网卡上。独立的网卡一般插在机器内部的总线槽上，现在已经很少见到，独立网卡的外形如图 8-6 所示。

图 8-6　网卡

（1）网卡的作用

① 代表固定的网络地址。每个网卡上都有一个固定的全球唯一地址，又称网卡的物理地址。这样网络中才能区分出数据是从哪个计算机出来的，到哪台计算机去。因此，所有厂商生产的所有网卡，它们的物理地址绝对不会相同。

② 接收网线上传来的数据，并把数据转换为本机可识别和处理的格式，通过计算机的总线传输给本机。

③ 把本机要向网上传输的数据按照一定的格式转换为网络设备可处理的数据形式。通过网线传送到网上。

（2）网卡的分类

① 按网卡的总线类型划分，常见的有 ISA 接口网卡、PCI 接口网卡、PCI-X 接口网卡、PCMCIA 接口网卡以及 USB 接口网卡等。

② 按网卡支持的传输速率来分，目前主流的网卡主要有四类：10Mbit/s 网卡、100Mbit/s 以太网卡、10Mbit/s/100Mbit/s 自适应网卡和 1000Mbit/s 吉比特以太网卡四种。

③ 按网卡的接口类型划分，主要分为：连接同轴电缆的 BNC 接口网卡和连接双绞线的 RJ45 接口网卡。由于目前的主流介质是双绞线。因此，RJ45 接口的网卡就成为首选了。

2. 集线器

集线器（HUB）又称为集中器，主要提供信号放大和中转的功能。其工作在物理层，可分为独立式、叠加式和智能模块化集线器，有 8 端口、16 端口和 24 端口（传输率为：10Mbit/s 或 100Mbit/s）多种规格。

（1）独立式（Standalone）

这类集线器主要是为了克服总线结构的网络布线困难和易出故障的问题而引入，一般不带管理功能，没有容错能力，不能支持多个网段，不能同时支持多协议。这类集线器适用于小型网络，一般支持 8～24 个节点，可以利用串接方式连接多个集线器来扩充端口。

（2）堆叠式（Stackable）

堆叠式集线器可以将 HUB 一个一个地叠加，用一条高速链路连接起来，一共可以堆叠 4～7 个（根据各公司产品不同而不同）。它只支持一种局域网标准，它适用于网络节点密集的工作组网络和大楼水平子系统的布线。

（3）智能模块化（Modular）

智能模块化集线器采用模块化结构，由机柜、电源、面板、插卡和管理模块等组成。支持多种局域网标准和多种类型的连接，根据需要可以插入 Ethernet、Token Ring、FDDI 或 ATM 模块，另外还有网管模块、路由模块等。适用于大型网络的主干集线器。

3. 以太网交换机

以太网交换机工作在数据链路层，主要功能包括物理编址、错误校验、帧序列以及流控等。目前有些交换机还具有对虚拟局域网的支持、对链路汇聚的支持，甚至有的还具有防火墙的功能。交换机的外观与 HUB 相似。以太网交换机提供了多个端口，每个端口可以连入不同网段、集线器或单个站点，提供了大容量的动态交换带宽，并采用 MAC 帧直接交换技术，在多个站点间建立多个并行的通信链路，节点间沿指定路径转发报文，使争夺式"共享型"信道转变成"分享型"或"独享型"的信道，大幅度减少了网络帧的冲突和转发延迟，使带宽和效率成倍增加。早期，由于成本问题，集线器在局域网中应用广泛，如今交换机的价格已经十分低廉，在使用中也基本取代了集线器。交换机外形如图 8-7 所示。

4. 路由器

路由器是实现异构网络互连的设备。在网络层上实现网络互联需要相对复杂的功能，如路由选择、多路重发以及错误检测等均在这一层上用不同的方法来实现。由于路由器能够隔离广播信息，从而可以将广播风暴的破坏性隔离在局部的网段之内。路由器外形如图 8-8 所示。

图 8-7 交换机

图 8-8 路由器

5. 网关

网关又称作协议转换器，主要用于连接不同结构体系的网络或用于局域网与主机之间的连接，网关工作在 OSI 模型的传输层和更高层，在所有网络互连设备中最为复杂，多用软件实现。网关没有通用产品，必须是具体的某两种网络互联的网关。

8.2.3　常用资源设备

资源设备又称网络的主体设备，包括连在网络上的所有存储数据、提供信息、使用数据信息和输入输出数据的设备。常用的有服务器、工作站、数据流磁带机、光盘子系统（光盘塔）和网络打印机等。

1. 服务器

服务器（Server）是指提供共享资源设备。按服务器所提供的功能不同又分为：文件服务器（File Server）和应用服务器（Application Server）。文件服务器通常提供文件和打印服务；应用服务器包括数据库服务器、电子邮件服务器、打印服务器和通信服务器等。服务器是大负荷的机器，因为在为整个网络服务时，服务器的工作量是普通工作站工作量的几倍甚至几十倍。所以，服务器常采用对称多处理机主板并安装两个或多个（成对）CPU，硬盘常采用 SCSI 总线接口。

2. 工作站

当一台计算机连接到网络上时，它就成为网络上的一个节点，又称为工作站或网络客户，通称工作站（Work Station）。工作站仅仅为它们的操作者服务，而服务器则为网络上的许多人共享它的资源。有些被称为无盘工作站的计算机没有它自己的磁盘驱动器，这样的工作站必须完全依赖于局域网中服务器来获得文件和进行任务处理。

8.2.4　传输速率

随着网络的普及，大家越来越关心上网的速度。在数据通信系统中，信道是传送信号的通路。用以传输数字信号的信道称为数字信道，可以看成某个方向上的传输逻辑通道，有相应的频率范围，有相应的调制解调逻辑电路，是信息的一条独立通道。一条线路可能划分成多条信道，一般来说，在一条线路上发送和接受要使用不同的频率，否则就必须使用回波抑制技术。

信道宽度：信道上传输的是电磁波信号，某个信道能够传送电磁波的有效频率就是该信道的带宽。

数据传输速率：信道每秒所传送的二进制比特数，记作 bit/s（比特每秒）。

信道最大传输速率：又称信道容量。信道的传输能力有一定的限制，某个信道传输数据的速率有一个上限，叫作信道的最大传输速率。无论采用何种编码技术传输数据的速率都不可能超过这个上限。

一条信道的最大传输速率是和带宽成正比的。信道的带宽越高，信息的传输速率就越快。选择不同类型的传输介质组建计算机网络时，要充分考虑介质所拥有的带宽。

8.3　Internet 基础知识

Internet（国际互联网或称互联网、互连网，我国科技词语审定委员会推荐为"因特网"）是建立在各种计算机网络之上的、最为成功和覆盖面最大的、信息资源最丰富的、当今世界上最大的国际性计算机网络，Internet 被认为是未来全球信息高速公路的雏形。在短短的二十几年的发展过程中，特别是最近几年的飞跃发展中，正逐渐改变着人们的生活，并将远远超过电话、电报、汽车和电视等对人类生活的影响。

8.3.1　Internet 简介

Internet 的诞生在某种意义上说是战争的产物。美国为了战争的需要，将全国集中的军事指挥系统设计成一种分散的指挥系统，在 20 世纪 60 年代末 70 年代初，由国防部高级研究计划局资助并主持研制，建立了用于支持军事研究的计算机实验网络 ARPANET（阿帕网）。该网络把位于洛杉矶的加利福尼亚大学分校、位于圣芭芭拉的加利福尼亚大学分校、斯坦福大学、位于盐湖城的犹他州州立大学的计算机主机联接起来，采用分组交换技术，保证这四所大学之间的某条通讯线路因某种原因被切断以后，信息仍能够通过其他线路在各大学主机之间传递，这个阿帕网就是今天的 Internet 最早的雏形。

1972 年，ARPANET 网上联接的主机数已有 40 个，彼此之间可以发送文本文件（即现在的电子邮件或称 E-mail）和利用文件传输协议发送数据文件（即现在的 FTP），同时发现了通过把一台计算机模拟成另一台远程主机的一个终端而使用远程主机上资源的方法，这种方法称为 Telnet。这一年全世界计算机业和通信业的专家学者在美国华盛顿举行了第一届国际计算机通信会议并成立了一个 Internet 工作组，负责建立一种能保证计算机之间进行通信的标准规范（这种标准规范称为"通信协议"）。1973 年美国国防部也开始了一个 Internet 项目，研究如何实现各种不同计算机网络之间的互联问题。这两个项目使得 Internet 中最关键的两个协议产生和发展，这两个通信协议就是 TCP（传输控制协议）和 IP（Internet 协议），合起来称为 TCP/IP 协议。现在说一个网络是否属于 Internet，关键看它在通信时是否采用了 TCP/IP 协议。当今世界 90% 以上的计算机网络在和其他计算机网络通信时都是采用的 TCP/IP 协议，所以这些网络都是属于 Internet 网络，这就是为什么 Internet 如此之大的原因。

20 世纪 80 年代中期，美国国家科学基金会（NSF）为鼓励大学与研究机构共享他们非常昂贵的四台计算机主机，希望通过计算机网络将各大学和研究机构的计算机联接起来，并出资建立了名为 NSFnet 的广域网。使得许多大学、研究机构将自己的局域网联入 NSFnet 中，1986—1991 年并入的计算机子网从 100 个增加到 3000 多个，第一次加速了 Internet 的发展。Internet 的第二次飞跃应归功于 Internet 的商业化。以前都是大学和科研机构使用，1991 年以后商业机构一踏入 Internet，很快就发现了它在通讯、资料检索和客户服务等方面的巨大潜力，其势一发不可收。世界各地无数企业及个人纷纷加入 Internet，从而使 Internet 的发展产生了一个新的飞跃。到 1996 年初，Internet 已通往全世界 180 多个国家和地区，连接着上千万台计算机主机，直接用户超过 6000 万，成为全世界最大的计算机网络。

8.3.2　Internet 在中国的发展

20 世纪 80 年代末期，Internet 进入中国，1989 年，中关村地区科研网 NCFC 开始建设，到 1994 年，建立了我国最高域名 CN 服务器，NCFC 连入了 Internet；还建立了 E-mail 服务器、News 服务器、FTP 服务器、WWW 服务器和 Gopher 服务器等。

从 20 世纪 90 年代初开始，Internet 进入了全盛的发展时期，发展最快的是欧美地区，其次是亚太地区，我国起步较晚，但发展迅速。Internet 在中国的发展大致可分为以下三个阶段。

第一阶段（1987—1994 年）。这一阶段是电子邮件使用阶段。我国通过拨号与国外连通电子邮件，实现了与欧洲和北美洲地区的 E-mail 通信功能。1990 年我国开通 CHINAPAC 分组数据交换网。1991 年 6 月中科院高能所决定租用国际卫星信道建立与美国 SLAC 国家实验室的 64Kbit/s 专线。1993 年 3 月 2 日正式开通了由北京高能所到美国斯坦福直线加速器中心的计算机通讯专线，运行 DECnet 协议与各地相通。不久高能所获得进口 CISCO 路由器权，转入运行 TCP/IP 协议连入 Internet 网。由此开始，我国 Internet 发展进入了第二阶段。

第二阶段（1994 年—1995 年）。这一阶段是教育科研网发展阶段。我国通过 TCP/IP 连接，实现了 Internet 的全部功能。到 1995 年年初，高能所将卫星专线改用海底电缆，通过日本进入 Internet。同时，由中科院（中关村地区）及北京大学、清华大学的校园网组成的 NCFC 网以高速光缆和路由器实现主干网的连接，1994 年 4 月正式开通了与国际 Internet 的 64Kbit/s 专线连接，并设立了中国最高域名（CN）服务器。这时，我国才算进入了国际 Internet 行列中。

此后，我国又建成了中国教育和科研网 CERNet。到 1995 年 5 月，邮电部开通了中国公用 Internet 网，即 ChinaNet，作为公共商用网向公众提供 Internet 服务。至此，中国 Internet 发展进入第三阶段，即商用阶段。

第三阶段（1995 年以后）。这一阶段是商业应用阶段。此时的中国已广泛融入了 Internet 大家族。自进入商业应用阶段以来，Internet 这一新生事物以其强大的生命力与无可匹敌的优势如一股狂飙席卷中国大地。ChinaNet 在北京、上海设立了两个枢纽站点与 Internet 相连，并在全国范围建造 ChinaNet 的骨干网。

1994 年初，国家提出建设国家信息公路基础设施的"三金"工程（金桥、金卡、金关），并于 1998 年初成立了信息产业部，诞生了 ChinaNet 、ChinaGBN、CERNet 和 CSTNet 四大 Internet 网络服务提供商。全国的各个行业部门先后将自己的行业专用网与 Internet 连接，形成全国型网络，如金融信息网、医疗信息网、农业信息网、建材信息网、商业信息网，以及金税信息网等。

8.3.3　Internet 的组成

Internet 是一个全球范围的广域网，又可以将它看成是由无数个大小不一的局域网连接而成的。整体而言，Internet 由复杂的物理网络通过 TCP/IP 协议将分布世界的各种信息和服务连接在一起。

1．物理网络

物理网络由各种网络互连设备、通信线路以及计算机组成。网络互连设备的核心是路由器，Internet 是通过路由器将各种不同类型的网络互连在一起所组成的，而每台计算机均具体地连到其中一个网络上，这就体现了 Internet 的含义——"网际网"。当一个网络中的一台计算机与另一个网络中的计算机进行通信时，这两台计算机的分组就是通过路由器传送的。

通信线路是传输信息的媒体，可用带宽来衡量一条通信线路的传输速率，用户上网快和慢的感觉就是传输带宽大和小的直接反映。

2．通信协议

Internet 采用的协议是 TCP/IP 协议，TCP/IP 协议所使用的通信方式是分组交换方式。所谓分组交换，简单地说就是数据在传输时分成若干段。每个数据段称为一个数据包，TCP/IP 协议的基本传输单位是数据包，TCP/IP 协议中的两个主要协议，即 TCP 协议和 IP 协议，可以联合使用，也可以与其他协议联合使用，它们在数据传输过程中主要完成以下功能。

首先由 TCP 协议把数据分成一定大小的若干数据包，并给每个数据包标上序号及说明信息（类似装箱单），使接收端接收到数据后，在还原数据时，按数据包序号把数据还原成原来的格式。

IP 协议给每个数据写上发送主机和接收主机的地址（类似将信装入了信封），一旦写上源地址和目的地址，数据包就可以在物理网上传送了。IP 协议还具有利用路由算法进行路由选择的功能。

这些数据包可以通过不同的传输途径进行传输，由于路径不同，加上其他的原因，可能出现顺序颠倒、数据丢失、数据失真甚至数据重复的现象。这些问题都由 TCP 协议来处理，它具有检查和处理错误的功能，必要时还可以请求发送端重发，即如果发现某数据包有损坏，则要求发送方重新发送该数据包。IP 协议重点解决的是两台 Internet 主机的连接过程，即"点到点"（Point to Point） 的通信问题，至于信息数据可靠性的保证就由 TCP 协议来完成。

总之，IP 协议负责数据的传输，而 TCP 协议负责数据的可靠传输。

3. 信息资源和网络应用程序

人们使用 Internet 是为了方便沟通和获得各种信息，在 Internet 里，实现人与网络或人与人之间相互联系的是各种应用程序和软件工具，如通过浏览器进行 WWW 网页的访问就是一个与信息资源沟通的简单例子。

计算机之间的通信实际上是程序之间的通信。Internet 上参与通信的计算机可以分为两类，一类是提供服务的程序，叫作服务器（Server）；另一类是请求服务的程序，称之为客户机（Client），Internet 采用了客户机/服务器（C/S）模式；连接到 Internet 上的计算机不是客户机就是服务器。

使用 Internet 提供服务的用户要运行客户端的软件。通常，Internet 的用户利用客户端软件与服务器进行交互，提出请求，并通过 Internet 将请求发送到服务器，然后等待回答。

服务器由另一些更为复杂的软件组成，它在接收到客户机发送来的请求后，进行分析，并给予回答，然后通过网络发送到客户机。客户机在接到结果后显示给用户。一般情况下，服务器程序必须始终运行着，并且要有多个副本同时运行，以便响应不同的用户。

在 Internet 中，一个客户机可以同时向不同的服务器发出请求，一个服务器也可以同时为多个客户机提供服务。客户机请求服务器和服务器接收、应答请求的各种方法就是前面讲过的协议。

8.3.4 Internet 地址管理

Internet 是通过路由器将物理网络互连在一起的虚拟网络。全球连接于 Internet 上的主机有几千万乃至上亿台，怎样识别每个主机呢？在一个具体的物理网络中，每台计算机都有一个物理地址（Physical Address），物理网靠此地址来识别其中每一台计算机，在 Internet 中，为解决不同类型的物理地址的统一问题，在 IP 层采用了一种全网通用的地址格式，为全网中的每一台主机分配一个 Internet 地址，从而将主机原来的物理地址屏蔽掉，这个地址就叫作 IP 地址。

1. IP 地址

前面已介绍了连接互联网的主机都采用的 TCP/IP 通信协议，在 TCP/IP 网络上的每一台设备和计算机（称为主机或网络节点）都由一个唯一的 IP 地址来标识。IP 地址由一个 32 位二进制的值（4B）表示，这个值一般用 4 个十进制数组成，每个数之间用"."号分隔，如：210.44.195.88。一个 IP 地址由两部分组成：网络 ID 和主机 ID。网络 ID 表示在同一物理子网上的所有计算机和其他网络设备。在互联网（由许多物理子网组成）中每个子网有一个唯一的网络 ID。主机 ID 在一个特定网络 ID 中代表一台计算机或网络设备（一台主机是连接到 TCP/IP 网络中的一个节点）。连接到 Internet 上的网络必须从互联网管理中心（NIC）或 Internet 接入服务商（ISP）分配一个网络 ID，以保证网络 ID 号的唯一性。在得到一个网络 ID 后，本地子网的网络管理员必须为本地网络中的每一台网络设备和主机分配一个唯一的 ID 号。

2. IP 地址的分类

Internet 是网中网，每个网络所含的主机数互不相同，网络的规模大小不一，为了对 IP 地址进行管理，充分利用 IP 地址以适应主机数目不同的各种计算机网络，对 IP 地址进行了分类，IP 地址通常分为三类，即 A 类地址、B 类地址和 C 类地址。

A 类地址：IP 地址用 8 位标识网络号，24 位标识主机号，最前面一位为"0"。A 类 IP 地址所能表示的网络数范围为 0～127，即 1.x.y.z～126.x.y.z 格式的 IP 地址都属于 A 类 IP 地址。A 类 IP 地址通常用于大型网络。

B 类地址：IP 地址用 16 位标识网络号，16 位标识主机号，最前面两位为"10"。网络号和主机号的数量大致相当，分别用两个 8 位来表示，第一个 8 位表示的数的范围为 128～191。B 类 IP 地址适用于中等规模的网络，例如各地区网络管理中心。

C 类地址：IP 地址用 24 位标识网络号，8 位标识主机号，最前面三位为"110"。网络号的数量要远大于主机号，如一个 C 类 IP 地址共可连接 254 台主机。C 类 IP 地址的第一个 8 位表示的数的范围为 192～223。C 类 IP 地址一般适用于校园网等小型网络。

在图 8-9 中分别说明了上述三类 IP 地址的详细情况。

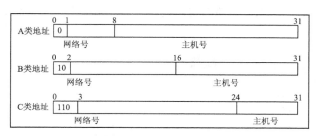

图 8-9　IP 地址的分类

IP 地址的最高管理机构称为 InterNIC（Internet 网络信息中心，位于美国），它专门负责向提出 IP 地址申请的组织分配网络地址。另外 InterNIC 下设机构 RIPE，位于荷兰，负责欧洲地区网络地址的分配，而亚太地区 IP 地址的分配则由位于日本的 APNIC 负责。近几年来，由于中国申请 IP 地址的单位日益增多，APNIC 将权力下放到中国的互联网，例如，CERNet（教育科研网）对加入 CERNet 的用户单位发放 IP 地址。

在 IP 地址具体使用中，为了识别网络 ID 和主机 ID，采用了子网掩码。它也是一个 32 位二进制值（常用四位以"."分隔的十进制数表示），其用于"屏蔽"IP 地址的一部分，使得 IP 包的接收者从 IP 地址中分离出网络 ID 和主机 ID。它的形式类似于 IP 地址。子网掩码中二进制数为"1"的位可分离出网络 ID，而为"0"的位分离出主机 ID，如图 8-10 所示。

地址类型	子网掩码位（二进制）				子网掩码
A 类	11111111	00000000	00000000	00000000	255.0.0.0
B 类	11111111	11111111	00000000	00000000	255.255.0.0
C 类	11111111	11111111	11111111	00000000	255.255.255.0

图 8-10　标准 IP 地址类的子网掩码

3. 域名系统

（1）域名系统的概念

IP 地址这种纯数字的地址使人们难以一目了然地认识和区别互联网上的千千万万个主机。为了解决这个问题，人们设计了用"."分隔的一串英文单词来标识每台主机的方法，按照美国地址取名的习惯，小地址在前、大地址在后的方式为互联网的每一台主机取一个见名知义的地址，形成了网络域名系统（Domain Name System，DNS）。在网络域名系统中，Internet 上的每台主机不但具有自己的IP 地址（数字表示），而且还有自己的域名（字符表示），如：微软公司：www.microsoft.com，中国清华大学：tsinghua.edu.cn 等。域名系统是一个分布式数据库，为 Internet 网上的名字识别提供一个分层的名字系统。该数据库是一个树形结构，分布在 Internet 网的各个域及子域中。

（2）域名系统的结构

域名系统的结构是一种分层次结构，每个域名是由几个域组成的，域与域之间用小圆点"."分开，最末的域称为顶级域，其他的域称为子域，每个域都有一个有明确意义的名字，分别叫作顶级域名和子域名，域名地址从右向左分别用以说明国家或地区的名称、组织类型、组织名称、单位名称和主机名等，其一般格式为如下所示：

主机名. 商标名（企业名）. 单位性质或地区代码.国家代码

其中，商标名或企业是在域名注册时确定的。如：有一个域名为 news.cernet.edu.cn，在该域名地址中，news 表示主机名，cernet 表示为中国教育科研网，edu 表示为教育机构，cn 表示中国。

顶级域名通常具有最一般或最普通的含义，它又分为地理类顶级域名和组织类顶级域名，如图 8-11 和图 8-12 所示。

域名	国家和地区	域名	国家和地区	域名	国家和地区	域名	国家和地区
au	澳大利亚	nl	荷兰	ca	加拿大	no	挪威
be	比利时	ru	俄罗斯	dk	丹麦	se	瑞典
fl	芬兰	es	西班牙	fr	法国	cn	中国
de	德国	ch	瑞士	in	印度	us	美国
ie	爱尔兰	uk	英国	il	以色列	kp	韩国
it	意大利	at	奥地利	jp	日本		

图 8-11　地理类顶级域名

域名	含义
com	商业机构
edu	教育机构
gov	政府部门
int	国际机构（主要指北约组织）
mil	军事机构
net	网络机构
org	非赢利组织

图 8-12　组织类顶级域名

（3）域名系统的解析

域名解析就是域名到 IP 地址的转换过程，由域名服务器完成域名解析工作。在域名服务器中存放了域名与 IP 地址的对照表。实际上它是一个分布式的数据库。各域名服务器只负责其主管范围的解析工作。

当用户输入主机的域名时，负责管理的计算机就把域名送到服务器上，由域名服务器把域名翻译成相应的 IP 地址，然后连接到该主机。主机的 IP 地址等于主机的域名，或者说主机的域名就是主机的 IP 地址。用户在连接网络时，既可以使用域名，也可以使用 IP 地址，它们连接的过程不一样，但效果是一样的。

4. Internet 的管理机构

Internet 不属于任何组织、团体或个人，它属于互联网上的所有人。为了维持 Internet 的正常运行和满足互联网快速增长的需要，必须有人管理。由于 Internet 最早从美国兴起，美国专门成立了一个互联网的管理机构，管理经费主要由美国国家科学基金会等单位提供。管理分为技术管理和运行管理两大部分。

Internet 的技术管理由 Internet 活动委员会（IAB）负责，下设两个委员会，即研究委员会（IETF）和工程委员会（IEIF）。委员会下设若干研究组，对 Internet 存在的技术问题及未来将会遇到的问题进行研究。

Internet 的运行管理又可分为两部分：网络信息中心（NIC）和网络操作中心（NOC）。网络信息中心负责 IP 地址的分配、域名注册、技术咨询和技术资料的维护与提供等。网络操作中心负责监控网络的运行情况，网络通信量的收集与统计等。

我国的互联网络信息中心（CNNIC）负责管理在顶级域名 CN 下国内互联网的 IP 地址分配、域名注册、技术咨询、监控网络的运行情况和网络通信量的收集与统计等。

5. IPv6 协议

当前 Internet 上使用的 IP 地址协议是在 1978 年确立的，称为 IPv4。尽管在理论上大约有 43 亿（2^{32}）个 IP 地址，但并不是所有的 IP 地址都得到了充分的利用。随着 Internet 技术的迅猛发展和规模的不断扩大，IPv4 已经暴露出了许多问题，而其中最重要的一个问题就是 IP 地址资源的短缺。因此，Internet 工程部（IETF）又提出了新的 IP 协议版本 IPv6。IPv6 是 "Internet Protocol Version6" 的缩写，它是 IETF 设计的用于替代现行版本 IP 协议 IPv4 的下一代 IP 协议。IPv6 具有长达 128 位的地址空间，可以彻底解决 IPv4 地址不足的问题。IPv6 代替 IPv4 是必然的趋势。中国对 IPv6 的研究和应用处于世界领先水平，并且 IPv6 已经开始正式使用。

8.3.5　Internet 的基本接入方式

用户若想访问 Internet 上的信息资源和网络服务，必须首先将自己的计算机接入 Internet，然后才能利用 Internet 的各种应用软件及工具实现对网上资源的访问。家庭用户或单位用户要接入互联网，可通过某种通信线路连接到 ISP，由 ISP 提供互联网的入网连接和信息服务，连接方式有如下几种。

一般来说，用户计算机接入 Internet 主要有三种方式：通过电话网接入 Internet、通过局域网接入 Internet 和通过无线接入技术接入 Internet。目前可供选择的接入方式主要有 PSTN、ISDN、xDSL、Cable-Modem、DDN、LMDS 和 LAN 等几种，它们各有各的特点。

1. PSTN 方式

家庭用户接入互联网的普遍的窄带接入方式。即通过电话线，利用当地运营商提供的接入号码，拨号接入互联网，速率不超过 56Kbit/s。特点是使用方便，只需有效的电话线及自带调制解调器的 PC 就可完成接入。

运用在一些低速率的网络应用，如网页浏览查询，聊天，E-mail 等，主要适合于临时性接入或无其他宽带接入场所的使用。缺点是速率低，无法实现一些高速率要求的网络服务；其次是费用较高，接入费用由电话通信费和网络使用费组成。随着宽带的发展和普及，这种联网方式已经基本不用了。

2. ISDN 方式

俗称 "一线通"。它采用数字传输和数字交换技术，将电话、传真、数据、图像等多种业务综合在一个统一的数字网络中进行传输和处理。用户利用一条 ISDN 用户线路，可以在上网的同时拨打电话、收发传真，就像两条电话线一样。ISDN 基本速率接口有两条 64kbit/s 的信息通路和一条 16Kbit/s 的信令通路，简称 2B+D，当有电话拨入时，它会自动释放一个 B 信道来进行电话接听。主要适合于普通家庭用户使用。缺点是速率仍然较低，无法实现一些高速率要求的网络服务；其次是费用同样较高（接入费用由电话通信费和网络使用费组成）。ISND 和 PSTN 都是窄带接入，现在已经基本不用了。

3. xDSL 方式

DSL（数字用户线）是基于普通电话线的宽带接入技术，它可在同一对铜线上分别传送数据和语音信号，数据信号并不通过电话交换设备，无需拨号，从而减轻了电话交换机的负担。使用

DSL 上网属于专线上网方式，并不需要支付另外的电话费。

xDSL 中的"x"代表各种数字用户线技术，如非对称数字用户线（ADSL）、高速数字用户线（HDSL）和高速不对称数字用户线（VDSL）等。它们的主要区别在于上下行链路的对称性、传输速率和有效距离等有所不同。

ADSL（Asymmetrical Digital Subscriber Line）是目前众多 DSL 技术中较为成熟的一种，优点是带宽较宽、连接简单、投资较小，因此发展很快，成为继 Modem、ISDN 之后的又一种全新的高效接入方式。所谓的非对称是指其下行与上行的带宽是不一样的，也就是从 ISP 到客户端（下行）传输的带宽较宽，而客户端到 ISP（上行）的传输带宽较窄，这样设计一方面是为了与现有的电话网络频谱相容，另一方面也符合一般使用互联网的习惯与特性（下载的数据量远大于上传的数据量）。

使用 ADSL 也需要调制解调器。不过功能和拨号上网用的调制解调器有所不同，拨号调制解调器利用"调制／解调制"的功能，将数据信号放在电话线路中传输，因此语音与数据信号不能同时传输，而 ADSL 调制解调器则把电话线分成三个信道：高速下行信道（Downstream）、上行信道（Upstream）和语音传输信道（Plain Old Telephone System），借以同时传输数据和语音信号。其下行速率为 1—8Mbit/s，上行速率为 640Kbit/s—1Mbit/s，有效传输距离在 3—5 公里范围以内。

4. Cable Modem 方式

Cable Modem（线缆调制解调器）是近两年开始试用的一种超高速 Modem，它利用现成的有线电视网进行数据传输，已是比较成熟的一种技术。随着有线电视网的发展壮大和人们生活质量的不断提高，通过 Cable Modem 利用有线电视网访问 Internet 已成为越来越受业界关注的一种高速接入方式。

由于有线电视网采用的是模拟传输协议，因此网络需要用一个 Modem 来协助完成数字数据的转化。Cable Modem 与以往的 Modem 在原理上都是将数据进行调制后在电缆的一个频率范围内传输，接收时进行解调，传输机理与普通 Modem 相同，不同之处在于它是通过有线电视的某个传输频带进行调制解调的。

采用 Cable Modem 上网的缺点是由于 Cable Modem 方式采用的是相对落后的总线型网络结构（HFC，光纤同轴网络），这就意味着网络用户共同分享有限带宽；其次，购买 Cable Modem 和初装费也都不算很便宜，这些都阻碍了 Cable Modem 接入方式在国内的普及。但是，由于中国有线电视网覆盖面广，已成为世界第一大有线电视网，它的市场潜力还是很大的。

5. 光纤宽带方式

通过光纤接入到小区节点或楼道，再由网线连接到各个共享点上（一般不超过 100 米），提供一定区域的高速互联接入。特点是速率高，抗干扰能力强，适用于家庭、个人或各类企事业团体，可以实现各类高速率的互联网应用（视频服务、高速数据传输、远程交互等），缺点是一次性布线成本较高。

6. 无线网络方式

是一种有线接入的延伸技术，使用无线射频技术在空气中收发数据，减少使用电线连接，因此无线网络系统既可达到建设计算机网络系统的目的，又可让设备自由安排和搬动。在公共开放的场所或者企业内部，无线网络一般会作为已存在有线网络的一个补充方式，装有无线网卡的计算机通过无线手段方便接入互联网。

无线网络分无线局域网和无线广域网。目前，各大 ISP 正在推行的 WLAN 属于无线局域网，3G 上网卡业务属于无线广域网。

8.4　Windows 7 的网络功能

Windows 7 是新一代网络操作系统,吸收容纳了近年来出现的几乎所有的网络最新技术成果,为用户提供了一套完整而强大的网络解决方案。应用 Windows 7,用户可以根据业务需要构建各种功能强大的 Internet 商务解决方案。

8.4.1　网络和拨号连接

要连接到网络,首先应该进行网络的设置。"网络和共享中心"是 Windows 7 中新增的功能之一,它为用户提供了一个网络相关设置的统一平台,几乎所有的与网络有关的功能都能在"网络和共享中心"里找到相应的入口。

打开"开始"菜单→"控制面板"→"网络和 Internet"→"网络和共享中心",进入"网络和共享中心",如图 8-13 所示。

图 8-13　网络和共享中心

1. ADSL 宽带上网设置

在如图 8-13 所示的界面中,单击"设置新的连接或网络"选项,打开"设置连接或网络"窗口,如图 8-14 所示。

图 8-14　设置连接或网络

单击"连接到 Internet"→"宽带（PPPoE）（R）"，打开图 8-15 所示的对话框。

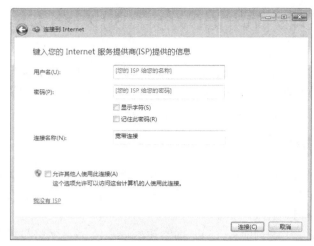

图 8-15　连接到 Internet

输入从 ISP 获取的账号和密码，并且输入网络连接名称，单击"连接"按钮，即可实现宽带接入 Internet。

2. 本地连接

如果是通过局域网方式接入 Internet，需要通过设置网络适配器来上网，如 IP 地址、DNS 服务器地址、网络协议等，具体设置方法如下。

在"网络和共享中心"窗口的操作界面左侧窗格中单击"更改适配器设置"选项，打开图 8-16 所示的界面。

图 8-16　"网络连接"窗口

右击"本地连接"→"属性"，打开图 8-17 所示的"本地连接属性"对话框。

需要注意的是，作为新一代的操作系统，Windows 7 已经将 IPv6 协议作为缺省的网络安装协议，由于现在大多数网络采用的 IPv4 协议，因此在这里仍以设置 IPv4 协议为例来介绍网络属性的设置。

在上图中双击"Internet 协议版本 4（TCP/IPv4）"，进入 IPv4 的属性设置窗口，在"常规"选项卡中，默认选择"自动获得 IP 地址"和"自动获得 DNS 服务器地址"，此时不能输入自己的

IP 地址。如果网络中有 DHCP 服务器，则可以选择此项。

　　如果要设置固定的 IP 地址以及其他的网络属性值，就可以选择"使用下面的 IP 地址"按钮，打开图 8-18 所示的对话框，输入 IP 地址、子网掩码、网关地址和 DNS 服务器地址，单击"确定"按钮，完成设置。

图 8-17　本地连接属性

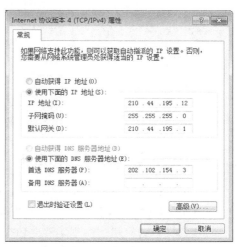

图 8-18　Internet 协议版本 4（TCP/IPv4）属性

3. Ping 命令和 ipconfig

　　当用户对本地连接或拨号连接配置完成后，如何来检查配置是否成功呢？Windows 7 提供了两个系统命令。

　　（1）ping 命令

　　ping 命令用于监测网络连接是否正常。使用该命令可以向指定主机发送 ICMP 回应报文并监听报文的返回情况，从而验证与主机的连接情况。具体格式是：

　　ping〈要连接的主机的 IP 地址〉

　　TCP/IP 协议预留了一个 Loop Back 诊断地址（127.0.0.1），发往该地址的信息将发回到信息的发送处，利用 ping 127.0.0.1 命令可以检查 TCP/IP 协议的安装情况。用 ping〈默认网关 IP 地址〉命令检查本地主机是否可以和默认网关进行通信。用 ping〈远程主机 IP 地址〉命令检查本地主机是否可以通过路由器和远程主机进行通信。用 ping〈DNS 服务器 IP 地址〉命令检查与 DNS 服务器的连接情况。

　　（2）ipconfig 命令

　　ipconfig 命令用于检查当前 TCP/IP 网络中的配置情况，常用格式为"ipconfig-all"。在"开始"菜单中，选择"所有程序"→"附件"→" 命令提示符"，在命令提示符下，执行该命令，就会显示本机的主机名、物理地址和 IP 地址等的配置参数。

4. 本地连接状态

　　在"网络连接"窗口中，双击"本地连接"，打开"本地连接状态"对话框，如图 8-19 所示。

　　对话框显示了本地连接的连接状态、持续时间、发送和接收数据包的情况。单击"属性"将打开"本地连接属性"对话框。

　　单击"禁用"按钮，本地连接指示器将从任务栏中消失，通过"网上邻居"将不能浏览网络。要重新启用本地连接，在"网络连接"窗口中双击"本地连接"即可。

图 8-19　本地连接状态对话框

8.4.2　共享文件夹和打印机

原先在 Windows XP 中的"网上邻居"在 Windows 7 中改名为"网络"，主要用来进行网络资源管理，通过它可以共享网上资源。计算机连接到网络后，"网络"可以显示计算机所连接的网络上的计算机、共享计算机、共享文件夹和打印机等资源，从而使得本地计算机可以和其他计算机进行通信以及使用网络上其他计算机上的共享资源。

要打开"网络"，打开"开始"菜单，→"网络"，如图 8-20 所示。

图 8-20　网络

1．设置共享文件夹

在要设置共享的文件夹上单击鼠标右键，在弹出的快捷菜单中选择"共享"→"特定用户"，将会弹出如图 8-21 所示的对话框，单击空白文本框右侧箭头，设置具有访问权限的用户名，单击"权限级别"右侧箭头设置访问权限。

2．共享和使用打印机

网络环境下，用户可以通过网络访问其他计算机上的共享打印机来打印自己的文档，也可以把自己的打印机设置为共享打印机，供其他用户使用，提高打印机的使用效率。

（1）共享本地打印机

如果要使自己的计算机上的本地打印机能供网络中其他用户使用，就需要将它设置为共享打印机。其设置方法与设置文件夹共享的方法类似，具体步骤如下。

单击"开始"→"设备和打印机"。此时屏幕上会弹出"设备和打印机"窗口，如图 8-22 所示。

图 8-21　文件夹共享设置

图 8-22　设备和打印机

在"打印机和传真"列表中右键单击要设置共享的本地打印机的图标，从弹出的快捷菜单中单击"打印机属性"命令，打开图 8-23 所示的本地打印机"属性"对话框。在"共享"选项卡中，选中"共享为"单选按钮，然后输入打印机的共享名。单击"确定"按钮，本地打印机即被设置成网络共享打印机了。

图 8-23　打印机属性对话框

（2）安装网络共享打印机

安装网络打印机的步骤与安装本地打印机的过程类似，具体步骤如下。

单击"开始"→"设备和打印机"。在弹出图 8-22 所示的"打印机和传真"窗口中，单击上方的"添加打印机"→"安装网络、无线或 Bluetooth 打印机"，单击"下一步"，出现如图 8-24 所示打印机列表。在已设置共享的打印机中选择其中一个，单击"下一步"，设置打印机的名字，单击"下一步"，单击"完成"按钮。

此时，在本地计算机上配置了一台共享打印机，该打印机图标出现在"设备和打印机"窗口中。

图 8-24　共享打印机列表

8.5　WWW 与 IE 浏览器

WWW 是 World Wide Web 的简写，简称万维网或 Web，WWW 的蓬勃发展，使 Internet 进入了一个新的时代。WWW 功能强大，不但能展现文字、图像、声音、动画和视频等各种媒体信息，还可以让用户通过浏览器使用多种网络资源服务。

8.5.1　WWW 简介

Internet 已经成为世界上最大的信息资源宝库，它包含了从教育、科技、政策、法规到艺术、娱乐以及商业等各方面的信息，但在 WWW 出现之前，Internet 的信息资源既没有统一的目录，也没有统一的组织和系统，这些信息分布在世界各地计算机中，以文件、数据库、公告牌、目录文档和超文本文档等多种形式进行存储。

1984 年，WWW 的创始人 Tim Berners-Lee 受欧洲原子核研究委员会委托开发一个软件，以便使分散在欧洲各国的物理学家能够通过计算机网络合作进行科研，使分散在各物理实验室的信息能够提供给每个物理学家共享。他经过一段时间的努力，终于成功地开发出了这个软件，并为之取名 "Enquire"。后来，Tim 为了推广他的这项成果，以便建立一个全球性的信息网，于 1989 年 3 月和 5 月先后两次向欧洲原子核研究委员会提交了开展扩大实验的建议书，他的建议得到批准，在一台 Next 计算机上的扩大试验获得成功，开发出了世界上第一个 Web 服务器和第一个 Web 客户机。1989 年，Tim 正式提出了 "World Wide Web" 这个名词。

随后，WWW 的发展非常迅速。现在 WWW 是一个拥有数亿用户的分布式系统，每个用户都可以编写超文本文件，成为向 WWW 世界提供信息的主体。WWW 的出现被认为 Internet 发展史上的一个重要里程碑，它对于 Internet 的发展起到了巨大的推动作用。

8.5.2　WWW 的基本概念和工作原理

WWW 是一个基于超文本（Hypertext）方式的信息检索服务工具，它将位于全世界 Internet 网上不同地点的相关数据信息有机地编织在一起。

1．WWW 的工作原理

简单地讲，WWW 是由无数的网页组合在一起的世界，这些网页依照超文本的格式写成，在 WWW 技术中，网络浏览是获得大量信息的最重要的手段。通过访问网站，又可以得到更多的服务，例如到 FTP 服务器下载软件、订阅电子刊物、参加新闻讨论、实时聊天和玩在线游戏等。

WWW 系统由 WWW 客户机、WWW 服务器和超文本传输协议（HTTP）三部分组成，以客户机/服务器方式进行工作，实际工作过程是：客户机向服务器发送一个请求，并从服务器得到一个响应，服务器负责管理信息并对来自客户机的请求做出回答，客户机与服务器使用 HTTP 协议传送信息，信息的基本单位是网页，当选择网页中的一个超链接时，WWW 客户机就把超链接所附的地址读出来，然后向相应的服务器发出一个请求，要求相应的文件，最后服务器对此做出响应，将超文本传过来。

2．基本概念

（1）网页

在 WWW 上将信息一页一页地呈现给用户，类似于图书的页面，叫作网页（Web Page），网页上是一些连续的数据片断，包含普通文字、图形、图像、声音和动画等多媒体信息，还包含指向其他网页的链接。WWW 服务器上的第一个页面，称为主页（Homepage），引导用户访问本地或其他 WWW 网址上的页面。

（2）HTML

HTML（HyperText MarkUp Language，超文本标记语言）构成了 Internet 应用程序的基础，用来编写 Web 网页。之所以叫"超文本"，是因为它所编写的对象不仅仅有普通的文字字符元素，还有声音、图形等其他"超越"普通文字字符的对象元素。HTML 语言是一种描述文档结构的语言，而不能描述实际的表现形式。HTML 语言使用标签指明文档中的不同内容。标签是区分文本各个组成部分的分界符，用来把 HTML 文档划分成不同的逻辑部分（或结构），如段落、标题和表格等。标签描述了文档的结构，它向浏览器提供该文档的格式化信息，以传送文档的外观特征。

（3）HTTP 和 URL

HTTP（HyperText Transfer Protocol，超文本传输协议）是 WWW 服务程序所用的网络传输协议。URL（Uniform Resource Locator，全球统一资源定位器），Internet 中的网站成千上万，为了能够在 Internet 中方便地找出所需要的网站及所需要的信息资源，采用了 URL 来唯一标识某个网络资源。事实上，URL 就是某个网站或网页的地址，它由协议名、主机名、路径和文件名四部分组成，其格式为：协议名://主机名/路径和文件名，例如：http://www.Microsoft.com/home.html。其中，协议名 http 表示信息的服务方式为使用超文本传输协议。常见的协议还有很多，如 ftp 等。

8.5.3　Internet Explorer 浏览器

浏览器是指可以显示网页服务器或者文件系统的 HTML 文件内容，并让用户与这些文件交互的一种软件。网页浏览器主要通过 HTTP 协议与网页服务器交互并获取网页，这些网页由 URL 指定，文件格式通常为 HTML。另外，许多浏览器还支持其他的 URL 类型及其相应的协议，如 FTP、Gopher 和 HTTPS。个人计算机上常见的网页浏览器包括微软的 Internet Explorer、Mozilla 的 Firefox、Apple 的 Safari、Opera、Google Chrome、360 安全浏览器、搜狗高速浏览器、傲游浏览器和百度浏览器等。在 Windows 7 中自带了 Internet Explorer 8.0 网页浏览器。

Internet Explorer 8.0（以下简称 IE8.0）是由微软公司开发的 Web 浏览器。IE8.0 的界面遵循了 Windows 7 的设计模式，比 IE 以前的版本更加美观，功能上也有很大的改进。IE8.0 的界面如图 8-25 所示。

图 8-25　Internet Explorer 8.0 界面

IE8.0 具有以下几个新特点。

（1）增强的安全和隐私

IE 8.0 通过新的安全和隐私功能使用户访问网页更加安全。Microsoft SmartScreen 筛选器可帮助防止网络钓鱼攻击、联机欺诈和欺骗网站以及发布恶意软件的网站带来的威胁。InPrivate 浏览在访问网页时不会在 Internet Explorer 中留下任何隐私信息痕迹。InPrivate 筛选有助于防止网站分享用户的浏览习惯。更高安全级别有助于防止受到黑客和 Web 攻击。Internet Explorer 的跨站点脚本（XSS）筛选器可在访问受信任的站点时帮助防止恶意网站窃取个人信息。

（2）即时搜索框

使用新的搜索菜单可以更方便地搜索网页，当在搜索框中键入内容时，该菜单会提供搜索建议、历史记录和"自动完成"功能。也可以通过单击搜索框右侧的箭头快速更改搜索提供程序，然后选择希望使用的搜索提供程序。

（3）加速器

在网页上突出显示某个字词或短语，单击"加速器"按钮，就可以立即链接到如映射、翻译或搜索等服务。还可以在单击前通过将鼠标停放在"加速器"上来预览服务。

（4）用户界面的改进

经过重新设计的界面非常简洁，可最大限度地扩大显示网页的屏幕区域，显示更多的有用信息。

（5）选项卡式浏览

选项卡式浏览是 IE 8.0 中的一项新功能，允许在单个浏览器窗口中打开多个网页。如果打开了多个选项卡，可使用"快速导航选项卡"按钮轻松地在打开的选项卡之间切换。

（6）删除浏览历史

IE 8.0 允许从某个位置删除临时文件、Cookie、网页历史记录及保存的密码等，可删除选择的类别，或者一次全部删除。

（7）收藏中心

IE 8.0 使用新的收藏中心取代了老版本 IE 的收藏菜单，它是一个弹出面板，可以被固定在浏览器左侧。通过收藏中心可以快捷地访问收藏夹、源及浏览历史记录等。

（8）打印改进

IE 8.0 选择可以自动缩放要打印的网页，以适合将要使用的纸张。打印选项还包括可调整的边距、可自定义的页面布局、可删除的页眉和页脚以及仅打印选定文本的选项。

（9）缩放改进

IE 8.0 中有许多缩放比例可以选择，还可以自定义，缩放的不仅是文章页包括图形和某些控件。

（10）更加方便地访问

"建议网站"服务可以根据浏览历史记录为用户提供可能喜欢的网站建议。

网页快讯是可在收藏夹栏中监视的网站内容，如当前气温或不断变化的拍卖价格。在更新网页快讯时，链接在收藏夹栏上将以粗体格式显示，可以单击链接来查看更新内容。

1. 浏览网页

在 Windows 7 中运行 IE 8.0，输入网站地址后就可以浏览网页了，通过 IE 8.0 的新特性可更好地畅游互联网。

（1）选项卡浏览

选项卡式浏览是 IE 8.0 中的一项新功能，该功能允许在一个浏览器窗口中打开多个页面，不管打开多少选项卡，在任务栏上都会只显示一个 IE 窗口，这不仅使整个屏幕看起来更为简洁，同时也节约了系统资源。多个网页打开后，会以选项卡按钮的形式显示在 IE 窗口的地址栏下方，如图 8-26 所示。

图 8-26　IE 8.0 的选项卡

若在同一个 IE 窗口中打开了多个选项卡，在关闭浏览器窗口时，会弹出一个对话框，如图 8-27 所示。可以选择是关闭所有选项卡，还是关闭当前选项卡（不退出 IE8.0）。如果勾选"总是关闭所有选项卡"复选框，那么，下次启动 IE 浏览器，打开了多个选项卡，在关闭浏览器窗口时，浏览器就不会再弹出提示对话框。

（2）网页缩放

在 IE 8.0 中，可以通过页面的缩放功能来改变页面的比例。IE 8.0 窗口右下角有一个"更改缩放级别"按钮，单击按钮右侧的箭头，会弹出缩放菜单，如图 8-28 所示。菜单中有几种预定义的放大和缩小比例，单击之后可以进行放大或缩小。

图 8-27　"关闭选项卡"对话框

图 8-28　页面缩放菜单

2. 使用搜索

Internet 上含有海量的信息，虽然可供查阅的资料很多，但是想要从中快速查找到所需的内容页是一个挑战。

以前如果想要在网上搜索信息，必须先运行浏览器，打开搜索引擎网站后，输入关键字进行搜索。IE 8.0 除了可以使用搜索引擎进行搜索外，还将 Bing 搜索引擎内置在浏览器中，提供了搜索功能以方便用户使用。

（1）用 IE 8.0 自带的 Bing 搜索引擎

在 IE 8.0 窗口右上角的搜索框中输入想要搜索的关键字或短语，然后回车，搜索结果就会显示在窗口中。

（2）使用其他搜索引擎

有很多专门的搜索引擎网站可以进行搜索，如百度、Google 等，这两个搜索引擎都非常简单易用，在 IE 地址栏中输入 www.baidu.com 就可以打开百度网站的首页。

百度的窗口非常简洁，默认情况下，该窗口中共有新闻、网页、贴吧、知道、MP3、图片、视频和地图这 8 个搜索类别，单击相应的超链接就进入对应的搜索目录，在搜索框输入想要搜索的关键字，单击"百度一下"按钮，搜索引擎就进行搜索并将结果显示在页面中，单击某个结果中的链接就可以查看相关的信息了。

（3）添加和切换搜索提供程序

如果使用特定的搜索提供程序没有找到希望查找的内容，则可以使用其他搜索提供程序进行搜索。IE 的搜索框允许添加其他搜索提供程序，并可在它们之间进行切换，以改善搜索结果。

单击 IE 8.0 搜索框右侧的下拉箭头，弹出的快捷菜单如图 8-29 所示。

这个菜单中有"Bing"搜索程序，如果还想添加其他的搜索引擎，可以选择"查找更多提供程序"选项，出现图 8-30 所示页面，该页面上列举了一些常见的搜索引擎。

图 8-29　切换搜索引擎

图 8-30　查找更多提供程序

单击网页上的任意按钮，出现"添加搜索提供程序"对话框。单击"添加至 Internet"即可将选中的搜索引擎添加到搜索引擎提供程序中了。

3. 使用收藏夹

IE 收藏夹中存储的是经常访问网站的链接。将网站添加到收藏夹列表后，以后若想再次访问收藏夹中的链接，只需单击收藏夹中该网站的名称即可转到该网站，而不必键入其地址。

（1）添加到收藏夹

如果想将正在查看的某个网页添加到收藏夹列表，只需单击收藏中心的"添加到收藏夹栏"按钮即可；也可以单击菜单栏中的收藏夹，选择"添加到收藏夹"菜单项，打开"添加收藏"对话框，如图 8-31 所示。

如果希望修改网页名称，则在"名称"文本框中输入网页的新名称，也可以在"创建位置"选择相应的网页收藏存储位置，然后单击"添加"按钮即可。如果想要把网页保存到一个新文件夹中，则单击"新建文件夹"按钮，在出现的"创建文件夹"对话框中输入文件夹名即可。

（2）管理收藏夹

当在收藏夹中添加了多个链接之后，收藏夹会显得有些杂乱，为了能够让收藏夹看起来更合理，就需要对收藏夹进行整理，可以为不同类别的网页创建各自的文件夹，然后将同类别的收藏内容添加到对应的文件夹中。例如，可以创建"新闻""体育""娱乐"和"下载"等收藏夹，然后将收藏的内容移动到相应的文件夹中。

在 IE 8.0 中，单击收藏中心"添加到收藏夹"按钮旁的下拉箭头，选择菜单中的"整理收藏夹"，也可以单击菜单栏中的收藏夹，选择"整理收藏夹"菜单项，都可以打开"整理收藏夹"对话框，显示收藏夹链接和文件夹列表，如图 8-32 所示。

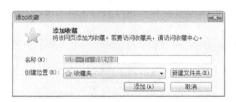

图 8-31　添加收藏

图 8-32　整理收藏夹

（3）导入或导出收藏夹

收藏夹是组织和查找经常访问网页的便捷方式，如果在多台计算机上使用 IE，可以保存一台计算机的收藏夹，然后将该列表导入到其他计算机。

● 导出收藏夹

单击窗口收藏中心的"添加到收藏夹"按钮旁的下拉箭头，在弹出的菜单中选择"导入和导出"选项，出现"导入/导出设置"对话框，如图 8-33 所示。

在这里选择"导出到文件"单选按钮，单击"下一步"按钮，在对话框中勾选要导出的内容前面的复选框，如选择导出"收藏夹"和"源"，然后单击"下一步"按钮。在弹出的对话框中，选择希望导出的收藏夹和文件夹，如果希望导出所有收藏夹，请选择顶层（收藏夹）文件夹，否则就选择单个文件夹。单击"下一步"按钮，按照向导的提示选择保存导出的"收藏夹"和"源"的保存位置，最后单击"导出"按钮，完成导出操作。

● 导入收藏夹

如果要把其他机器导出的收藏夹导入到计算机中，选择"导入收藏夹"选项，默认情况下，IE 会默认将 Document 文件夹中名为 Bookmark.htm 的文件导入，但是也可以选择其他文件夹下的文件导入收藏夹。

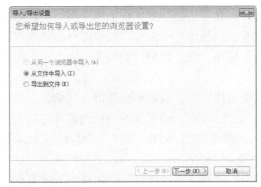

图 8-33　导出/导入收藏夹

4. 订阅 RSS

大多数人都对内容及时更新的网站感兴趣，如新闻站点、旅游站点、社区信息页面、医疗站点和网络日志网站等。但是不断检查各个网站是否有新内容是一件单调的事情，而通过 RSS 订阅可以解决这个问题。

RSS（Really Simple Syndication）也称为 RSS 源，包含了由网站发布的、经常更新的内容。它提供了一种从不同来源整合信息的便捷方法，这些来源包括新闻、网站更新等。

（1）订阅 RSS

由于 IE 8.0 集成了对 RSS 的支持，因此可以方便地在浏览器中直接发现、订阅以及阅读 RSS。如果在访问网站时发现 IE 8.0 工具栏上的订阅按钮变为橙黄色，就表示当前查看的网页提供了订阅 RSS 的服务，并且是 IE 8.0 支持的格式。

单击工具栏上的订阅按钮，IE 8.0 会在浏览器窗口中显示该源内容的简介，如图 8-34 所示。

图 8-34　RSS 源

在此窗口中可以查看源的内容，并且判断值不值得订阅。如果觉得值得订阅，就单击页面顶端的"订阅该源"超链接，随后会出现"订阅该源"对话框，如图 8-35 所示。单击"订阅"按钮，这个源就被订阅了。

（2）查看订阅的源

源的查看方式和查看"收藏中心"中保存的网页类似。若要查看源，需要单击"收藏夹"按钮，打开"收藏中心"面板，接下来单击"源"选项卡，就可以打开如图 8-36 所示的源面板。

把鼠标指针指向一个源，如指向"新闻要闻-新浪新闻"源，在提示信息上可以看到这个源的上次更新时间以及是否有未读的内容。单击源，就可以在 IE 窗口中查看源的完整信息了。

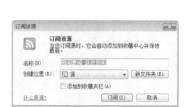

图 8-35　"订阅该源"对话框

图 8-36　源

8.6　电子邮件

8.6.1　电子邮件的功能和特点

电子邮件（Electronic Mail，E-mail）是 Internet 上使用最多的、应用最广的服务之一，它利用 Internet 传递和存储电子信函、文件、数字传真、图像和数字化语言等各种类型的信息。

电子邮件最大的特点是解决了传统邮件时空的限制，人们可以在任何地方，任意时间收、发信件，并且速度快，大大提高了工作效率，为办公自动化、商业活动提供了很大便利。

8.6.2　电子邮件的工作原理

1. 电子邮件使用的协议

传送电子邮件使用的协议有 SMTP（Simple Mail Transport Protocol）、POP（Post Office Protocol）及 MIME（Multipurpose Internet Mail Extensions）等。

SMTP 协议是最早出现的、目前被普遍使用的 Internet 邮件服务协议，也是 TCP/IP 协议族的成员之一。SMTP 通常用于把电子邮件从客户机传输到服务器，以及从某个服务器传输到另一个服务器。SMTP 的缺点是两端的系统必须正常工作，方可传递成功。一方的计算机一旦关闭，就会产生错误。为了避免这种情况，可将信件存储于邮件服务器上。要将信件从邮件服务器上取回，就要借助于 POP 协议了。

POP 协议是一种允许用户从邮件服务器接收邮件的协议。有两种版本即 POP2 和 POP3，两者的协议与指令并不相容，但基本功能都是到邮件服务器上去取信，都具有简单的电子邮件存储转发功能。POP3 是目前最常用的协议。

MIME 不是用来取代现有的邮件系统的。由于 SMTP 协议只定义了通过 Internet 传输普通正文文本（ASCII 文本）的标准，要传输诸如图像、声音和视频等非文本信息，就需另行制定标准。作为对 SMTP 协议的扩充，MIME 规定了通过 SMTP 协议传输非文件电子邮件的附件的标准。目前 MIME 的用途已超越了收发电子邮件的范围，成为在 Internet 上传输多媒体信息的基本协议之一。

2. 电子邮件工作原理

电子邮件服务是通过"存储-转发"方式为用户传递邮件的。电子邮件系统的工作原理如图 8-37 所示。

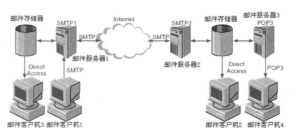

图 8-37　电子邮件工作原理

电子邮件系统是 Internet 上一种典型的客户机/服务器系统。这个系统主要包括电子邮件客户机、电子邮件服务器以及支持 Internet 上电子邮件服务的各种服务协议。

（1）电子邮件客户机

Internet 上的电子邮件客户机是 E-mail 使用者用来收发、浏览存放在邮件服务器上的电子邮件的工具。在电子邮件客户机上运行着的电子邮件客户软件可以帮助用户撰写合法的电子邮件，并将用户写好的电子邮件发送给相应的邮件服务器；协助用户在线阅读或下载、脱机阅读存储在邮件服务器上的用户邮箱内的电子邮件。电子邮件客户软件具有以下特点。

① 能够为用户提供便于使用的邮件撰写工具。

② 可以将文本、图像、图表、声音及其他形式的文件作为附件与邮件一同发送，能够正确地将邮件发送给邮件服务器。

③ 可以正确地识别从邮件服务器发送来的电子邮件，允许用户方便地"回复"信件或向其他用户"转发"邮件。

（2）邮件服务器

邮件服务器的作用相当于日常生活中的邮局，也就是在 Internet 上充当"邮局"的计算机，在邮件服务器上运行着邮件服务器软件。用户使用的电子邮箱建立在邮件服务器上，借助它提供的邮件发送、接收和转发等服务，用户的信件通过 Internet 被送到目的地。邮件服务器的功能主要如下。

① 对有访问本邮件服务器电子邮箱要求的用户进行身份安全检查。

② 接收本邮件服务器用户发送的邮件，并根据邮件的地址转发给适当的邮件服务器。

③ 接收其他邮件服务器来的电子邮件，检查电子邮件地址的用户名，把邮件发送到指定的用户邮箱。

④ 对因某种原因不能发送/转发的邮件，附上出错的原因，退还给发信用户。

⑤ 允许用户将存储在邮件服务器用户邮箱中的信件下载到自己的计算机上。

在 Internet 上的电子邮件服务系统中，各种服务协议在电子邮件客户机和邮件服务器间架起了一座桥梁，使得电子邮件系统得以正常运行。

8.6.3　电子邮件地址的格式

使用电子邮件的首要条件是要拥有一个电子信箱。电子邮箱是由提供电子服务的机构为用户建立的。邮箱实际上是在该机构与 Internet 联网的计算机上的一块磁盘存储区域，专为用户存放往来电子邮件。这个区域是由电子邮件系统操作管理的。

电子邮件信箱地址是由一个字符串组成的。格式为：username@hostname。其中，username 是邮箱用户名，hostname 是邮件服务器名，@符号表示"at"。显然，邮箱地址的含义为在某台主机上的某用户。如 tsulb@163.com，用户名是 tsulb，邮件服务器是 163.com。

8.6.4　免费电子邮箱

目前，收发和管理 E-mail 最常用的是 Web 方式。所谓 Web 方式是指在 Windows 环境中使用 WWW 浏览器访问电子邮件服务的一种方式。在电子邮件系统页面上，输入用户的用户名和密码，进入用户的电子邮件信箱，然后处理用户的电子邮件。

目前许多网站都提供免费的邮件服务功能，用户可以通过这些网站收发电子邮件。免费电子邮箱服务大多在 Web 站点的主页上提供，申请者可以在此登录有关信息申请信箱地址，包括用户名、密码等个人信息，各网站的申请方法大同小异。

要收发信件，除了可以登录到该网站直接进行外，用户也可以用通用的 E-mail 软件（如 Foxmail），根据邮件提供商提供的参数设置好收发邮件服务器，就可以在本机上直接收发信件。

1．申请电子邮箱

以申请"网易"上的电子邮件服务为例。

启动 IE，在地址栏中输入"网易"的网址：http://www.163.com，打开网页，如图 8-38 所示。

图 8-38　网易主页

单击"注册免费邮箱"，进入下一页面，按屏幕提示填写相关信息，完成邮件地址申请工作。例如申请一个邮箱：tsustudent @163.com。

2．使用免费信箱

打开网易主页，打开图 8-38 所示的免费邮箱链接，分别在"用户名"和"密码"输入框中输入申请时设置的用户名和密码，单击"登录"按钮，进入网易电子邮件服务页面，如图 8-39 所示。

在收件箱中存放着已经收到的电子邮件，单击可以查看；单击"写信"按钮可以书写邮件，利用"通讯簿"可以进行电子邮件地址的管理。

除了使用 Web 方式收发电子邮件外，还可以使用一些收发电子邮件的专用应用程序。电子邮件应用程序很多，国内较流行的有 Foxmail 等，Foxmail 的界面如图 8-40 所示。

<table>
<tr><td>图 8-39 网易电子邮箱主界面</td><td>图 8-40 Foxmail 主界面</td></tr>
</table>

8.7　其他 Internet 服务

8.7.1　文件传输

1. FTP 简介

文件传输是指计算机网络上主机之间传送文件，它是在网络通讯协议 FTP（File Transfer Protocol）的支持下进行的。用户一般不希望在远程联机情况下浏览存放在计算机上的文件，更乐意先将这些文件取回到自己的计算机中，这样不但能节省时间和费用，还可以从容地阅读和处理这些取来的文件。Internet 提供的文件服务 FTP 正好能满足用户的这一需求。Internet 网上的两台计算机在地理位置上无论相距多远，只要两者都支持 FTP 协议，网上的用户就能将一台计算机上的文件传送到另一台。

FTP 与 Telnet 类似，也是一种实时的联机服务。使用 FTP 服务，用户首先要登录到对方的计算机上，与远程登录不同的是，用户只能进行与文件搜索和文件传送等有关的操作。使用 FTP 可以传送任何类型的文件，如正文文件、二进制文件、图像文件、声音文件和数据压缩文件等。

普通的 FTP 服务要求用户在登录到远程计算机时提供相应的用户名和口令。许多信息服务机构为了方便用户通过网络获取其发布的信息，提供了一种称为匿名 FTP 的服务（Anonymous FTP）。用户在登录到这种 FTP 服务器时无需事先注册或建立用户名与口令，而是以 Anonymous 作为用户名，一般用自己的电子邮件地址作为口令。匿名 FTP 是重要的 Internet 服务之一。许多匿名 FTP 服务器上都有免费的软件、电子杂志、技术文档及科学数据等供人们使用。匿名 FTP 对用户使用权限有一定限制：通常仅允许用户获取文件，而不允许用户修改现有文件或向它传送文件；另外，对于用户可以获取的文件范围也有一定限制。

2. 使用 FTP 客户端程序

FTP 客户端软件有很多种，界面与操作虽有所不同，但作用是一致的，即连接到 FTP 服务器上实现文件传输；例如非常流行的 CuteFTP，是一个基于 Windows 的应用程序，提供了一个对用户友好的图形化的界面。

3．直接在 WWW 浏览器上使用 FTP

这种方式使得 FTP 的访问如同访问网站一样简单，所以很多人选择使用浏览器来进行 FTP 文件传输。在浏览器上进行 FTP 文件传输时，用户只要在地址栏的协议部分输入 "ftp://" 而不是 "http://"，便可以访问一个 FTP 网站。FTP 网站的地址类似于万维网的地址，如 http://www.tsinghua. edu.cn 是个 WWW 网站，而 ftp://ftp.tsinghua.edu.cn 则是一个 FTP 网站。

8.7.2　远程登录

1．Telnet 简介

远程登录（Remote Login）是 Internet 提供的最早的、最基本的信息服务之一，远程登录是在网络通讯协议 Telnet 的支持下使本地计算机暂时成为远程计算机仿真终端的过程。在远程计算机上登录，必须事先成为该计算机系统的合法用户并拥有相应的账号和口令。登录时要给出远程计算机的域名或 IP 地址，并按照系统提示，输入用户名及口令。登录成功后，用户便可以实时使用该系统对外开放的功能和资源，例如：共享它的软硬件资源和数据库，使用其提供的 Internet 的信息服务，如：E-mail、FTP、Archie、Gopher、WWW 和 WAIS 等。通常情况下，我们将用户的计算机称为本地机，而将另外的那台称为远程主机。

Telnet 是一个强有力的资源共享工具。许多大学图书馆都通过 Telnet 对外提供联机检索服务，一些政府部门、研究机构也将它们的数据库对外开放，使用户通过 Telnet 进行查询。

2．Telnet 工作原理

当你用 Telnet 登录进入远程计算机系统时，事实上启动了两个程序，一个叫 Telnet 客户程序，它运行在你的本地机上，另一个叫 Telnet 服务器程序，它运行在你登录的远程计算机上，本地机上的客户程序要完成以下功能：

- 建立与服务器的 TCP 连接；
- 从键盘上接受你输入的字符；
- 把你输入的字符串变成标准格式并送给远程服务器；
- 从远程服务器接受输出的信息；
- 把该信息显示在你的屏幕上。

远程计算机的"服务"程序运行在远程计算机上，完成以下功能：

- 通知你的计算机，远程计算机已经准备好了；
- 等候你输入命令；
- 对你的命令做出反应（如显示目录内容，或执行某个程序等）；
- 把执行命令的结果送回给你的计算机；
- 重新等候你的命令。

8.7.3　网络新闻组

网络新闻（Network News，Usenet）。它是具有共同爱好的 Internet 用户相互交换意见的一种无形的用户交流网络，它相当于一个全球范围的电子公告牌系统。

网络新闻是按不同的专题组织的。志趣相同的用户借助网络上一些被称为新闻服务器的计算机开展各种类型的专题讨论。只要用户的计算机运行一种称为"新闻阅读器"的软件，就可以通过 Internet 随时阅读新闻服务器提供的分门别类的消息，并可以将你的见解提供给新闻服务器以便作为一条消息发送出去。

网络新闻是按专题分类的，每一类为一个分组。目前有八个大的专题组：计算机科学、网络新闻、娱乐、科技、社会科学、专题辩论、杂类及候补组。而每一个专题组又分为若干子专题，子专题下还可以有更小的子专题。到目前为止已有 15000 多个新闻组，每天发表的文章已超过几百兆字节。故很多站点由于存储空间和信息流量的限制，对新闻组不得不限制接收。一个用户所能读到的新闻的专题种类取决于用户访问的新闻服务器。每个新闻服务器在收集和发布网络消息时都是"各自为政"的。

8.7.4　名址服务

名址服务又称名录服务，是 Internet 网上根据用户的某些信息反查找到另一些信息的一种公共查询服务。

通过 Internet 传递电子邮件的前提是必须知道收信人的邮箱地址。当不知道对方的电子邮箱地址时，可以通过 Internet 网中的一些称为名址服务器的计算机进行查询。Internet 电子邮箱的名址服务上也被称为白页（White Pages）服务。

目前还不存在一个统一编写的、包含所有 Internet 用户电子邮箱地址的白页数据库。Internet 网中的名址服务器是"各司其域"的，从高层次的网络管理中心提供的名址服务器中可以查到它下一级的主要用户和计算机的名址记录。对要查询的用户的情况了解得越多，就越容易选准相应的名址服务器查出结果。

常见的 Internet 名址服务有以下几类。

（1）Finger

用来查询在某台 Internet 主机上已注册的用户的详细信息。

（2）Whois

Whois 名址服务器保存着有关人员的名址录（E-mail 地址、通信地址、电话号码），通过它还可以查找网点、联网单位、域名及站点信息。

许多网点、大学、科研机构大多都用 Whois 服务器提供有关人员的名录查询信息服务。

（3）X.500

X.500 是国标化标准组织 ISO 制定的目录服务标准，旨意为网络用户提供分布式的名录服务。目前尚未得到广泛应用。

（4）Netfind

Netfind 是一基于动态查询的 Internet 白页目录服务。

8.7.5　文档查询索引服务

1. Archie

Archie 是文档搜索系统，检索匿名 FTP 资源的工具。

Archie 是 Internet 上用来查找其标题满足特定条件的所有文档的自动搜索服务的工具。为了从匿名 FTP 服务器上下载一个文件，必须知道这个文件的所在地，即必须知道这个匿名 FTP 服务器的地址及文件所在的目录名。Archie 就是帮助用户在遍及全世界的千余个 FTP 服务器中寻找文件的工具。Archie Server 又被称作文档查询服务器。用户只要给出所要查找文件的全名或部分名字，文档查询服务器就会指出在哪些 FTP 服务器上存放着这样的文件。使用 Archie 进行查询的前提是：要查找的文件名或部分文件名，知道某个或几个 Archie 服务器的地址。

2. WAIS

WAIS（Wide Area Information Service，广域信息服务）是一种数据库索引查询服务。Archie 所处理的是文件名，不涉及文件的内容；而 WAIS 则是通过文件内容（而不是文件名）进行查询。因此，如果打算寻找包含在某个或某些文件中的信息，WAIS 便是一个较好的选择。WAIS 是一种分布式文本搜索系统，它基于 Z39.50 标准。用户通过给定索引关键词查询到所需的文本信息，如文章或图书等。

8.7.6　信息浏览服务

Gopher 是基于菜单驱动的 Internet 信息查询工具。Gopher 的菜单项可以是一个文件或一个目录，分别标以相应的标记。是目录则可以继续跟踪进入下一级菜单；是文件则可以用多种方式获取，如邮寄、存储和打印等。在一级一级的菜单指引下，用户通过选取自己感兴趣的信息资源，对 Internet 网上远程联机信息系统进行实时访问，这对于不熟悉网络资源、网络地址和网络查询命令的用户是十分方便的。

Gopher 内部集成了 Telnet、FTP 等工具，可以直接取出文件，而无需知道文件所在及文件获取工具等细节，Gopher 是一个深受用户欢迎的 Internet 信息查询工具。通过 Gopher 可以进行文本文件信息查询、电话簿查询、多媒体信息查询和专有格式的文件查询等。

8.7.7　其他信息服务

1. Talk

与日常生活中使用的电话相似，Talk 在 Internet 上为用户提供一种以计算机网络为媒介的实时对话服务。使用 Talk，可以与一个千里之遥的 Internet 用户进行"面对面"的文字对话。

2. IRC

IRC 是 Internet Relay Chat 的英文缩写，中文一般称为互联网中继聊天。它是由芬兰人 Jarkko Oikarinen 于 1988 年首创的一种网络聊天协议。它同 Talk 一样，通过终端和键盘，帮助用户与世界各地的朋友进行交谈、互通消息、讨论问题和交流思想。所不同的是 Talk 只允许一对一的俩人谈话，而 IRC 允许多人进行对话。

3. MUD

MUD 被称为多用户层面（Multiple User Dimension），也被称为多用户地牢（Multiple User Dungeon），或者多用户对话（Multiple User Dialogue）。它还被称为多用户模拟的环境（Multiple User Simulated Enviroment，MUSE），是很多用户参与活动的一种计算机程序。同时在游戏内，MUD 也作为专业术语出现。

第9章
网络信息安全

信息作为一种资源，它的普遍性、共享性、增值性、可处理性和多效用性，使其对于人类具有特别重要的意义。信息安全的实质就是要保护信息系统或信息网络中的信息资源免受各种类型的威胁、干扰和破坏，即保证信息的安全性。进入 21 世纪，计算机网络彻底改变了人们工作、生活的方式，但同时其安全问题也日渐突出，已经威胁到国家政治、经济、军事、文化和意识形态等领域。计算机网络信息安全技术涉及到物理环境、硬件、软件、数据、传输和体系结构等各个方面，包括计算机安全、通信安全、操作安全、访问控制、实体安全、电磁安全、系统平台与网络站点的安全，以及安全管理和法律制裁等诸多内容，并形成了独立的学科体系。

2014 年 2 月 27 日，以习近平同志为组长的中央网络安全和信息化领导小组成立。该领导小组将着眼国家安全和长远发展，统筹协调涉及经济、政治、文化、社会及军事等各个领域的网络安全和信息化重大问题，研究制定网络安全和信息化发展战略、宏观规划和重大政策，推动国家网络安全和信息化法治建设，不断增强安全保障能力。

这个事件也意味着，网络信息安全问题已经提到了国家战略高度，当代大学生应该了解和学习网络信息安全相关常识，提高网络安全意识。

9.1 网络信息安全概述

资源共享和信息安全历来是一对矛盾，在计算机网络上也是这样：一方面，计算机网络分布范围广，采用了开放式体系结构，提供了资源的共享性，提高了系统的可靠性，通过网络人们可以协同工作，提高了工作效率；另一方面，也正是这些特点增加了网络信息安全的脆弱性和复杂性。网络上的敏感信息和保密数据受到各种各样的、被动的人为攻击，如信息泄露、信息窃取、数据篡改、数据增删及计算机病毒感染等。随着计算机资源共享的加强，网络信息安全问题也日益突出。

9.1.1 网络信息安全的特征

网络信息安全是一门涉及计算机科学、网络技术、通信技术、密码技术、应用数学、数论和信息论等多种学科的综合性学科。国际标准化组织已明确将信息安全定义为"信息的完整性、可用性、保密性和可靠性"。

安全，通常是指这样一种机制：只有被授权的人才能使用其相应的资源。网络信息安全主要是指保护网络信息系统，使其不会被非法阅读、修改和泄露。从技术角度来讲，网络信息安全的主要技术特征表现在系统的可靠性、可用性、保密性、完整性、确认性和可控性等方面。

1. 可靠性

可靠性是指网络信息系统能够在规定条件下和规定时间内完成规定功能的特性。可靠性是系统安全的最基本要求之一，是所有网络信息系统建设和运行的目标。

2. 可用性

可用性是网络信息可被授权实体访问并按需使用的特性。可用性一般用系统正常使用时间和整个工作时间之比来度量。

3. 保密性

保密性是指网络信息不被泄露给未授权的个人或实体，信息只供授权用户使用的特性。保密性是建立在可靠性和可用性基础之上的保障网络信息安全的重要手段。

4. 完整性

完整性是指网络信息在存储或传输过程中保持不被偶然或蓄意地删除、修改、伪造、乱序、重放、插入等破坏和丢失的特性。完整性是一种面向信息的安全性，它要求保证信息的初始状态，即信息的正确生成、存储和传输。

5. 确认性

确认性是指网络信息系统的信息交互过程中，所有参与者都不能否认和抵赖曾经完成的操作和承诺。通常可利用信息源证据来防止发送方否认发送的信息；利用信息递交接收证据可防止接收方否认收到的信息。

6. 可控性

可控性是指网络信息的传播及内容具有控制能力的特性。

总之，网络信息安全技术的核心是指致力于解决诸如如何有效进行介入控制，以及如何保证数据传输的安全性的技术手段，主要包括物理安全分析技术、网络结构安全分析技术、系统安全分析技术、管理安全分析技术，及其他的安全服务和安全机制策略。其最终目的是保证公用网络信息系统中传输、交换和存储消息的可靠性、可用性、保密性、完整性、确认性和可控性等。

9.1.2　当前网络信息安全面临的威胁

网络信息安全所面临的威胁来自于很多方面。这些威胁大致可分为自然威胁和人为威胁。自然威胁指那些来自于自然灾害、恶劣的场地环境、电磁辐射和电磁干扰、网络设备自然老化等的威胁。自然威胁往往带有不可抗拒性，因此这里主要讨论人为威胁。

1. 人为攻击

人为攻击是指通过攻击系统的弱点，以便达到破坏、欺骗和窃取数据等目的，使得网络信息的保密性、完整性、可靠性、可控性和可用性等受到伤害，造成经济上和政治上不可估计的损失。人为攻击又分为偶然事故和恶意攻击两种。

偶然事故虽然没有明显的恶意企图和目的，但它仍会使信息受到严重破坏。

恶意攻击是有目的的破坏。恶意攻击又分为被动攻击和主动攻击两种。被动攻击是指通过网络窃听，截取数据包进行分析，从中窃取重要的敏感数据，被动攻击不以破坏被攻击者的正常使用为目的，所以很难被发现，所以预防很重要，防止被动攻击的主要手段是数据加密。主动攻击是指以各种方式有选择地破坏信息，如修改、删除、伪造、添加、重放、乱序、冒充和制造病毒等。字典式口令猜测、IP 地址欺骗和拒绝服务攻击都属于主动攻击。一个好的身份认证系统可以用于防范主动攻击，但要想杜绝很困难，因此对付主动攻击的另一措施是及时发现并阻断以及迅速恢复所造成的破坏，可通过实时攻击检测工具和数据恢复手段完成。

2. 安全缺陷

如果网络信息系统本身没有任何安全缺陷，那么人为攻击者即使本事再大也不会对网络信息安全构成威胁。但是，遗憾的是现在所有的网络信息系统都不可避免地存在着一些安全缺陷。有些安全缺陷可以通过努力加以避免或者改进，但有些安全缺陷是各种折衷必须付出的代价。其具体体现有三个方面。

（1）操作系统的安全脆弱性：操作系统是代表计算机软件的最高水平，但只要是人的作品，就难免存在漏洞，所以操作系统不安全是计算机不安全的根本原因。

（2）网络系统的安全脆弱性：一方面，网络协议存在一些不安全因素和漏洞，TCP/IP 通信协议在设计初期并没有考虑安全的问题，用户和网络管理员没有足够的精力专注于网络安全控制，操作系统和应用程序越来越复杂，开发人员不可能测试出所有的安全漏洞，因此连接到网络的计算机系统可能受到外界的恶意攻击和窃取。另一方面计算机硬件系统也会存在老化、故障乃至电磁电压波动和干扰的影响。另外，软件本身的"后门"和漏洞。

由于软件程序的复杂性和编程的多样性，在网络信息系统的软件中很容易有意或无意地留下一些不易被发现的安全漏洞。后门是在程序开发时插入的一小段程序，目的可能是测试这个模块，或者为了连接将来的更改和升级程序，也可能是为了将来发生故障后，为程序员提供方便。通常应在程序开发后期去掉这些后门，但由于各种原因，后门可能被保留，一旦被利用将会带来严重的后果。

软件市场良莠不齐，而编写过程中又难以避免缺陷和漏洞，所以这些薄弱环节就成了攻击的首选目标。

（3）数据库系统的安全漏洞：在信息社会中，大量信息存储在各种各样数据库中，数据库系统的安全也是重中之重，数据库管理系统的安全必须与操作系统配套，而且纯粹明文存储也存在极大隐患。因此，必要时应该对存储数据进行加密保护。

3. 结构隐患

结构隐患一般指网络拓扑结构的隐患和网络硬件的安全缺陷。

常见的网络拓扑结构有总线型结构、星型结构、环型结构及网状结构和树状结构等。每种网络拓扑结构都有自己的优缺点，网络的拓扑结构本身就有可能给网络的安全带来问题。

作为网络信息系统的躯体，网络硬件的安全隐患也是网络安全隐患的重要方面。

对于我国而言，由于我国是一个发展中国家，网络信息安全系统除了具有上述普遍存在的安全缺陷之外，还存在因软、硬件核心技术掌握在别人手中而造成的技术被动等方面的安全隐患。

9.1.3 计算机犯罪

什么是计算机犯罪，理论界众说纷纭。公安部计算机管理监察司给出的定义是：所谓计算机犯罪，就是在信息活动领域中，利用计算机信息系统或计算机信息知识作为手段，或者针对计算机信息系统，对国家、团体或个人造成危害，依据法律规定，应当予以刑法处罚的行为。

1. 计算机犯罪的特点

（1）智能化：计算机犯罪的主体多为具有计算机专业知识的技术熟练的人，他们犯罪的破坏性要比一般人的破坏性要大得多。

（2）犯罪目的多样化：计算机犯罪的作案动机多种多样，犯罪目的不一而足。

（3）隐蔽性：由于网络的不确定性、开放性和跨地域性等特点，使得犯罪分子的犯罪行为难以被发现和识别，增加了计算机犯罪的破案难度。

（4）犯罪分子低龄化：计算机犯罪的作案人员年龄普遍较低。

（5）复杂性：计算机犯罪的复杂性主要表现为：第一，犯罪主体的复杂性。任何罪犯只要通过一台联网的计算机便可以在计算机的终端与整个网络合成一体，调阅、下载和发布各种信息，实施犯罪行为。而且由于网络的跨国性，罪犯完全可来自各个不同的民族、国家、地区，网络的"时空压缩性"的特点为犯罪集团或共同犯罪有提供了极大的便利。第二，犯罪对象的复杂性。计算机犯罪就是利用网络所实施的侵害计算机信息系统和其他严重危害社会的行为。其犯罪对象随着实施攻击的不同目的，也是越来越复杂和多样。

（6）巨大的社会危害性：网络的普及程度越高，计算机犯罪的危害也就越大，而且计算机犯罪的危害性远非一般传统犯罪所能比拟，不仅会造成财产损失，而且可能危及公共安全和国家安全。据美国联邦调查局统计测算，一起刑事案件的平均损失仅为 2000 美元，同时，根据赛门铁克公司公布的数据，全球由于计算机犯罪，包括恶意软件攻击和仿冒网站，仅在 2011 年 7 月到 2012 年 7 月间，共计损失 1100 亿美元。而在中国互联网协会发布的《中国网民权益保护调查报告 2016》中显示，2015 年仅仅因网民权益被侵犯而造成的经济损失达 915 亿元。信息安全机构 Ponemon 发布的《2015 年网络犯罪损失报告》称，2015 年美国平均每家企业因网络犯罪损失已达到 1540 万美元。

2. 计算机犯罪的手段

计算机犯罪的技术手段多种多样，其主要手段可列举如下。

（1）意大利香肠术：这种计算机犯罪是采用他人不易觉察的手段，使对方自动做出一连串的细小让步，最后达到犯罪的目的。如美国的一个银行职员在处理数百万份客户的存取账目时，每次结算都截留一个四舍五入的利息尾数零头，然后将这笔钱转到一个虚设的账号上，经过日积月累，积少成多，盗窃了一大笔款项。这种截留是通过计算机程序控制自动进行的。

（2）数据泄露：这是一种有意转移或窃取数据的手段。如有的作案者将一些关键数据混杂在一般性的报表之中，然后再予以提取。有的计算机间谍在计算机系统的中央处理器上安装微型无线电发射机，将计算机处理的内容传送给几公里之外的接收机。如计算机和通信设备辐射出的电磁波信号可以被专用设备接收用于犯罪。

（3）数据欺骗：是指据数据篡改、增加或删除，造成数据破坏，或者以伪造数据达到犯罪目的。

（4）电子嗅探：电子嗅探器是用来截获和收藏在网络上传输的信息的软件或硬件。它可以截获的不仅是用户的账号和口令，还可以截获敏感的经济数据（如信用卡号）、秘密信息（如电子邮件）和专有信息并可以攻击相邻的网络。需要注意的是，电子嗅探器就像专用间谍器材一样，个人是不允许买卖、持有和使用的，但是公安机关、国家安全机关可以用此来侦破案件或获取情报，但也经常会有黑客用来进行攻击前的准备。

（5）社交方法：这是一种利用社交技巧来骗取合法用户的信任，以获得非法入侵系统所需的口令或权限的方法。

（6）对程序、数据及系统设备的物理损坏：程序、数据及系统设备的存放、运行需要特定的环境，环境达不到要求或改变环境条件，程序、数据及系统设备就有可能物理损坏，而且这种损坏是不可恢复的。如可以利用磁铁消掉磁介质信息，可以在计算机电路间插进金属片造成计算机短路，水、火、静电和一些化学药品都能在短时间内损坏数百万美元的硬件和软件。

（7）特洛伊木马：它是在一个计算机程序中隐藏作案所需的计算机指令，使计算机在仍能完成原有任务的前提下，执行非授权的功能。特洛伊木马程序和计算机病毒不同，它不依附于任何载体而独立存在，而病毒则须依附于其他载体而存在并且具有传染性。同时，特洛伊木马往往不以破坏计算机的功能为目的，其主要目标为获得计算机的完全控制权。

（8）电子欺骗技术：它是一种利用目标网络的信任关系，即计算机之间的相互信任关系来获取计算机系统非授权访问的一种方法。如 IP 地址电子欺骗，就是伪造他人的源 IP 地址，其实质就是让一台机器来扮演另一台机器，借以达到蒙混过关的目的。

（9）口令破解程序：它是可以解开或者屏蔽口令保护的程序。几乎所有多用户系统都是利用口令来防止非法登录的，而口令破解程序经常利用有问题而缺乏保护的口令进行攻击。

（10）搭线窃听：从系统通信线路上截取信息，分析提取有用数据。

（11）废品利用：从废弃资料、磁带和磁盘中提取有用的信息或可供进一步进行犯罪活动的密码等。

（12）电磁辐射：一方面用必要的接收设备接收计算机设备和通信线路辐射出来的信息；另一方面，可以用相当功率的电磁发射设备干扰计算机网络的正常使用。

（13）计算机病毒：它是指编制或在计算机程序中插入的破坏计算机功能或者毁坏数据，影响计算机使用并能自我复制的一组指令或程序代码。它具有感染性、潜伏性、可触发性和破坏性。

9.1.4 黑客

1. 黑客的定义

黑客（hacker）源于英语动词 hack，意为"劈，砍"，在信息安全范畴内特指对计算机系统的非法侵入者。最初的黑客一般都是一些高级技术人员，执着于挑战，崇尚自由并主张信息共享。目前黑客已成为一个广泛的社会群体，黑客们公开在 Internet 上提出所谓的"黑客宣言"。从某种程度上说，黑客一词不具备褒贬含义。很多黑客能使更多的网络趋于完善和安全，他们以保护网络为目的，而以非授权侵入为手段找出网络漏洞。

20 世纪 90 年代以后，因特网与人们生活的关系日益密切，以破坏计算机或者入侵他人隐私为目的的黑客逐渐增加，为示区别，把这些人称为 cracker，但很多时候也被译为"骇客"，逐渐与黑客混为一谈。

2. 黑客的攻击手段

黑客攻击的方式种类繁多，计算机网络系统对绝大部分黑客攻击手段已经有相应的解决方法，这些攻击大概可以划分为以下六类。

（1）拒绝服务攻击：一般情况下，拒绝服务攻击是通过使被攻击对象（通常是工作站或重要服务器）的系统关键资源过载，从而使被攻击对象停止部分或全部服务。目前已知的拒绝服务攻击就有几百种，它是最基本的入侵攻击手段，也是最难对付的入侵攻击之一，典型案例有 SYN Flood 攻击、Ping Flood 攻击、Land 攻击和 WinNuke 攻击等。

（2）非授权访问尝试：是攻击者对被保护文件进行读、写或执行的尝试，也包括为获得被保护访问权限所做的尝试。

（3）预探测攻击：在连续的非授权访问尝试过程中，攻击者为了获得网络内部的信息及网络周围的信息，通常使用这种攻击尝试，典型示例包括 SATAN 扫描、端口扫描和 IP 半途扫描等。

（4）可疑活动：是通常定义的"标准"网络通信范畴之外的活动，也可以指网络上不希望有的活动，如 IP Unknown Protocol 和 Duplicate IP Address 事件等。

（5）协议解码：协议解码可用于以上任何一种非期望的方法中，网络或安全管理员需要进行解码工作，并获得相应的结果，解码后的协议信息可能表明期望的活动，如 FTU User 和 Port Mapper Proxy 等解码方式。

（6）系统代理攻击：这种攻击通常是针对单个主机发起的，而并非整个网络，通过 Real Secure 系统代理可以对它们进行监视。

3.　黑客的表现形式

（1）恶作剧型：喜欢进入他人网址，以删除某些文字或图像、篡改网址主页信息来显示自己高超技能，自娱或娱人，或者进入他人网址内，将其主页内商品资料内容、价格做降价等大幅度修改，使消费者以为该公司的商品价格廉价而大量订购，从而导致纠纷，扰乱电子商务秩序。

（2）隐蔽性攻击型：隐蔽在暗处以匿名身份对网络发动攻击型行为，往往不易被人识破，或者干脆冒充网络合法用户，侵入网络"行黑"，该种行为由于是在暗处实施的主动攻击型行为，因此对社会危害极大。

（3）定时炸弹型：指的就是网络内部人员的非法行为，他们在实施时故意在网络上布下陷阱或故意在网络维护软件内安插逻辑炸弹或后门程序，在特定的时间或特定条件下，引发一系列具有连锁反应性质的破坏行动，或干扰网络正常运行致使网络完全瘫痪。

（4）制造矛盾型：非法进入他人网络，修改其电子邮件的内容或厂商签约日期，进而破坏甲乙双方交易，并借此方式了解双方商谈的报价价格，乘机介入其商品竞争。有些黑客还利用政府上网的机会，修改公众信息，造成社会矛盾和动乱，严重者可颠覆国家和军队。

（5）职业杀手型：此种黑客以职业杀手著称，经常以监控方式将他人网址内由国外传来的资料迅速删除，使得原网址使用公司无法得知国外最新资料或定单，亦或者将计算机病毒植入他人网络内，使其网络无法正常运行。

（6）业余爱好者：计算机爱好者受到好奇心驱使，往往在技术上追求精益求精，丝毫未感自己的行为对他人造成影响，属于无意性攻击型行为。这种人可以帮助某些内部网堵塞和防止损失扩大。有些爱好者还能够帮助政府部门修正网络错误。因此，这类黑客的出现并非是坏事，至少他们的本意无反社会的色彩，只是受到好奇心驱使而已。

4.　防御黑客入侵的方法

（1）实体安全的防范

中控机房、超算中心、网络服务器、线路和终端的安全隐患都是计算机犯罪的重要目标。那么，加强对于实体安全的检查和监护是用户网络维护的首要和必备措施。除了做好环境的安全保卫工作以外，更重要的是对系统进行全天候的动态监控。

（2）基础安全防范

用授权认证的方法防止黑客和非法使用者进入网络并访问信息资源，为特许用户提供符合身份的访问权限并且有效地控制这种权限。

（3）内部安全防范机制

主要是预防和制止内部信息资源或数据的泄露，防止敌人从内部把"堡垒"攻破。该机制的作用有：保护用户信息资源的安全；防止和预防内部人员的越权访问；对网内所有级别的用户实时检测并监督用户，全天候动态检测和报警功能；提供详尽的访问审计功能。

9.1.5　增强信息安全意识

在以互联网为代表的信息网络技术迅猛发展的同时，人们的安全意识却相对淡薄，同时信息网络安全管理体制尚不完善，导致近几年在我国由计算机犯罪造成的损害飞速增长，因此，加强信息安全管理，提高全民的信息安全意识刻不容缓。

1. 建立对信息安全的正确认识

当今，信息产业规模越来越大，网络基础设施越来越深入到社会的各个方面、各个领域，信息技术及应用已成为我们工作、生活、学习、政府管理、企业运营及其他各个方面必不可少关键的组件乃至基础，信息安全的重要性也日益突出，这关系到企业、政府的业务能否持续、稳定地运行，关系到个人安全的保证，也关系到我们国家安全。所以信息安全是我们国家信息化战略中一个十分重要的方面。

2. 掌握信息安全的基本要素和惯例

信息安全包括四大要素：技术、制度、流程和人。合适的标准、完善的程序、优秀的执行团队，是一个企业单位信息化安全的重要保障。技术只是基础保障，技术不等于全部，很多问题不是装一个防火墙或者一个 IDS（入侵防御系统）就能解决的。制定完善的安全制度很重要，而如何执行这个制度更为重要。如下公式能清楚地描述出它们之间的关系：

信息安全=先进技术+防患意识+完美流程+严格制度+优秀执行团队+法律保障

3. 养成良好的安全习惯

现在的信息安全缺陷中，有很大一部分是由于人们的不良安全习惯造成。良好的安全习惯和安全意识有利于避免或降低不必要的损失。这其中主要有以下几方面。

（1）良好的密码设置习惯：密码的长度至少是 8 位以上，并且应该混合字母和各种特殊字符，特别需要注意的是定期更换密码。

（2）网络和个人计算机安全：不要将个人设备接入到公司的网络中，安装性能良好的防毒软件和防火墙软件，慎重安装未授权软件。

（3）电子邮件安全：尽量使用安全电子邮件，通过使用数字证书对邮件进行数字签名和加密，识别并避免打开可疑邮件。

（4）打印机和其他媒介安全：没有必要总把文档打印出来。尽量不使用公用打印机打印主要文档。

（5）物理安全：确保重要设备不丢失是信息安全的前提。

9.2　网络信息安全的三个层次

措施是方针、政策和对策的体现和落实。计算机网络信息安全的实质就是安全立法、安全技术和安全管理的综合实施，这三个层次体现了安全策略的限制、监视和保障职能。所有计算机用户都要遵循安全对策的一般原则，采取具体的组织技术措施。

9.2.1　安全立法

计算机网络的使用范围已经越来越广，其安全问题也面临严重危机和挑战，单纯依靠技术水平很难真正遏制攻击与破坏。基于此，各国政府都已经出台了相应法律法规来约束和管理计算机网络信息的安全问题，让所有人遵从一定的"游戏规则"。

法律是规范人们一般社会行为的准则。它从形式上分有宪法、法律、法规、法令、条例和实施办法、实施细则等多种形式。一般分为两类，即社会规范和技术规范。

1. 信息系统安全法规的基本内容及作用

计算机信息系统安全立法为信息系统安全提供了法律的依据和保障。信息系统的安全法律规范具有宏观性、科学性、严密性以及强制性和公正性，其目标无非在于明确责任，制裁违法犯罪，保护国家、单位以及个人的正当合法权益。

（1）计算机违法与犯罪惩治。定义计算机犯罪的行为特征和底线，并明确惩罚措施。

（2）计算机病毒治理与控制。可以严格控制及惩罚计算机病毒的制造与传播。

（3）计算机安全规范与组织法。着重规定计算机安全监察管理部门的职责和权力。

（4）数据法与数据保护法。其主要目的在于保护拥有计算机的单位或个人的正当权益，当然包括隐私权等。

2．国内计算机信息系统安全立法简况

早在 1981 年，我国政府就对计算机信息系统安全予以极大关注，1983 年 7 月，公安部成立计算机管理监察局，主管全国的计算机安全工作。公安部于 1987 年 10 月推出了《电子计算机系统安全规范（试行草案）》，这是我国第一部有关计算机安全工作的管理规范。1991 年 5 月颁布了《计算机软件保护条例》；1994 年 2 月颁布了《中华人民共和国计算机信息系统安全保护条例》，它是我国的第一个计算机安全法规，也是我国计算机安全工作的总纲。1997 年 12 月颁布了《中华人民共和国网络国家联网安全保护管理办法》；2000 年 4 月颁布了《计算机病毒防治管理办法》。2011 年，两高院又通过了办理计算机信息安全刑事案件司法解释。通过这些法律法规的不断完善，也为处理相关计算机安全问题和刑事犯罪提供了最有力的依据和准则。

9.2.2　安全技术

安全技术措施是计算机网络安全的重要保证，是方法、工具、设备、手段乃至需求、环境的综合，也是整个系统安全的物质技术基础。

计算机网络安全技术涉及的内容很多，尤其是在网络技术高速发展的今天，不仅涉及计算机和外部、外围设备，通信和网络系统实体，还涉及数据安全、软件安全、网络安全、数据库安全、运行安全、防病毒技术、站点的安全以及系统结构、工艺和保密、压缩技术。

安全技术的实施应贯彻落实在系统开发的各个阶段，从系统规划、系统分析、系统设计、系统实施、系统评价到系统的运行、维护及管理。

安全技术大致可以分为以下三大部分。

1．物理安全技术

其内容包括：环境安全、电磁防护、物理隔离三个方面。

主要涉及计算机机房的安全技术要求，计算机的实体访问控制，计算机设备及场地的防火与防水，计算机系统的静电防护，计算机设备及软件、数据的防盗防破坏措施，屏蔽、滤波技术、接地等电磁防护措施，彻底的物理隔离、协议隔离和物理隔离网闸等物理隔离技术。

2．网络安全技术

其内容主要涉及防火墙技术、攻击检测与系统恢复技术、访问控制技术、网络存储备份技术以及病毒防治技术。

3．信息安全技术

围绕信息本身，内容主要涉及数据库系统安全技术、密码技术、认证技术。其中数据加密技术是保障信息安全的最基本、最核心的技术措施，也是现代密码学的主要组成部分。而认证技术主要为了达到以下目的。

（1）合法的接受者能够验证他收到的消息是否属实。

（2）发送者无法抵赖自己发出的消息。

（3）除合法者之外，第三方无法伪造消息。

（4）发送争执时，可由第三方仲裁。

9.2.3　安全管理

安全管理作为计算机网络信息安全的第三个层次，包括从人事资源管理到资产物业管理，从教育培训、资格认证到人事考核鉴定制度，从动态运行机制到日常工作规范、岗位责任制度等多个方面。这些规章制度是一切技术措施得以贯彻实施的重要保证。所谓"三分技术，七分管理"，正体现于此。

安全管理是指计算机网络的系统管理，包括了应用管理、可用性管理、性能管理、服务管理、系统管理和存储/数据管理等内容。所以，安全管理功能可概括为 OAM&P，即计算机网络的运行（Operation）、处理（Administration）、维护（Maintenance）和服务提供（Provisioning）等所需要的各种活动。有时也考虑前三种，即把安全管理功能归结为 OAM。

网络信息安全管理的主要功能：国际标准化组织（ISO）在 ISO/IEC 7498-4 文档中定义了开放系统的计算机网络管理的五大功能，它们是故障管理功能，配置管理功能，性能管理功能，安全管理功能和计费管理功能。其他一些管理功能，比如网络规划、网络管理者的管理等均不在这五个功能之内。

1. 故障管理

故障管理（Fault Management）是网络管理中最基本的功能之一，即对网络非正常的操作引起的故障进行检查、诊断和排除。保证网络能够提供连续、可靠的服务。

2. 配置管理

配置管理（Configuration Management）就是定义、收集、监测和管理系统的配置参数，使得网络性能达到最优。配置参数包括（但不局限于）设备资源、它们的容量和属性，以及它们之间的关系。

3. 性能管理

性能管理（Performance Management）用于收集分析有关被管网络当前状况的数据信息，并维持和分析性能日志。典型的网络性能管理分成性能监测和网络控制两部分。性能管理以网络性能为准则收集、分析和调整被管对象的状态，其目的是保证网络可以提供可靠、连续的通信能力并使用最少网络资源和具有最少时延。

4. 安全管理

安全管理（Security Management）是指监视、审查和控制用户对网络的访问，并产生安全日志，以保证合法用户对网络的访问。在内联网中，安全管理一般是由专门的软件分担，如防火墙软件。

网络安全管理应包括对授权机制、访问控制、加密和密钥的管理，另外还要维护和检查安全日志。安全管理的功能包括以下几方面。

（1）支持安全服务。

（2）维护安全日志。

（3）向其他开放系统分发有关安全方面的信息和相关事件的通报。

（4）创建、删除、控制安全服务和机制。

5. 计费管理

计费管理（Accounting Management）记录网络资源的使用，目的是控制和监测网络操作的费用和代价。它可以估算出用户使用网络资源可能需要的费用和代价，以及已经使用的资源。网络管理者还可以规定用户可使用的最大费用，从而控制用户过多占用和使用网络资源。

计费管理功能应包括以下几方面。

（1）统计网络的利用率等效益数据，以使网络管理人员确定不同时期和时间段的费率。

（2）设置计费的阀值点：根据用户使用的特定业务在若干用户之间公平、合理地分摊费用。

（3）通知用户使用费用或使用的资源，允许采用信用记账方式收取费用，包括提供有关资源使用的账单审查。

（4）当用户使用多种资源时，将有关的费用综合在一起。

9.3 计算机病毒的预防与清除

随着计算机应用的日益普及，计算机病毒也成了人们日常工作中经常提及的话题。尤其是伴随着计算机网络的发展，计算机病毒更是借助网络这个大媒体，无孔不入、日益泛滥，更使得人们感到防治计算机病毒十分困难。

9.3.1 计算机病毒的定义及特性

1. 计算机病毒的概念

计算机病毒实际上是一种计算机程序，是一段可执行的指令代码。像生物病毒一样，计算机病毒有很强的自我复制能力，能够很快地蔓延，而又常常难以根除。它们能把自身附着在各种类型的文件上，当文件被复制或从一个用户传送到另一个用户时，它们就随同文件一起蔓延开来。现在，随着计算机网络的发展，计算机病毒和计算机网络技术相结合，蔓延势头更加迅猛。

对于什么是计算机病毒，专家们从不用角度给计算机病毒下了各种定义。

（1）计算机病毒是通过磁盘、磁带盒网络等媒介传播扩散、能传染其他程序的程序。

（2）计算机病毒是一种能够实现自身复制且借助一定的载体存在的具有潜伏性、传染性和破坏性的程序。

（3）计算机病毒是一种人为制造的程序，它通过不同的途径潜伏或寄生在存储媒体（如磁盘、内存）或程序里，当条件或时机成熟时，它会自我复制并传播，使计算机的资源受到不同程序的破坏。

（4）计算机病毒是能够通过某种途径潜伏在计算机存储介质（或程序）里，当达到某种条件时即被激活的具有对计算机资源进行破坏作用的一组程序或指令集合。

（5）计算机病毒是指那些具有自我复制能力的计算机程序，它能影响计算机软件、硬件的正常运行，破坏数据的正确与完整。

综上所述，在《中华人民共和国计算机信息系统安全保护条例》中对计算机病毒进行了明确定义："计算机病毒是指编制或者在计算机程序中插入的破坏计算机功能或者数据，影响计算机使用并且能够自我复制的一组及计算机指令或者程序代码"。

但随着 Internet 技术的发展，计算机病毒的定义正在逐步发生着变化，与计算机病毒的特征和危害有类似之处的"特洛伊木马"和"蠕虫"从广义的角度而言也可归为计算机病毒。特洛伊木马（Trojan Horse）是一种黑客程序，是一种潜伏执行非授权功能的技术，它在正常程序中存放秘密指令，使计算机在仍能完成原先指定任务的情况下，执行非授权功能。"蠕虫"（Worm）是一个程序或程序序列，通过分布式网络来扩散特定的信息或错误，进而造成网络服务遭到拒绝并发生死锁或系统崩溃。

2. 计算机病毒的特征

要做好防病毒技术的研究，首先要认清计算机病毒的特点和行为机理。在病毒的发展史上，出现过成千上万种病毒，虽然它们千奇百怪，但一般都具有以下特征。

（1）传染性

传染性是病毒的基本特征。计算机病毒有再生机制，它会通过各种渠道从已被感染的计算机扩散到未被感染的计算机，病毒程序代码一旦进入计算机并得以执行，它就会搜寻其他符合其传染条件的程序或存储介质，确定目标后再将自身代码程序插入其中，达到自我繁殖的目的。只要一个文件感染病毒，如果不及时处理，病毒就会在这台计算机上迅速扩散，导致计算机工作失常甚至瘫痪。被感染的文件又成为新的传染源，再与其他计算机进行数据交换或通过网络连接时，病毒还会继续进行传染。病毒程序一般通过修改扇区信息或文件内容并把自身嵌入到其中的方法，来达到病毒传染和扩散的目的。

（2）破坏性

所有的计算机病毒都是一种可执行程序，而这一执行程序又必然要运行，所以对系统来讲，病毒都存在一个共同的危害，即占用系统资源，降低计算机系统的工作效率。任何病毒只要侵入系统，都会对系统及应用程序产生不同程度的影响，其程度的轻重主要取决于病毒设计者的目的。根据此特性，可将分为良性病毒和恶性病毒。良性病毒可能只显示画面或出现音乐、无聊的语句或根本没有任何破坏性行为，但会占用系统资源。而恶性病毒则有明显的目的，或破坏数据、删除文件，或加密磁盘、格式化磁盘，有的甚至对数据造成不可挽回的破坏。

（3）潜伏性

病毒一般是具有很高编程技巧，短小精悍的程序。大部分病毒在感染系统后不会马上发作，通常附在正常程序中或磁盘较隐蔽的地方，也有个别的以隐含文件形式出现，对其他系统或文件进行传染，而不被人发现。一般在没有防护措施的情况下，计算机病毒程序取得系统控制权后，可以在很短的时间里感染大量程序，只有在满足某种特定的触发条件后才启动其表现模块，显示发作信息或进行系统破坏。

潜伏性的第一种表现是指病毒程序不用专用检测程序是检查不出来的，因此病毒可以静静地躲在磁盘里呆上很长时间，一旦发作，往往已经给计算机系统造成了不同程度的破坏。第二种表现是病毒内部有某种触发机制，不满足触发条件时，计算机病毒除了传染外不做什么破坏。被感染的计算机在多数情况下仍能维持其部分功能，不会由于一感染上病毒，整台计算机就不能启动了。

（4）可执行性

计算机病毒与其他程序一样，是一段可执行程序，但它并不完整，而是寄生在其他可执行程序中的一段代码，因此它享有其他一切程序所能得到的权力。只有当计算机病毒在计算机内运行时，它才具有传染性和破坏性，也就是说计算机 CPU 的控制权是关键问题。计算机病毒一旦在计算机上运行，在同一计算机内病毒程序与正常系统程序之间，或某种病毒与其他病毒程序争夺系统控制权时往往会造成系统崩溃，导致计算机瘫痪。

（5）隐蔽性

如果不经过代码分析，感染了病毒的程序与正常程序是不容易区别的。而且受到传染后，在未达到触发条件时，计算机病毒未必马上发作，计算机系统通常仍能正常运行，用户不会感到任何异常，好像不曾在计算机内发生过什么。

病毒的隐蔽性主要表现在两个方面。

① 传染的隐蔽性，大多数病毒在传染时速度是极快的，不易被人发现。

② 病毒程序存在的隐蔽性：一般的病毒程序都隐藏在正常程序中或磁盘较隐蔽的地方，也有个别以隐含文件的形式出现，目的是不让用户发现它的存在。被病毒感染的计算机在多数情况

下仍能维持其部分功能，不会由于已感染上病毒，整台计算机就不能启动了；而某个程序即便被病毒所感染，它也不会马上停止运行。正常程序被病毒感染后，其原有功能基本上不受影响，病毒代码寄生在其中而得以存活，不断地得到运行的机会，去传染更多的程序和计算机。

（6）可触发性

病毒在一定的条件下接受外界刺激（如因某个事件或数值的出现等），诱使病毒实施感染或进行攻击的特性称为可触发性。病毒的触发机制，就是用来控制感染和破坏活动的时机。它具有预定的触发条件，如时间触发、特殊按键触发、运行某种特定程序触发等。

（7）不可预见性

不同种类病毒的代码千差万别，病毒的制作技术也在不断提高。与反病毒软件相比，病毒永远是超前的。新的操作系统和应用系统的出现，软件技术的不断发展，也为计算机病毒提供了新的发展空间，对未来病毒的预测将更加困难，这就要求人们不断提高对病毒的认识，增强防范意识。

现在的计算机病毒还具有了一些新的特性，如攻击对象趋于混合型、反跟踪技术、病毒繁衍不同变种及加密技术处理等。当用户或反病毒技术人员发现一种病毒时，首先要对其进行详细分析解剖，一般都是借助 DEBUG 等调试工具对它进行跟踪剖析，实现反动态跟踪。目前病毒还有具有许多智能化的特性，自我变形、自我保护和自我恢复等。随着病毒的不断发展，病毒的防范和清除任务也更加严峻。

3. 计算机病毒的分类

计算机病毒种类极多，由于存在大量变种，具体数字几乎无法准确统计，但一定是个天文数字。对计算机病毒的命名，各个组织或公司不尽相同。因此，病毒的分类方法也很多，按其表现性可分为良性病毒和恶性病毒两种。良性病毒的危害性较小，它一般只干扰屏幕，恶性病毒危害较大，它可能毁坏数据或文件，也可以使程序停止工作或造成网络瘫痪，如"大麻"病毒、"蠕虫"病毒等就属这一类。

（1）按感染方式分类

按感染方式分为引导型、文件型和混合型病毒。

① 引导型病毒又称为初始化病毒，它利用软盘或硬盘的启动原理工作，占据主导扇区或引导扇区的全部或一部分，将分区表信息或引导记录移到磁盘的其他位置，并在文件分配表（FAT）中将这些位置标明为坏簇。病毒感染引导扇区后，在操作系统启动之前病毒就会被读入内存，并首先取得控制权。在这种状态下只要在计算机中插入其他软盘等外部存储介质，就都会被感染。引导型病毒在操作系统引导前就已驻留内存高端。由于主引导记录和引导记录在系统启动结束后不再执行，因此引导型病毒必须修改中断向量使其指向自己才有被激活以完成感染、潜伏和破坏等功能的机会。

② 文件型病毒可根据病毒程序驻留的方式分为源码病毒、入侵病毒和外壳病毒等几类，主要感染文件扩展名为 com、exe 的可执行程序，但是这些隐藏在数据文件中的病毒不是独立存在的，必须寄生于宿主程序中，借助于宿主程序才能装入内存。其特点是附着于正常程序文件中，成为程序文件的一个外壳或部件。大多数文件型病毒都会把它们的程序代码复制到其宿主程序的开头或结尾处。已感染病毒的文件执行时，便立即触发病毒，其速度会减缓，甚至完全无法执行，甚至有些文件遭感染后一执行就会遭到删除。大多数文件型病毒都是常驻在内存中的。所谓"常驻内存"是指应用程序把要执行的部分在内存中驻留一份。

③ 混合型病毒，也称综合型、复合型病毒，它综合了引导型和文件型病毒的特性，即这种病毒既可以感染磁盘引导扇区，又可以感染可执行文件，扩大了病毒的传染途径，因此它的危害

比引导型和文件型病毒更为严重。感染了混合型病毒的机器，如果只解除了文件上的病毒，而没解除硬盘主引导区的病毒，系统引导时又将病毒调入内存，会重新感染文件；如果只解除了主引导区的病毒，而可执行文件上的病毒没解除，只要执行带病毒的文件，就会又将硬盘主引导区感染。鉴于它的这种特点，经常因杀不彻底而造成"病毒杀不死"的假象。

（2）按病毒的破坏能力分类

根据病毒破坏的能力可划分为以下几种。

① 无危害型。除了传染时减少磁盘的可用空间外，对系统没有其他影响。

② 无危险型。这类病毒仅仅是减少内存、显示图像、发出声音及同类音响。

③ 危险型。这类病毒在计算机系统操作中造成严重的错误。

④ 非常危险型。这类病毒删除程序、破坏数据、清除系统内存区和操作系统中重要信息。

这些病毒对系统造成的危害，并不是本身的算法中存在危险的调用，而是当它们传染时会引起无法预料的和灾难性的破坏。一些无害型病毒也可能会对 DOS、Windows 和其他操作系统造成破坏。

（3）按破坏性分类

按破坏性可分为良性病毒和恶性病毒。此内容前面已做介绍，在此不做重复。

（4）根据病毒特有的算法分类

根据病毒特有的算法，可以将其划分为以下几类。

① 伴随型病毒。这一类病毒并不改变文件本身，它们根据算法产生 exe 文件的伴随体，具有同样的名字和不同的扩展名，病毒把自身写入 com 文件并不改变 exe 文件，当 DOS 加载文件时，伴随体优先被执行到，再由伴随体加载执行原来的 exe 文件。

② 寄生型病毒。除了"伴随型"和"蠕虫"型，其他病毒均可称为寄生型病毒，它们依附在系统的引导扇区或文件中，通过系统的功能进行传播。

③ 练习型病毒。病毒自身包含错误，不能进行很好的传播，例如在调试阶段的一些病毒。

④ 诡秘型病毒。它们一般不直接修改 DOS 中断和扇区数据，而是通过设备技术和文件缓冲区等 DOS 内部修改，利用 DOS 空闲的数据区进行工作。

⑤ 变型病毒。又称幽灵病毒，它使用一个复杂的算法，使自己每传播一份都具有不同的内容和长度。一般是由一段混有无关指令的解码算法和被变化过的病毒体组成。

（5）按传播媒介分类

按传播媒介分，可将病毒分为单机病毒和网络病毒。

① 单机病毒的载体是磁盘，常见的是病毒从软盘传入硬盘，感染系统，然后再感染其他软盘，进而再感染其他系统。早期的病毒都是属于这一类。

② 网络病毒的传播媒介是网络。网络病毒是指在网上运行和传播，影响和破坏网络系统的病毒，如特洛伊木马程序、蠕虫病毒和网页病毒等。特洛伊木马程序简称木马，严格来讲它不属于病毒，因为它没有病毒的传染性，而主要是通过聊天软件、电子邮件、文件下载等途径进行传播，原本属于一类基于远程控制的工具。蠕虫病毒是通过分布式网络来扩散传播特定的信息，进而造成网络服务遭到拒绝。它最主要的特点是利用网络中软件系统的缺陷，进行自我复制和主动传播。网页病毒也称为网页恶意代码，是指在网页中用 Java Applet、JavaScript 或者 ActiveX 设计的非法恶意程序。当用户浏览该网页时，这些程序会利用 IE 的漏洞，修改用户的注册表、获取用户的个人资料、删除硬盘文件及格式化硬盘等。网络型病毒发展趋势迅猛，近 3 年来流行的病毒除宏病毒外，基本上都属于网络型病毒。可见，网络型病毒的传播速度之快、危害范围之广。

9.3.2　计算机病毒的危害与防治

1. 计算机病毒的危害

计算机病毒危害性是指某种计算机病毒爆发流行的时间、影响范围、传播途径、破坏特点和破坏后果等情况。计算机病毒会感染、传播，但这并不可怕，可怕的是病毒的破坏性。最近几年病毒在全世界范围内造成了巨大的经济损失。有资料显示，病毒威胁所造成的损失占网络经济损失的 76%；仅"爱虫"造成的损失就达 96 亿美元。如果不能很好地控制病毒的传播，将会造成社会财富的巨大浪费，甚至会造成全人类的灾难。

计算机病毒的具体危害主要表现在以下几个方面。

（1）对计算机数据信息的直接破坏作用。大部分病毒在发作时直接破坏计算机的重要信息数据，所利用的手段有格式化磁盘、改写文件分配表和目录区、删除重要文件或用无意义的"垃圾"数据改写文件、破坏 CMOS 设置等。如"磁盘杀手"病毒，在硬盘感染后累计开机时间 48 小时内发作，改写硬盘数据。

（2）占用磁盘空间和对信息的破坏。寄生在磁盘上的病毒总要非法占用一部分磁盘空间。引导型病毒的一般侵占方式是由病毒本身占据磁盘引导扇区，而把原来的引导区转移到其他扇区，被覆盖的扇区数据永久性丢失，无法恢复。文件型病毒利用一些 DOS 功能进行传染，这些 DOS 功能可以检测出磁盘的未用空间，把病毒的传染部分写到磁盘的未用空间去，所以一般不破坏磁盘上的原有数据，只是非法侵占了磁盘空间。一些文件型病毒传染速度很快，在短时间内感染大量文件，每个文件都不同程度地加长了，造成磁盘空间的严重浪费。

（3）计算机病毒错误与不可预见的危害。计算机病毒与其他计算机软件的一大差别是病毒的无责任性。编制一个完善的计算机软件需要耗费大量的人力、物力，经过长时间调试测试。但病毒编制者不可能这样做。很多病毒都是个别人在一台计算机上匆匆编制调试后就向外抛出。反病毒专家在分析大量病毒后发现绝大部分病毒都存在不同程度的错误。病毒的另一个主要来源是变种病毒。有些还不具备编制软件能力的初学者出于某种原因修改别人的病毒，生成变种病毒，其中就隐含着很多的错误。计算机病毒错误所产生的后果往往是不可预见的，有可能比病毒本身的危害更大。

（4）抢占系统资源。大部分病毒在动态下都是常驻内存的，这就必然抢占一部分系统资源。病毒所占用的基本内存长度大致与病毒本身长度相当。病毒抢占内存导致内存减少，会使一部分较大的软件不能运行。此外，病毒还抢占中断、干扰系统运行。计算机操作系统的很多功能是通过中断调用技术来实现的，为了传染发作，病毒总是修改一些有关的中断地址，从而干扰了系统的正常运行。网络病毒会占用大量的网络资源，使网络通信变得极不通畅，甚至无法使用。

（5）影响计算机运行速度。病毒进驻内存后不但干扰系统运行，还影响计算机速度，主要表现在：病毒为了判断传染发作条件，总要对计算机的工作状态进行监视，这对于计算机的正常运行既多余又有害。有些病毒为了保护自己，不但对磁盘上的静态病毒加密，而且进驻内存后的动态病毒也处在加密状态，CPU 每次寻址到病毒处时要运行一段解密程序把加密的病毒解密成合法的 CPU 指令再执行；病毒运行结束时需要再用一段程序对病毒重新加密，这样 CPU 要额外执行数千条甚至上万条指令。

2. 计算机病毒的预防和清除

预防计算机病毒，应该从管理和技术两方面进行。

（1）从管理上预防病毒

计算机病毒的传染是通过一定途径来实现的，必须重视指定措施、法规、加强职业道德教育，不得传播更不能制造病毒。另外，还应采取一些有效方法来预防和抑制病毒的传染：如谨慎地使用公用软件和共享软件；尽量不运行不知来源的程序等。

（2）从技术上预防病毒

从技术上对病毒的预防有硬件保护和软件预防两种方法。

任何计算机病毒对系统的入侵都是利用 RAM 提供的自由空间及操作系统所提供的相应的中断功能来达到传染的目的。因此，可以通过增加硬件设备来保护系统。目前普遍使用的预防病毒卡就是一种防病毒的硬件保护手段。

软件预防方法是使用计算机反病毒程序。计算机反病毒程序是一种可执行程序，它能够监视系统的运行，当发现某些病毒入侵时可防止病毒入侵，当发现非法操作时及时警告或直接拒绝这种操作，使病毒无法传播。

病毒的清除通常用人工处理或反病毒软件方式进行清除。人工处理的方法可以删除被病毒感染的文件，重新格式化磁盘等，但这种方法有一定的危险性，容易造成对文件的破坏。

用反病毒软件对病毒进行清除是一种较好的方法。常用的反病毒软件有：瑞星、卡巴斯基等。

9.4　常用的网络信息安全技术

网络信息安全技术是一门综合的学科，它涉及计算机网络、信息论、计算机科学和密码学等多方面知识，它的主要任务是研究计算机系统和通信网络内信息的保护方法以实现系统内信息的安全、保密、真实和完整。总的来说，目前信息安全技术主要有：密码技术、防火墙技术、虚拟专用网（VPN）技术、病毒与反病毒技术以及其他安全保密技术。

9.4.1　密码技术

1. 数据加密

在计算机上实现的数据加密，其加密或解密变换是由密钥控制实现的。密钥（Keyword）是用户按照一种密码体制随机选取，它通常是一随机字符串，是控制明文和密文变换的唯一参数。

2. 现代密码技术分类

根据密钥类型不同将现代密码技术分为两类。

（1）对称加密系统（单钥体制）

对称钥匙加密系统是加密和解密均采用同一把秘密钥匙，而且通信双方都必须获得这把钥匙，并保持钥匙的秘密。

对称密码系统的安全性依赖于以下两个因素。第一，加密算法必须是足够强的，仅仅基于密文本身去解密信息在实践上是不可能的；第二，加密方法的安全性依赖于密钥的秘密性，而不是算法的秘密性，因此，没有必要确保算法的秘密性，而需要保证密钥的秘密性。

（2）非对称加密系统（双钥体制）

采用双钥体制的每个用户都有一对选定的密钥；一个是可以公开的，称为加密钥匙（公钥），可以像电话号码一样进行注册公布；另一个则是秘密的，称为解密钥匙（私钥），因此双钥体制又称作为公钥体制。由于双钥密码体制的加码和解密不同，且能公开加密密钥，而仅需保密解密密钥，所以双钥密码不存在密钥管理问题。

在实际应用中可利用二者的各自优点，采用对称加密系统加密文件，采用公开密钥加密系统加密"加密文件"的密钥（会话密钥），这就是混合加密系统，它较好地解决了运算速度问题和密钥分配管理问题。因此，公钥密码体制通常被用来加密关键性的、核心的机密数据，而对称密码体制通常被用来加密大量的数据。

3. 密码算法简介

（1）对称加密算法

对称加密算法最著名的是 DES（美国数据加密标准）、AES（高级加密标准）和 IDEA（国际数据加密标准）。

1977 年美国国家标准局正式公布实施了 DES，公开它的加密算法，并批准用于非机密单位和商业上的保密通信。随后 DES 成为全世界使用最广泛的加密标准。随着对称密码的发展，DES 算法由于密钥长度较小（56 位），已经不适于当今分布式开放网络对数据加密安全性的要求，因此 1997 年美国国家标准和技术研究所 NIST 公开征集新的数据加密标准 AES（Advanced Encryption Standard）的活动，成立了专门的工作组，目的是向全球征集一个非保密的、免费使用的分组密码算法，用于在新世纪政府和商业部门的敏感信息加密，并希望成为公开和秘密部门的加密标准。

IDEA 算法，即国际数据加密算法，它的原型是 1990 年由瑞士联邦技术学院 X.J.Lai 和 Massey 提出的 PES。1992 年，Lai 和 Massey 对 PES 进行了改进和强化，产生了 IDEA。这是一个非常成功的分组密码，并且广泛地应用在安全电子邮件 PGP 中，被认为是现今最好的最安全的分组密码算法之一。

（2）非对称加密算法

在非对称加密算法中，公钥和私钥成对出现，若用公钥加密，则须用相对应的唯一私钥解密。当前最著名、应用最广泛的公钥系统 RSA 是由 Rivet、Shamir、Adelman 提出的，它的安全性是基于大整数素因子分解的困难性，而大整数因子分解问题是数学上的著名难题，至今没有有效的方法予以解决，因此可以确保 RSA 算法的安全性。RSA 算法是公钥系统的最具有典型意义的方法，大多数使用公钥密码进行加密和数字签名的产品和标准使用的都是 RSA 算法。

9.4.2　防火墙技术

防火墙就是一个位于计算机和它所连接的网络之间的软件或硬件。计算机流入流出的所有网络通信均要经过此防火墙。防火墙具有很好的保护作用。入侵者必须首先穿越防火墙的安全防线，才能接触计算机。使用防火墙可以保护计算机网络免受非授权人员的骚扰与黑客的入侵。

1. 防火墙简介

防火墙指的是隔离在本地网络与外界网络之间的一道防御系统。防火墙可以使企业内部局域网（LAN）与 Internet 之间或者与其他外部网络互相隔离、限制网络互访用来保护内部网络。典型的防火墙具有以下三个方面的基本特性。

（1）内部网络和外部网络之间的所有网络数据流都必须经过防火墙

这是防火墙所处网络位置特性，同时也是一个前提。因为只有当防火墙是内、外部网络之间通信的唯一通道，才可以全面、有效地保护企业内部网络不受侵害。

（2）只有符合安全策略的数据流才能通过防火墙

防火墙最基本的功能是确保网络流量的合法性，并在此前提下将网络的流量快速地从一条链路转发到另外的链路上去。

（3）防火墙自身应具有非常强的抗攻击免疫力

这是防火墙之所以能担当企业内部网络安全防护重任的先决条件。防火墙处于网络边缘，它就像一个边界卫士一样，每时每刻都要面对黑客的入侵，这样就要求防火墙自身要具有非常强的抗击入侵本领。

2. 防火墙的分类

防火墙技术虽然出现了许多，但总体来讲可分为"包过滤型"和"应用代理型"两大类。前者以以色列的 Checkpoint 防火墙和美国 Cisco 公司的 PIX 防火墙为代表，后者以美国 NAI 公司的 Gauntlet 防火墙为代表。

（1）包过滤（Packet filtering）型

包过滤型防火墙工作在 OSI 网络参考模型的网络层和传输层，它根据数据包头源地址，目的地址、端口号和协议类型等标志确定是否允许通过。只有满足过滤条件的数据包才被转发到相应的目的地，其余数据包则被从数据流中丢弃，如图 9-1 所示。

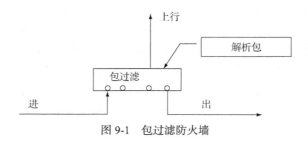

图 9-1　包过滤防火墙

（2）应用代理（Application Proxy）型

应用代理型防火墙是工作在 OSI 的最高层，即应用层。其特点是完全"阻隔"了网络通信流，通过对每种应用服务编制专门的代理程序，实现监视和控制应用层通信流的作用。代理类型防火墙的最突出的优点就是安全。由于它工作于最高层，所以它可以对网络中任何一层数据通信进行筛选保护，如图 9-2 所示。

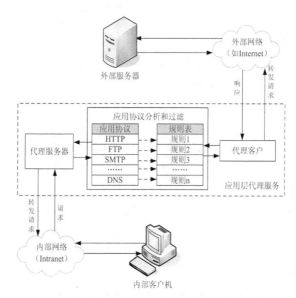

图 9-2　应用层代理防火墙

（3）分布式防火墙（Distributed Firewalls）

近年来，为对计算机网络进行更有效的防护，发展起来一种新型的防火墙体系结构，将传统的防火墙技术与分布式网络应用进行了有机结合，具有广泛的应用前景。

针对传统边界防火墙的缺欠，"分布式防火墙"的概念被专家学者提出来。因为它要负责对网络边界、各子网和网络内部各节点之间的安全防护，所以"分布式防火墙"是一个完整的系统，而不是单一的产品。根据其所需完成的功能，新的防火墙体系结构包含如下部分。

① 网络防火墙（Network Firewall）：这一部分有的公司采用的是纯软件方式，而有的可以提供相应的硬件支持。它是用于内部网与外部网之间，以及内部网各子网之间的防护。与传统边界式防火墙相比，它多了一种用于对内部子网之间的安全防护层，这样整个网络的安全防护体系就显得更加全面，更加可靠。不过在功能上与传统的边界式防火墙类似。

② 主机防火墙（Host Firewall）：同样也有纯软件和硬件两种产品，是用于对网络中的服务器和桌面机进行防护。这也是传统边界式防火墙所不具有的，也算是对传统边界式防火墙在安全体系方面的一个完善。它是作用在同一内部子网之间的工作站与服务器之间，以确保内部网络服务器的安全。这样防火墙的作用不仅是用于内部与外部网之间的防护，还可应用于内部网各子网之间、同一内部子网工作站与服务器之间。可以说达到了应用层的安全防护，比起网络层更加彻底。

③ 中心管理（Central Managerment）：这是一个服务器软件，负责总体安全策略的策划、管理、分发及日志的汇总。这是新的防火墙的管理功能，也是以前传统边界防火墙所不具有的。这样防火墙就可进行智能管理，提高了防火墙的安全防护灵活性，具备可管理性。

分布式防火墙架构如图 9-3 所示。

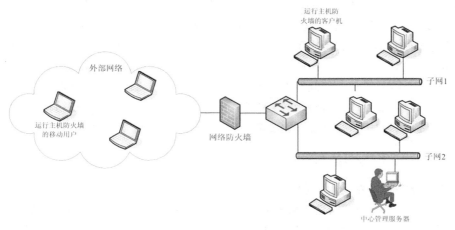

图 9-3　分布式防火墙

综合起来分布式防火墙技术具有以下几个主要特点。

① 主机驻留

这种分布式防火墙的最主要特点就是采用主机驻留方式，所以称之为"主机防火墙"，它的重要特征是驻留在被保护的主机上，该主机以外的网络不管是处在网络内部还是网络外部都认为是不可信任的，因此可以针对该主机上运行的具体应用和对外提供的服务设定针对性很强的安全策略。主机防火墙对分布式防火墙体系结构的突出贡献是，使安全策略不仅仅停留在网络与网络之间，而是把安全策略推广延伸到每个网络末端。

② 嵌入操作系统内核

这主要是针对目前的纯软件式分布式防火墙来说的，操作系统自身存在许多安全漏洞目前是众所周知的，运行在其上的应用软件无一不受到威胁。分布式主机防火墙也运行在该主机上，所以其运行机制是主机防火墙的关键技术之一。为自身的安全和彻底堵住操作系统的漏洞，主机防火墙的安全监测核心引擎要以嵌入操作系统内核的形态运行，直接接管网卡，在把所有数据包进行检查后再提交操作系统。为实现这样的运行机制，除防火墙厂商自身的开发技术外，与操作系统厂商的技术合作也是必要的条件，因为这需要一些操作系统不公开内部技术接口。不能实现这种分布式运行模式的主机防火墙由于受到操作系统安全性的制约，存在着明显的安全隐患。

③ 类似于个人防火墙

个人防火墙是一种软件防火墙产品，它早在分布式防火墙之前便已存在，用来保护单一主机系统的。分布式针对桌面应用的主机防火墙与个人防火墙有相似之处，如它们都对应个人系统，但其差别又是本质性的。首先它们管理方式迥然不同，个人防火墙的安全策略由系统使用者自己设置，目标是防外部攻击，而针对桌面应用的主机防火墙的安全策略由整个系统的管理员统一安排和设置，除了对该桌面机起到保护作用外，也可以对该桌面机的对外访问加以控制，并且这种安全机制是桌面机的使用者不可见和不可改动的。其次，不同于个人防火墙面向个人用户，针对桌面应用的主机防火墙是面向企业级客户的，它与分布式防火墙其他产品共同构成一个企业级应用方案，形成一个安全策略中心统一管理、安全检查机制分散布置的分布式防火墙体系结构。

④ 适用于服务器托管

互联网和电子商务的发展促进了互联网数据中心（IDC）的迅速崛起，其主要业务之一就是服务器托管服务。对服务器托管用户而言，该服务器逻辑上是其企业网的一部分，只不过物理上不在企业内部，对于这种应用，边界防火墙解决方案就显得比较牵强附会，而针对服务器的主机防火墙解决方案则是其一个典型应用。对于纯软件式的分布式防火墙则用户只需在该服务器上安装上主机防火墙软件，并根据该服务器的应用设置安全策略即可，并可以利用中心管理软件对该服务器进行远程监控，不需任何额外租用新的空间放置边界防火墙。对于硬件式的分布式防火墙因其通常采用 PCI 卡式的，通常兼顾网卡作用，所以可以直接插在服务器机箱里面，也就无需单独的空间托管费了，对于企业来说更加实惠。

9.4.3 入侵检测技术

1. 入侵检测技术的概念

国家标准 GB/T 18336《信息技术安全性评估准则》对入侵检测的定义为："通过对行为、安全日志或审计数据或其他网络上可以获得的信息进行操作，检测到对系统的闯入或闯入的企图"。入侵检测技术是为保证计算机系统的安全而设计与配置的一种能够及时发现并报告系统中未授权或异常现象的技术。

入侵检测是对传统安全产品如防火墙的合理补充，更是主动防御的有效手段，入侵检测系统（IDS）帮助系统对付网络攻击，扩展了系统管理员的安全管理能力（包括安全审计、监视、进攻识别和响应），提高了信息安全基础结构的完整性。它从计算机网络系统中的若干关键点收集信息，并分析这些信息，看看网络中是否有违反安全策略的行为和遭到袭击的迹象。入侵检测被认为是防火墙之后的第二道安全闸门，在不影响网络性能的情况下能对网络进行监测，从而提供对内部攻击、外部攻击和误操作的实时保护。这些都通过它执行以下任务来实现：

- 监视、分析用户及系统活动；
- 系统构造和弱点的审计；
- 识别反映已知进攻的活动模式并向相关人士报警；

- 异常行为模式的统计分析；
- 评估重要系统和数据文件的完整性；
- 操作系统的审计跟踪管理，并识别用户违反安全策略的行为。

对一个成功的入侵检测系统来讲，它不但可使系统管理员时刻了解网络系统（包括程序、文件和硬件设备等）的任何变更，还能给网络安全策略的制订提供指南。更为重要的一点是，它应该管理、配置简单，从而使非专业人员非常容易地获得网络安全。而且，入侵检测的规模还应根据网络威胁、系统构造和安全需求的改变而改变。入侵检测系统在发现入侵后，会及时做出响应，包括切断网络连接、记录事件和报警等。

2. 入侵检测系统分类

（1）按技术原理划分

① 异常检测模型（Anomaly Detection）：检测与可接受行为之间的偏差。如果可以定义每项可接受的行为，那么每项不可接受的行为就应该是入侵。首先总结正常操作应该具有的特征（用户轮廓），当用户活动与正常行为有重大偏离时即被认为是入侵。这种检测模型漏报率低，误报率高。因为不需要对每种入侵行为进行定义，所以能有效检测未知的入侵。

② 误用检测模型（Misuse Detection）：检测与已知的不可接受行为之间的匹配程度。如果可以定义所有的不可接受行为，那么每种能够与之匹配的行为都会引起告警。收集非正常操作的行为特征，建立相关的特征库，当监测的用户或系统行为与库中的记录相匹配时，系统就认为这种行为是入侵。这种检测模型误报率低、漏报率高。对于已知的攻击，它可以详细、准确地报告出攻击类型，但是对未知攻击却效果有限，而且特征库必须不断更新。

（2）按收集信息的对象划分

① 基于主机：系统分析的数据是计算机操作系统的事件日志、应用程序的事件日志、系统调用、端口调用和安全审计记录。主机型入侵检测系统保护的一般是所在的主机系统。是由代理（Agent）来实现的，代理是运行在目标主机上的小的可执行程序，它们与命令控制台（Console）通信。

② 基于网络：系统分析的数据是网络上的数据包。网络型入侵检测系统担负着保护整个网段的任务，基于网络的入侵检测系统由遍及网络的传感器（Sensor）组成，传感器是一台将以太网卡置于混杂模式的计算机，用于嗅探网络上的数据包。

③ 混合型：基于网络和基于主机的入侵检测系统都有不足之处，会造成防御体系的不全面，综合了基于网络和基于主机的混合型入侵检测系统既可以发现网络中的攻击信息，也可以从系统日志中发现异常情况。

3. 入侵检测的过程

过程分为三部分：信息收集、信息分析和结果处理。

（1）信息收集：入侵检测的第一步是信息收集，收集内容包括系统、网络、数据及用户活动的状态和行为。由放置在不同网段的传感器或不同主机的代理来收集信息，包括系统和网络日志文件、网络流量、非正常的目录和文件改变、非正常的程序执行。

（2）信息分析：收集到的有关系统、网络、数据及用户活动的状态和行为等信息，被送到检测引擎，检测引擎驻留在传感器中，一般通过三种技术手段进行分析：模式匹配、统计分析和完整性分析。当检测到某种误用模式时，产生一个告警并发送给控制台。

（3）结果处理：控制台按照告警产生预先定义的响应采取相应措施，可以是重新配置路由器或防火墙、终止进程、切断连接、改变文件属性，也可以只是简单的告警。

9.4.4　虚拟专用网技术

近年来，随着全球信息化建设的快速发展，对网络基础设施的功能和可延伸性提出了新的要求。例如一些跨地区组织的各分支机构间需要远距离互联；一些单位的员工需要远程接入内部网络进行移动办公。为解决各分机构局域网之间的互联问题，早期只能通过直接铺设网络线路或租用运营商的专线解决，不但成本高，而且不能保证安全问题。VPN 技术可以在公共网络（如 Internet）中为用户建立专用通道，为局域网之间的远程互联，以及内部网络的远程接入提供廉价和安全的方式。

虚拟专用网（Virtual Private Network，VPN）指的是在公用网络上建立专用网络的技术。之所以称为虚拟网主要是因为整个 VPN 网络的任意两个节点之间的连接并没有传统专网所需的端到端的物理链路，而是架构在公用网络服务商所提供的网络平台（如 Internet、ATM、Frame Relay 等）之上的逻辑网络，用户数据在逻辑链路中传输。VPN 能通过隧道（Tunnel）或虚电路（Virtual Circuit）实现网络互联；支持用户安全管理；能够进行网络监控、故障诊断。

9.4.5　反病毒技术

计算机病毒的发展历史悠久，从 20 世纪 80 年代中后期广泛传播以来，病毒数量早已是天文数字，并且还在以越来越快的速度增加，危害日益扩大。

计算机病毒能够影响计算机的软、硬件的正常运行，破坏数据完整性与正确性，造成计算机或计算机网络瘫痪，所以，病毒防治工作是保证网络信息安全的常态工作。

1. 反病毒技术种类

人们正在采取许多行之有效的措施，如加强教育和立法从产生病毒源头上杜绝病毒；加强反病毒技术的研究从技术上解决病毒传播和发作。其主要涉及的技术如下。

（1）实时监视技术

传统的反毒技术已无法对付不以文件形式存在的内存型病毒；变种邮件病毒的不断出现，客观要求防毒系统必须具备针对协议层的邮件双向监控技术和对未知新型病毒的分析判断能力；恶意网页的出现，更需要在网页浏览过程中实时过滤有害代码、监控注册表信息，凡涉及到修改注册表、删除文件等恶意操作的行为，必须随时报警并予以制止，所有这些都使得病毒实时监控技术显得格外重要。实时监控进程处于随时工作状态，防止病毒从外界侵入系统，全面提高计算机系统整体防护水平。

（2）虚拟机技术

虚拟机技术也称为动态启发技术，具有人工分析、高智能化和查毒准确性高等特点。该技术的原理是：用程序代码虚拟 CPU 寄存器，甚至硬件端口，用调试程序调入可疑带毒样本，将每个语句放到虚拟环境中执行，这样就可以通过内存、寄存器以及端口的变化来了解程序的执行，改变了过去拿到样本后不敢直接运行而必须跟踪它的执行查看是否带有破坏、传染模块的状况。通过该技术，可以解决自解压程序格式繁杂、非公开压缩方式造成大量变种病毒和新病毒的技术难题，彻底查杀由压缩工具和捆绑器制造的各种变种病毒。这一技术有着极为广阔的应用前景。

（3）全平台反病毒技术

为了将反病毒软件与系统的底层无缝连接，可靠地实时检查和杀除病毒，必须在不同的平台上使用相应平台的反病毒软件，在每一个点上都安装相应的反病毒模块，才能做到网络的真正安全和可靠。

（4）自免疫扫描病毒技术

该技术采用软件认证和虚拟运行判断的双重机制，使用户免除对反病毒软件频繁升级之苦。软件认证机制记录系统软件正常的运行状态，形成软件特征运行库，一旦软件出现非正常运行，马上采取措施，所以对网络蠕虫、求职信等已知病毒和未知病毒都能够有效地进行遏制。如果用户在安装新软件时，杀毒引擎会启动，通过虚拟运行判断或行为转移机制，对所有软件在系统下执行的命令进行监控，进行高效智能判断，让合法操作通过，过滤恶意操作，禁止病毒进行复制、删除、格式化硬盘、破坏分区表，降低系统性能等危险性操作，保证系统的安全运行。同时随机记录文件的变化情况，必要时恢复各个时期的状态。该技术极富创意，具有良好的发展前途。

（5）主动内核技术

主动内核技术改变了传统的被动防御理念，将已经开发的各种防病毒系统嵌入操作系统内核，实现无缝连接。如将实时防毒墙、文件动态解压缩、病毒陷阱、宏病毒分析器等功能，组合起来嵌入操作系统，作为操作系统本身的一个"补丁"，与其浑然一体。这种技术可以保证防病毒模块从底层内核与各种操作系统、网络、硬件、应用环境密切协调，确保在发生病毒入侵时，防毒操作不会伤及到操作系统内核，而又能杀灭来犯的病毒。

（6）网关防毒技术

网关级防毒是在网关处设防，防止病毒经由 Internet 网关传入内网，或是防止网络内部染毒文件传到其他网络当中。网关防毒技术是目前阻绝计算机病毒，特别是邮件病毒、FTP 病毒和恶意网页的最佳手段。在病毒被下载并导致损失之前起到隔离和清除作用，并可以过滤内容不当的邮件，避免造成网络带宽的大量消耗。

2．软件反病毒技术

防治计算机病毒的最常用方法是使用防病毒软件。防病毒软件的工作原理如下。

（1）病毒扫描程序

病毒扫描程序是在文件和引导记录中搜索病毒的程序。它只能检测出已经知道的病毒，对于防止新病毒和未知病毒感染几乎没有什么帮助。多数杀毒软件在它们的反病毒产品套件中都提供某种类型的病毒扫描程序。

（2）内存扫描程序

内存扫描程序采用与病毒扫描程序同样的基本原理进行工作。它的工作是扫描内存以搜索内存驻留文件和引导记录病毒。

但使用防病毒软件是治标不治本的办法，一旦有新的计算机病毒出现，防病毒软件就要被迫相应地升级，它永远落后于计算机病毒的发展，所以计算机病毒的防治根本还是在于完善操作系统的安全机制。

（3）完整性检查器

完整性检查器的工作原理基于如下的假设。

在正常的计算机操作期间，大多数程序文件和引导记录不会改变。这样，计算机在未感染状态，取得每个可执行文件和引导记录的信息指纹，将这一信息存放在硬盘的数据库中。这些信息可以用于验证原来记录的完整性。在验证时，如果发现文件中的指纹与数据库中的指纹不同，则说明文件已经改变，极有可能已遭病毒感染。大多数完整性检查器会从程序文件中保留以下信息：可执行文件内容的循环冗余校验和；程序入口的前几条机器语言指令；程序的长度、日期和时间。

（4）行为监视器

行为监视器又叫行为监视程序，它是内存驻留程序，这种程序静静地在后台工作，等待病毒或其他有恶意的损害活动。如果行为监视程序检测到这类活动，它就会通知用户，并且让用户决定这一类活动是否继续。

9.4.6　其他安全与保密技术

1.　实体及硬件安全技术

实体及硬件安全是指保护计算机设备、设施以及其他媒体免遭地震、水灾、火灾、有害气体和其他环境事故破坏的措施和过程。实体安全是计算机系统安全的前提，如果实体安全得不到保证，则整个系统就失去了正常的工作环境。

2.　数据库安全技术

数据库系统作为信息的存储系统，保护着敏感信息和数据资产，大多数企业、组织以及政府部门的电子数据都保存在各种数据库中，其安全性至关重要。数据库系统的安全特性主要针对数据而言的，包括数据独立性、数据安全性、数据完整性、并发控制和故障恢复等几个方面。如何保证数据库的安全性，已经成为业界人士探索研究的重要课题之一。

9.5　电子商务和电子政务安全

电子商务和电子政务是现代信息技术、网络技术的应用，它们都以计算机网络为运行平台，在现代社会建设中发挥着越来越重要的作用。

9.5.1　电子商务安全

1.　电子商务概述

电子商务出现于 20 世纪 90 年代，与传统商务相比，电子商务具有快速、方便、快捷和高效等特点。世界贸易组织对电子商务下的定义为：电子商务是指以电子方式进行的商品和服务之生产、分配、市场营销、销售或交付。

随着 Internet 的发展，越来越多的人进行电子商务活动。相应的电子商务的安全问题也变得日益突出。

2.　电子商务的安全性要求

与传统商务不同，要满足电子商务的安全性要求，至少有以下几个方面的问题。

（1）交易前交易双方身份的认证问题。电子商务是建立在互联网平台上的虚拟空间中的商务活动，交易的双方无法用传统商务中的方法来保障交易的安全性。

（2）交易中电子合同的法律效力问题以及完整性、保密性问题。电子商务中的合同是电子合同，如何避免被他人截取和篡改，以保证其完整性和保密性，这都是电子商务发展必须面对和解决的问题。

（3）交易后电子记录的证据力问题。在我国，诉讼法中未对电子记录的证据力做出明确的规定，而英美法系，传闻证据规则限制了电子记录的证据力。

3.　电子商务采用的主要安全技术

（1）加密技术。保证电子商务安全的最重要的一点就是使用加密技术对敏感信息进行加密。现在，一些对称密钥加密和公钥加密技术可以保证电子商务的保密性、完整性、真实性等。

（2）数字签名。数字签名能够实现对原始报文的鉴别和不可抵赖性。

（3）认证中心（Certificate Authority，CA）。实行网上安全支付是顺利开展电子商务的前提，建立安全的认证中心则是电子商务的中心环节。

（4）安全电子交易规范（SET）。SET 向基于信用卡进行电子交易的应用提供了实现安全措施的规则。它是由 Visa 国际组织和万事达组织共同制定的一个能保证通过开放网络进行安全资金支付的技术标准。

（5）虚拟专用网（VPN）。这是用于 Internet 交易的一种专用网络，它可以在两个系统之间建立安全的信道，用于电子数据交换。

（6）Internet 电子邮件的安全协议。电子邮件是 Internet 上主要的信息传输手段，也是电子商务应用的主要途径之一，但它不具备很强的安全防范措施。

9.5.2　电子政务安全

1. 电子政务概述

随着互联网的高速发展，计算机网络的普及，网络已经走进了人们的工作和生活，为社会的进步和国家经济的发展提供了强大的动力支持，在社会发展中的地位也越来越重要。越来越多的政府机关部门都加入到电子政务网，充分利用网络上便利的资源，共享网络的信息，从而提高工作效率。但是，电子政务系统需要把政府部门的各项业务整合到网络上进行办理，对系统中的数据和信息有着较高的保密性要求，一旦出现数据丢失、损坏、非法篡改或失密会造成很大的损失。因此，对电子政务系统网络安全及信息安全有着很高的要求。随着电子政务网络建设全国化和一体化的发展，如何确保电子政务系统的安全，确保其系统网络安全、信息传输安全、信息存储安全等是需要考虑的重要课题。

2. 电子政务系统安全风险分析

（1）物理安全风险

系统的运行环境和硬件设备状况等问题造成了网络的安全隐患，其主要表现为：火灾、雷击等突发的、不可抗拒的自然灾害的侵害造成的网络设备的破坏；由于人为原因造成的网络设备的被盗，通信网络的中断，设备设置的误操作，故障事故的误处理；网络设备设计的缺陷，容易在外界环境诱发、人为误操作等因素下产生故障等。

（2）系统、网络安全风险

信息系统风险主要表现为计算机所使用的操作系统、计算机所安装的应用软件、系统运行的网络等方面。对于计算机安装的操作系统来说，当前使用的各式各类操作系统，包括 Unix、Windows 等，在系统开发的过程中都会留有后门，随着版本的更新、技术的迅速发展都会产生各种安全漏洞，留下大量的安全隐患，如不及时更新补丁，会给攻击者留下漏洞，将可能造成系统信息的大量泄露。所以，要选择安全性尽可能高的操作系统，同时要对系统进行安全设置。

计算机网络系统存在着安全问题，通信安全设备、协议间存在着安全缺陷，通信设备和协议间的漏洞较容易被黑客所利用，造成了网络系统被黑客的攻击及信息被窃取。比如，未经授权的用户非法访问信息传输系统内部网络，探测、扫描信息传输系统的端口漏洞，通过系统漏洞进入系统对数据信息进行非法修改，攻击系统的本地、远程服务器造成系统的崩溃，使得大量保密数据被泄露外传等。

应用系统的风险主要是涉及各级部门使用电子政务系统的资源共享时，工作人员的安全意识淡薄，从而造成口令的失窃、文件丢失泄密。政务业务系统的威胁，主要是对业务系统非法授权访问、系统管理权限的设置不当、系统的操作不当、网络病毒感染等原因造成系统损坏等。

（3）信息、数据安全风险

信息传输所经过的路径是不完全一样的，而网络本身也不是一个绝对安全的环境。在网络上可能有人采用相似的名称信息报送处置网站和服务器，用于骗取信息，或者直接使用木马程序套取信息，造成信息泄露。由于网络传输的非现场特性，在未经数字签名认证的传输过程中，双方可能对传输进行抵赖。信息传输系统的服务器的硬件故障会引起传输信息的中断、丢失，数据信息的完整性、一致性因系统文件的问题而得不到保障；一些需要保密的信息可能因管理员的密码外泄而泄密、丢失。病毒的感染、人为的不当操作及其他原因，也可能造成存储数据信息的泄密、丢失、删除或损坏。

3. 电子政务系统安全体系设计的原则

电子政务系统是一个涉及多个部门、多个程序、多方面安全要求的综合网络。对于其安全设计，也应考虑到系统及网络的具体情况，根据设计原则，对系统的信息安全性进行布置。

（1）综合性、整体性原则

根据前面对于系统安全风险的分析，电子政务系统网络对于系统的安全需求是多方面的。网络的安全设计，应从安全需求的各个方面出发，统一部署，合理规划，从而考虑各种安全隐患。不要因为其中某些环节的疏忽而威胁到整个系统网络及其传输信息的安全，造成传输信息的泄露或丢失。因此，对于电子政务系统安全体系的设计应遵循综合性、整体性原则，从而制定出合理的信息网络安全体系结构。

（2）需求、代价平衡原则

随着网络安全技术的不断更新，计算机系统随时可能出现新的安全威胁，一味靠硬件的堆积来达到绝对的安全是不现实的。因此，应对电子政务系统信息网络所面临的安全威胁及所能承受的风险进行定性与定量相结合的分析，找到一个需求与代价的最佳平衡点，使设计的网络安全模块既能应对所面临的安全威胁，又不至于浪费更多的人力和财力。

（3）可用性原则

系统网络安全体系设计是需要人为操作的，所以在设计过程中需要考虑信息网络安全的可操作性。对于系统网络的安全性防护也是一样的，不是所有的操作者都具有相当的专业水平，过于复杂的操作可能导致误操作的概率大大增加，给系统的操作管理带来较大的困难，同时数据安全性也有所降低。

（4）标准化原则

在电子政务系统网络中所采用的安全防护措施，都应符合信息安全技术的国际化标准，规范化后有利于系统安全技术的更新、维护。

4. 电子政务系统安全的实施

电子政务安全在实施过程中，要依赖前面讲过的密码技术、防火墙技术、入侵检测技术、VPN技术以及防病毒技术等。通过安全防护产品的部署及规范部门人员的上网行为成为了保障系统的安全性刻不容缓的课题。因此，要构建多层次的防护手段，保护系统网络、信息的安全，从而构建电子政务系统安全体系。

除技术保障之外，规范政务人员的上岗规范，从管理源头上加强纪律，也是保证电子政务安全的基本前提。